基于视觉认知理论的头盔显示界面信息编码方法研究

邵 将 著

东南大学出版社
SOUTHEAST UNIVERSITY PRESS
·南京·

内 容 简 介

本书以头盔显示系统(HMDs)界面为研究对象，通过分析信息元素与视觉认知之间的内在机理，全面分析 HMDs 界面编码的光学限制条件和飞行任务信息需求，从界面信息元素的编码方法角度建立了符合飞行员认知加工机制的界面信息编码方法。

本书既可作为从事信息系统开发、人机交互信息设计、人机交互设计等相关领域的研究者和设计者的业务参考用书，也可作为信息科学、工业设计、交互设计等相关专业的本科生和研究生的专题教材，同时适合作为航空航天、军事指挥等信息系统数字化界面设计的工具书。

图书在版编目(CIP)数据

基于视觉认知理论的头盔显示界面信息编码方法研究/邵将著. —南京:东南大学出版社,2019.12
ISBN 978-7-5641-8722-4

Ⅰ. ①基… Ⅱ. ①邵… Ⅲ. ①飞行—防护头盔—数字显示系统—信息编码—方法研究 Ⅳ. ①V244.3 ②TP11

中国版本图书馆 CIP 数据核字(2019)第 286939 号

基于视觉认知理论的头盔显示界面信息编码方法研究

Jiyu Shijue Renzhi Lilun de Toukui Xianshi Jiemian Xinxi Bianma Fangfa Yanjiu

---

出版发行:东南大学出版社
社　　址:南京市四牌楼 2 号　　**邮编**:210096
出 版 人:江建中
网　　址:http://www.seupress.com
经　　销:全国各地新华书店
印　　刷:江苏凤凰数码印务有限公司
开　　本:787 mm×1092 mm　1/16
印　　张:11.75
字　　数:267 千字
版　　次:2019 年 12 月第 1 版
印　　次:2019 年 12 月第 1 次印刷
书　　号:ISBN 978-7-5641-8722-4
定　　价:59.00 元

前　言

近年来随着航空航天技术和计算机技术的飞速发展，战机的航电系统交互界面已经从传统的模式控制进入了数字化显示的视觉信息界面。尤其是战机头盔显示系统（Helmet Mounted Display System, HMDs）界面的应用，对未来战机系统人机交互提出了更高的要求。HMDs 界面不同于传统航电界面，界面的透视增强、头盔的跟踪显示、信息的动态呈现、目标的符号标注等方面对界面信息编码呈现和人机交互提出了极高的设计要求。美国等发达国家在相关领域已经积累了一定的研究基础，而我国在航电系统界面的认知问题研究、HMDs 界面的信息编码设计方面与之存在巨大差距，而基于视觉认知的 HMDs 界面信息编码方法研究更是设计领域、工程领域和心理学领域交叉研究的空白点。基于该问题的重要性以及相关研究匮乏的考虑，本书以 HMDs 界面为研究对象，以飞行员视知觉理论为基础，针对界面的图标符号编码、信息布局编码、色彩编码等重点问题开展以下研究工作：

(1) 提出了 HMDs 界面可视性的基本原则。总结 HMDs 界面信息编码的显示系统设计参数，重点包括显示方式、出射光瞳、眼距、视场等。并从飞行员视知觉认知的角度，提出图标、亮度/对比度、分辨率、字符符号、色彩等方面的 HMDs 界面信息可视性的基本原则。

(2) 建立了从飞行员视觉认知到 HMDs 界面要素的映射关联方法。根据 Shannon 信息通信系统模型、Wickens 视觉搜索模型、Endsley 的 SA 理论模型等视知觉分析方法，从界面信息编码和大脑信息解码的角度，重点分析信息传递过程中所涉及的态势感知、选择性注意、认知负荷等认知问题，总结 HMDs 界面设计元素信息编码与认知机理之间的层次关系。

(3) 提出了针对 HMDs 界面图标特征、信息布局、界面色彩应用的信息编码方法和设计原则。全面系统地对不同飞行任务阶段飞行员信息需求进行层次划分。根据本书提出的视觉认知到设计元素的映射关联理论，采用单探测变化检测、析因检测等实验范式开展了界面图标特征、告警信息布局、色彩应用等实验研究。根据实验结果获取、总结、提出了关于 HMDs 界面图标特征、信息布局、色彩应用的编码方法和设计原则。

(4) 基于本书所提出的由视觉认知到界面信息特征映射的 HMDs 界面编码方法，对界面中的高度指示、速度指示、航向指示和姿态指示等信息要素进行了全新编码设计，重点优化了 HMDs 界面图标标注、信息结构布局、背景色彩处理和告警提示方式等。开展了针对设计方案的认知负荷评估实验，通过眼动跟踪实验结果，验证了本书提出的编码方法和设计原则的有效性和可行性。

本书的研究为 HMDs 界面设计提供了信息编码方法和实验方法，为 HMDs 人机交互问题提供了创造性的研究思路。从设计学的角度为提高我国战机航电系统界面设计水平、增强飞行员认知能力、提高飞行员决策判断的准确性做出了突出贡献。

感谢薛澄岐老师在课题研究上给予我的指导与教诲，从薛老师的身上我看到了、学到了很多，看到了他对生活的热爱、对家庭的重视、对治学的严谨、对事业的规划、对管理的运筹、对设计的偏执，也感谢师兄、师姐、师弟、师妹们对我的支持与鼓励，这些将注定是我人生中宝贵的财富。书中部分内容引用了诸多专家、学者的著作，谨在此向他们表示衷心的感谢！

由于人力、水平和其他条件所限，加之时间紧促，书中难免有疏忽遗漏和不足之处，恳请各位专家、读者批评指正。

著　者

2019 年 9 月

目　录

第1章

绪 论

1.1 研究对象与背景

1.1.1 研究对象

头盔瞄准具即头盔瞄准显示系统(Helmet Mounted Display System, HMDs),在设计之初被称为“目视精度控制设备”“目视目标截获系统”。英国将其称为“头盔指向系统”(Helmet Pointing System,HPs)。由美国空军编制、国防部1984年12月10日批准的美军标准MIL-STD-1787(USAF)飞机显示字符中将HMDs定义为“把视频图像、符号、图标、字母数字等信息投影到透明显示媒介(如半反光镜或护目镜),使飞行员可以通过单目或者双目进行观察的设备[1]”。1992年版的《美国空军辞典》中也采用了该定义。头盔瞄准显示的设想从提出到现在已经有100余年的历史,1916年第一次世界大战期间Albert Bacon Pratt提出了将瞄准装置和枪综合进头盔,称为头盔综合枪(Helmet Integrated Gun,HIG)[2-5],如图1-1所示。头盔综合枪正是后来头盔瞄准具(Helmet Mounted Sight, HMS)的前身。1968年美国哈佛大学教授、美国ARIA信息处理办公室主任Ivan Sutherland设计制造出第一台头盔显示器[6-7],如图1-2所示。

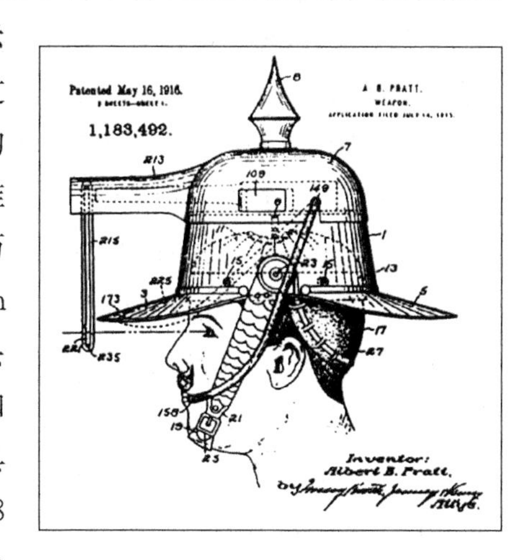

图1-1 1916年头盔综合枪示意图[1]

20世纪60年代,美军为了解决武装直升机在贴地飞行时快速瞄准和火力攻击的问题,研制了XM128机电式HMDs和AV/AVG-8光电式HMDs,安装在UH-1B直

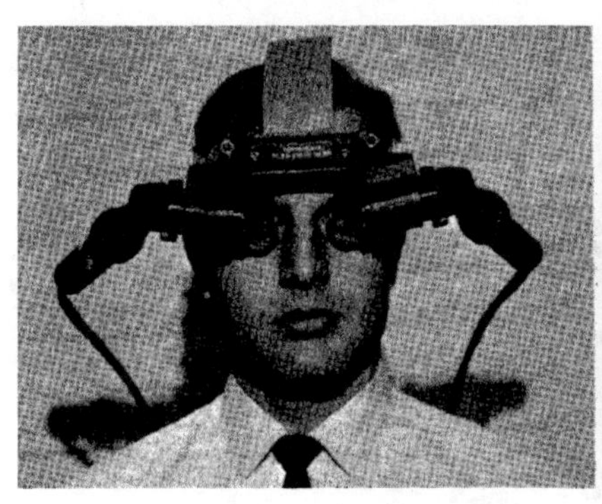

图 1-2　1968 年第一台头盔显示器[7]

升机上。80 年代,苏联研制出了离轴发射的空对空导弹,彻底掀起了 HMDs 的研制热潮,各国开始了针对固定翼战机的 HMDs 设备研制。按照 HMDs 的技术水平划分[8],主要分为 3 代产品。第一代只能显示瞄准线,代表产品是俄制 ZH-3YM-1 头盔瞄准显示设备,单目视场只有 4.5°;第二代也是只能显示瞄准线,代表产品是以色列 Elbit Dash3,单目视场达到了 20°,美军研制的 IHADSS 性能也比较突出,单目视场提升到了 40°×30°;第三代设备有了跨越性的提升,不仅可以显示瞄准线,还可以显示红外图像,采用双目护镜,代表产品有 GCE 马可尼公司研制的 IDH。目前最新型的是 BAE Systems 公司研制的 Q-Sight 式 HMDs[9],它采用了全息波导技术,直接成像在无穷远处,质量轻、图像精度高、视野大。

HMDs 显示界面最初是从航电系统中 HUD 界面发展而来,它是未来战机飞行员与航电系统交互的主要媒介,是信息交流与控制操作的载体。HMDs 界面研究的核心是在座舱环境下飞行员与界面的协调问题。通过科学的界面信息编码能够有效地解决战机系统的有效性、使用效率、安全性和交互舒适性等问题。从广义上讲,该部分研究属于计算机领域,是实现计算机硬件、软件、用户之间协调一致的问题。但是从研究界定来说,是将界面的交互设计从系统中独立出来进行研究,其目的在于通过 HMDs 界面信息编码的研究,提高飞行员使用战机的效率,提高空军整体战斗力,对加速我国现代化空军建设具有重要意义。从设计学的学科角度界定,HMDs 界面信息编码主要是解决如何运用视觉认知理论,通过图标、字符、布局、色彩等设计元素的科学编码呈现,实现界面信息传达的有效性、高效性,这是本书研究的核心问题,需要从设计学、认知科学、应用心理学、计算机科学、光学、机械工程等多学科交叉的视角开展综合研究。

1.1.2　研究背景

科学技术的发展和现代空战技战术水平的提升,对飞行员的战场态势感知

(Situational Awareness, SA)能力提出了极高的要求。头盔显示系统(HMDs)的发展给空战带来了新的技术革命。由于各项性能指标和瞄准系统都集中在HMDs界面当中,飞行员可以快速地对离轴的目标进行捕获、追踪和发射导弹,进而占据空战的主动权。精准无误的界面呈现才能给飞行员提供可靠的作战信息,然而,不合理的界面设计会误导飞行员,做出错误决策。所以如何呈现信息,才能使飞行员在感知周围态势的同时,更加有效实现信息的识别、判断并做出正确决策成了HMDs界面信息编码的焦点问题。

从1.1.1中的叙述可以看出,英美等发达国家非常重视HMDs设备研发和显示界面设计等方面的研究,并积累了丰富的研究经验。目前,国内对航电系统作战效能的分析评估及研究工作正在逐步深入,但在HMDs界面的认知研究方面还很欠缺。特别是在基于视觉认知理论的HMDs界面信息编码等问题上尚存在空白,该问题的解决能够有效降低飞行员认知负荷,提高飞行员的态势感知能力。HMDs界面显示的信息内容是多源性的,信息融合是对人脑综合处理复杂问题的一种功能模拟,这需要各信源分离观测信息,通过对信息的优化组合呈现更多的有效信息。信息融合的最终目标是利用多个信源协同工作的优势,来提高整个系统的有效性。由于战斗机飞行员必须获得清晰、真实和全面的作战态势的信息,才能掌握战场的主动权,而飞行员的态势感知几乎全部来自HMDs的视场(Field of View, FOV)。当飞行员面对态势感知判断时,其信息处理和行为决策能力与认知水平、注意力、记忆力、压力等心理特性密切相关。如果界面信息呈现不合理,飞行员对HMDs界面信息会产生错误感知。这些错误感知使飞行员操作战斗机进入复杂性认知,潜在地导致飞行员的超负荷工作和人因错误的增加,降低整个系统的安全性。

1.2 国内外研究现状

1.2.1 HMDs设备发展综述

在HMDs设备发展趋势研究方面,主要以显示系统技术为主,这为显示界面的设计与评价研究奠定了基础。1973年,美军当时的主战机上使用了头盔显示系统,先进的性能引起了世界各国的注意,头盔显示器的诞生给天空作战带来了新的技术革命[11-12]。目前,法国的泰莱斯公司[13]生产的"顶点猫头鹰"(Top Owl)头盔显示器,能够完整提供各种作战功能的头盔瞄准显示系统,这些功能包括投影飞行符号、精确瞄准功能、夜视功能，以及舒适性和减轻疲劳等。近几年 BAE 系统公司[14]在其最新一代 Q-Sight 头盔显示器中，将全息图嵌入衬底中，光波被限制在沿衬底中的特定路线传播，与此同时部分光线溢出，随后共同形成完整的图像投影在前方。该种类型的显示器首先装备在英国皇家海军[15] Mk8 型“山猫”舰载直升机上。Q-Sight 头盔显示系统使用了全息波导显示技术，提高了状态感知能力，降低了飞行员工作载荷，减少了头盔显示器的系统重量。据美国《军事与宇航电子》2011 年 9 月 5 日报道，美国陆军正在考虑为 AH-64“阿帕奇”攻击直升机研制先进的广域、透视、高分辨率数字头盔显示器。相关技术和产品将集成到陆军单兵作战头盔中，该头盔显示器将从 2013 年开始装备部队[16]。据英国 BAE 系统公司网站 2011 年 10 月 10 日报道，洛克希德·马丁公司已选择 BAE 系统公司来为 F-35 提供第二代夜视头盔显示系统。该系统将带有可拆卸夜视护目镜，并且集成了最新的 Q-Sight 全息波导显示器。它还包括一个光学头部跟踪系统以用于武器的精确投放以及舰载和陆基应用[17]。从以上头盔瞄准显示系统的研发陈述可知，目前国外对于 HMDs 系统军用化越来越重视，而我国在这个领域目前还相对比较落后。

1.1.1 介绍了按照技术划分的 3 代 HMDs 代表产品，目前根据所采用的战机类型划分，主要有固定翼战机 HMDs 设备和非固定翼战机 HMDs 设备，发展综述统计如图 1-3、图 1-4 和表 1-1、表 1-2 所示。

表 1-1　固定翼战机 HMDs 发展综述统计表

时间	项目名称	国家	载体	开发者	项目状态
20 世纪 70 年代	Dash1	以色列	固定翼 F-15，F-16	Elbit Systems	实战
20 世纪 80 年代早中期	Agile Eye	美国	固定翼 Miscellaneous	Kaiser Electronics	试验
20 世纪 90 年代早期	Dash3	以色列	固定翼 F-15，F-16	Elbit Systems	实战
20 世纪 90 年代	Viper1-3	英国	固定翼 Miscellaneous	GEC-Marconi Avionics Ltd	试验
20 世纪 90 年代中期	Crusader	美国/英国	固定翼 & 非固定翼	Gentex/BAE Systems/Thales	试验
20 世纪 90 年代晚期	Top Sight	法国	固定翼 Miscellaneous	Thales	实战
20 世纪 90 年代晚期	Top Night	法国	固定翼 Miscellaneous	Thales	实战
1999 年	JHMCS	美国	固定翼 F-15，F-16，F18	VSI	实战

（续表）

时间	项目名称	国家	载体	开发者	项目状态
2008 年	Scorpion	美国	固定翼	Gentex	操作测试
2008 年	Typhoon IHD	英国	固定翼 Eurofighter	BAE Systems	操作测试
2010 年	HMDs	美国	固定翼 F-35	VSI	操作测试

图 1-3　固定翼 HMDs 设备发展综述统计图[10]

图 1-4 非固定翼 HMDs 设备发展综述统计图[10]

表 1-2 非固定翼战机 HMDs 发展综述统计表

时间	项目名称	国家	载体	开发者	项目状态
20 世纪 70 年代	IHADSS	美国	非固定翼 Apache	Honeywell	实战
20 世纪 80 年代早中期	Wide-Eye	美国	非固定翼 Various	Rockwell Collins	试验
20 世纪 80 年代中晚期	Eagle-Eye	美国	非固定翼	Night Vision Corporation	原型机
20 世纪 80 年代晚期	AN/AVS-6 ANVIS	多国	非固定翼 Various	ITT	实战

（续表）

时间	项目名称	国家	载体	开发者	项目状态
20 世纪 80 年代晚期	MONARC	美国	非固定翼	Honeywell	原型机
20 世纪 90 年代	HIDSS	美国	非固定翼 Comanche	Rockwell Collins	原型机
20 世纪 90 年代	MiDASH	以色列	非固定翼 Various	Elbit Systems	实战
20 世纪 90 年代晚期	Knighthelm	英国	非固定翼 Various	BAE Systems	实战
20 世纪 90 年代中期	Crusader	美国/英国	固定翼 & 非固定翼	Gentex/BAE Systems/Thales	试验
20 世纪 90 年代晚期	Top Owl	法国	非固定翼 Euro helicopter	Thales	实战
20 世纪 90 年代中期	ANVIS/ HUD-7	以色列	非固定翼 Various	Elbit Systems	实战
20 世纪 90 年代中期	ANVIS/ HUD-24	以色列	非固定翼 Various	Elbit Systems	实战
20 世纪 90 年代晚期到 21 世纪初	VCOP	美国	非固定翼 Various	Microvision	试验
21 世纪 00 年代初期	HeliDash Air Warrior Block 3	以色列	非固定翼 Miscellaneous	Elbit Systems	实战
21 世纪 00 年代中期	MiDASH	美国	非固定翼 Various	Microvision	试验
21 世纪 00 年代晚期	Q-Sight	英国	非固定翼 Various	BAE Systems	试验

1.2.2 HMDs 等航电系统界面编码研究综述

20 世纪 80 年代，苏联研制出了可以离轴发射的空对空导弹，掀起了 HMDs 相关领域的研究热潮。在 HMDs 等航电系统显示界面领域，1975 年 Clark[18] 利用 Ivan Sutherland 设计的头盔显示设备和 Utah 大学开发的机械软件建立了 HMDs 曲面设计的交互环境，标志着 HMDs 的研究进入了增强现实和虚拟现实领域。从 1972 年至 1998 年，Rash 等[19-38]几十位国外专家学者为美国空军航空医学研究实验室开展了针对非固定翼战机的 HMDs 设计研究，对光学系统原理、航电系统性能、单目观察限制、舱体人机工效学、飞行信息编码显示等问题开展了实验研究。笔者对所有文章进行了检索查阅(由于数量问题，在参考文献部分只列出了代表性文章)，共计近 460 篇，涉及内容之广泛、研究之深入，充分体现了当时美军对 HMDs 设计的重视程度。继美国军方和 NASA 等政府部门投入大量经费进行研究后，英国、法国、苏联也开始投入大量人力、财力开展了 HMDs 显示相关的研制工作。国内对于 HMDs 的相关问题研究起步较晚，最开始是购买国外的 HMDs 设备进行增强现实研究和模拟训练，对于高分辨率的 HMDs 研究和开发仅限于军工研究所和高校等单位[39-48]。中国航空工业第 613 研究所最先进行了综合机载微光夜视仪及头盔显示器的研究和开发；南开大学、北京理工大学对 HMDs 显示管光学系统的研究开发最为深入；浙江大学、东南大学、北京航空航天大学、南京航空航天大学相继开展了液晶头盔显示器的开发和显示界面应用研究，其中东南大学工业设计系近年来围绕航空科学基金课题，针对 HMDs 显示界面开展了人机交互研究和界面信息编码研究。

国外除了寻求新的信息显示途径、研制开发新型显示界面之外，也一直致力于 HMDs 等航电系统界面元素编码和布局的研究。美国空军主持修订的军用标准 MIL-STD-178B(USAF)[49]“飞机显示器符号”描述了军用飞机电/光显示器在起飞、导航、地形回避、武器投放和着陆过程中应向飞行员显示的信息内容、信息符号和符号格式等方面信息编码的标准及规范。Collinson 等[50]针对 HUD 和 HMDs 的光学原理发展和界面可视化表达进行了综述研究，确保飞行员能够安全、高效地执行飞行任务。Rolland 等[51]针对 HMDs 系统提高画面成像质量开展了全息波导式 HMD 实验研究。Zhang 等[52]开展了针对 HMDs 深度感知的实验研究，分析总结了光学回射屏的影响因素。Doehler 等[53]开展针对非固定翼战机在大雾、粉尘、黑暗等极端环境下 HMDs 系统界面导航的设计研究。Van Orden 等[54]运用亮度和闪光作为加亮方式，对符号的形状和颜色进行实验，研究符号形状、颜色对搜索时间的影响。Wickens 等[55]对多信息通道下不同颜色编码和空间位置的信息辨识情况进行了研究。针对图形用户界面的设计开发，Hackos 和 Redish[56]提出了有效的用户需求分析方法和更能被软件开发人员直接运用的用户模型。也有研究者对图形用户界面的窗口布局、图标设计、指针设计、菜单形式、色彩、符号等图形用户界面元素的具体设计给出了指导性的设计原则和经验性的方法。Fleetwood 和 Byrne[57]通过实验观察发现影响视觉搜索的因素第一个是图标的数量，第二个是目标的边界，第三个是图标的质量和清晰程度。Wu 等[58]提出基于视频图像处理方法来检测 HMDs 相对于飞机的方位角和俯仰角，用以优化当前 HMDs 追踪头部的角度。Niklas[59]使用多传感器信息融合增强 HMDs 的视觉显示效果。Knabl

等[60]为了提高直升机飞行员在低能见度情况下的情景意识，开发了涵盖有障碍物、路线信息和威胁区域的适形演示的符号系统。NASA[49]在 HMPP(Human Measures and Performance Project)项目中特别研究了航空领域各种复杂图形界面显示中的色彩安全性和可用性设计问题。Yeh 和 Wickens[61]通过实验研究了如何更好地在混乱环境中呈现战斗的相关信息。Montgomery 和 Sorkin[62]就亮度对界面信息辨识度的影响进行了实验研究。Tullis[63]和 Schum[64]研究了数字显示和图形显示信息编码的辨识效率。Monnier[65]运用视觉延迟搜索任务的实验范式，对颜色、位置进行了对比实验。另外，Kubota[66]认为显示界面中信息编码的研究不仅局限于字符、颜色等方面，并提出在实际生活中显示界面所呈现的信息会受到其他因素的影响，尤其以环境因素为代表，并以字符为例，通过实验论证了信息的辨识绩效会受到很多因素的影响。

国内针对 HMDs 显示相关领域的研究起步较晚，主要是针对 HMDs 显示设备技术方面。刘辉[67]开展了基于平板波导的头盔显示技术研究。包秋亚[68]开展了全息头盔显示光学系统设计研究。张书强[69]对头盔瞄准显示系统眼球定位算法进行了研究。段庸[70]进行了头盔显示器光学系统小型化设计。范海英[71]开展了投影式头盔光学系统设计及视空间评价的研究。杨新军[72]和赵秋玲[73]进行了折/衍混合头盔显示光学系统研究。周仕娥[74]开展了用于增强现实的头盔显示器的关键问题研究。任超宏[75]进行了面向增强现实的头盔显示器开发与立体显示技术研究。湖南大学马超民、何人可[76]开展了现代民用飞机的乘用体验设计。西北工业大学马智、孙聪[77]等展开飞机驾驶舱人机一体化设计方法研究。

另外国内在飞机图形界面信息编码和信息优化布局领域多是针对下视显示系统和平视显示系统(HUD)进行研究。张磊、庄达民、吴文灿等[78-80]通过设定多种任务研究了不同符号、文字的颜色、位置、形状的辨识绩效。吴晓莉等[81]针对飞行员信息误判、疏漏问题，开展了雷达态势界面中目标搜索的视觉局限实验研究。李晶等[82]开展了基于复杂系统界面设计的均衡时间压力的信息编码研究。邵将等[83-85]针对 HMDs 界面信息编码开展了基于图标特征的界面布局实验研究，并结合 ERP 脑电生理测评和眼动跟踪技术进行了复杂系统数字界面的工效学评估实验研究。周颖伟等[86]通过对实验数据的深入分析，建立了显示界面字符编码设计的数学模型。王海燕等[87]针对现代复杂的战斗机交互界面问题归纳总结了战斗机驾驶舱显控界面适用的设计准则，以生态界面理论为依据抽象分析战斗机显控系统层级，结合图形用户界面的设计思想，利用人机界面设计准则，提出了一种布局设计的方法流程。崔代革[88]专门研究了国军标中的飞机平显字符的工效学问题，提出确定字符的编码方式必须进行模拟字符显示动态情境的工效学实验研究。李良明等[89-90]用量表方法抽查了 72 名资深飞行员对不同飞行阶段或状态的信息要求，以及各仪表信息在不同飞行状态下的重要性评价等级，并研究了电/光显示汉字的瞬时视觉量与排列格式。许百华[91]进行了在模拟飞机座舱红光照明条件下下视显示颜色编码的研究。郭小朝等[92]研究提出战术导航过程中新型歼击机应向飞行员显示的飞行信息及其优先级。傅亚强等[93]综合近年来 HMDs 符号评价研究,分析 HMDs 符号使用效果的影响因素。Liu 等[94-95]通过比较四种态势符号系统,为非分布式飞行参考(NDFR)提供了实际而有效的设计参考。

1.2.3 航电系统界面设计中的认知问题研究综述

国内外学者对航电系统界面设计过程中的认知研究主要集中在 3 个方面:提高系统态势感知能力;降低、均衡飞行员认知负荷水平;航电系统界面工效学评价。Alfredson 等[96]通过总结前人的相关航空认知原则,将这些认知原则应用到瑞典飞机"鹰狮"中,进行实验研究。Mark[97]指出航空系统的可用性包括操作空间关键尺寸的可用性以及视觉界面的可用性。显示界面需要通过提高人的认知绩效增强操作者态势感知能力,从而提高控制能力。Lin 等[98]研究空间定向障碍在认知加工中的影响,分析飞行员是如何认知迷失方向,并对迷失方向的认知条件进行测试,以此指导设计。Ryan[99]提出座舱显控设计中对人的因素考虑欠缺是飞行员态势感知欠缺的主要原因,缺乏良好的显示设计和注意暗示等操作模式不仅增加了飞行员的认知负载,也直接导致了飞行员的操作失败。Jason 等[100]研究飞行员佩戴头盔显示器时,头部运动所产生的延迟监测的阈值和影响因素。Balakrishnan 等[101]提出了新的启发式方法用于设备布局及优化。该方法综合采用遗传算法解决布局问题,并通过测试来确定较好的参数。Nachreiner 等[102]根据工效学准则,进行了相关的人机界面测试及实验,对过程控制系统中人的因素进行分析、评价及设计。Anokhin 等[103]对核电站主控室控制面板设计进行了工效学评价,指出了布局不规则和设备之间的不相容是最典型的设计错误,并通过两个设计实例进行了论证。王海燕等[104]以眼动追踪技术为客观评价技术手段,对界面的布局设计方案进行了实验评价与分析,通过眼动数据指标的评价选择合理的空间布局优化方案。张德斌等[105]提出飞机座舱不仅要有正确的显示信息,还应提供友好的显示界面,采用形象直观并与人的认知特点相匹配的显示格式,对相关信息尽可能地实现综合显示。周颖伟等[106]结合人机工效学相关标准和人的认知特性,运用多维编码技术,对飞机座舱显示界面的字符种类、字符高度、颜色匹配与光照条件、视距等建立定量化数学模型。东北大学郭伏等[107]运用用户体验、感性工学、交互设计理论,以 4 个典型的交互任务为研究对象,研究交互设计要素与用户眼动行为之间的关系。北京航空航天大学庄达民、完颜笑如、卫宗敏等[108-110]开展了针对航电系统界面的认知绩效研究和 ERP 相关实验研究。浙江理工大学葛列众等[111]提出在视觉初期知觉系统对客体特征的知觉过程中存在不同特征分层次优先加工的特点。西北工业大学陈登凯等[112]提取了 CAXA 系统色彩特征文件,基于 BP 神经网络方法建立了系统特征化色彩空间与

CIEL* a* b* 色彩空间之间的映射模型。浙江大学钱晓帆等[113]运用 ERP 的方法研究符号、图标形象优势和熟悉度的关系。杨家忠等[114]总结了当前态势感知不同的研究取向以及对生理测量、记忆探查测量、作业绩效测量与主观测量四种态势感知测量技术的比较。柳忠起等[115]使用眼动跟踪定量测量方法测评了飞行员的注意力分配规律和工作负荷的变化。刘伟等[116]、杨家忠等[117]分别研究了航空领域交通管制人员基于事件的态势感知测量和飞行员态势感知的多级模糊综合测评模型。李银霞等[118]提出了一种飞机座舱工效学综合评估方法，基于改进德尔菲法(Modidied Delphi, MD)建立评估指标体系，通过 G1 法确定各指标权重系数后对各指标的特征值进行量化处理，最后用模糊加权平均算子作为综合评价的数学模型算出评估结果。Wilson 等[119]利用眼睛跟踪技术对 F-35 战机界面进行实验，测试飞行员的前瞻记忆和注意力转移，确定飞行员认知复杂因素。Girelli 等[120]研究视觉搜索颜色、方向与运动是否动用同一个注意系统，采用了单视野搜索范式，得到了颜色、方向与运动的搜索采用的是同一个注意系统的结论。Posner[121]的研究结果表明，无效提示、中性提示和有效提示的反应时间由慢到快，能预料刺激出现方位的反应时间显著地快于没有提示或相反提示的状况，该实验成为视觉注意研究的经典范式。Ha 等[122]通过眼动数据对用户的思维进行推理，并指出了解用户的思维有利于可用性评估如态势感知、操作者支持系统以及输入输出问题的自动化等。Kusak 等[123]通过执行工作记忆储备不断刷新的任务实验，发现系列长度和干扰措施对回忆效果影响显著，但系列长度和干扰措施之间没有交互作用。此种范式已被广泛用来研究工作记忆的中央执行功能。Yi 等[124]运用 ERP 技术测试记忆选择过程的时间选择，并解决工作记忆中的前摄干扰。Cowan 等[125-137]多位学者基于大量工作记忆、注意和认知负荷研究所涉及的 ERP 成分，推测出对数字界面认知加工的 ERP 研究应主要集中在 P200 和 P300 的刺激反应方面。

在 Web of Science 数据库中对近 10 年的文献进行检索，采用“helmet mounted display”“interface design”为关键词进行检索，共计 639 篇，说明国外针对 HMDs 相关的界面设计研究较多。如表 1-3 所示，主要涉及工程学、光学、心理学、计算机科学等。

表 1-3 Web of Science 数据库中研究所涉及的领域及文章篇数统计

研究方向	记录数	比例(记录数/639)
工程学	441	69.014%
光学	424	66.354%
计算机科学	186	29.108%
图形图像学	80	12.520%

（续表）

研究方向	记录数	比例(记录数/639)
仪器仪表	71	11.111%
心理学	38	5.947%
运动科学	28	4.382%
医学	27	4.225%
公共卫生与职业健康	26	4.069%
神经科学	17	2.660%

将搜索结果按照国家区域分析统计，如表 1-4 所示。从中可以看出美国以绝对的优势领先，英国、加拿大、德国等发达国家也对此类研究有所积累。我国和这些国家在这个领域研究差距巨大，也间接说明了本课题的巨大研究价值和研究意义。

表 1-4　Web of Science 数据库中研究所涉及的文章按国家区域统计

国家区域	记录数	比例(记录数/639)
美国	372	58.216%
英国	53	8.294%
加拿大	34	5.321%
德国	26	4.069%
以色列	18	2.817%
中国	18	2.817%
日本	13	2.034%
法国	9	1.408%
澳大利亚	7	1.095%
瑞典	6	0.939%

综观研究现状，国内外学者虽然在航电系统界面信息编码、HMDs 光学系统设计、界面评估等领域有所研究，但缺少针对 HMDs 界面信息编码方法研究，尤其缺乏基于视觉认知角度的 HMDs 界面信息可视化研究。首先，缺少对 HMDs 显示界面交互因素的研究，缺少对飞行任务状态下所需的界面功能信息元素的分析，缺少对飞行员认知

因素的分析，使得目前 HMDs 显示界面缺乏可记忆性、易用性和预测性；其次，目前的研究大部分仍以解决 HMDs 光学技术问题为主，忽略了 HMDs 界面信息编码的重要性，未能从本质上解决目前战机显示界面中存在的效率低下和出错率高的现象，缺少系统科学的设计方法，用于指导和规范 HMDs 显示界面构成要素编码；最后，尽管国内对界面认知负荷的评估方面有较多研究，但基本上都是在进行主观评估方面的研究，鲜有文献涉及航电系统界面生理测试的实验数据分析，因此难以得到科学定量的实验方法，以用于指导新型 HMDs 显示界面的评估研究工作。

1.3 本书课题研究意义和研究内容

本书课题来源为航空科学基金项目“头盔瞄准数字显示界面设计与工效学评价研究”(20135169016)，是东南大学工业设计系与中航工业 613 所光电控制技术国家重点实验室合作项目。本书以头盔显示系统(HMDs)界面为研究对象，基于视觉认知理论，研究界面信息编码方法。目的在于从界面信息元素的编码方法角度，分析信息元素与视觉认知之间的内在机理，全面分析 HMDs 界面编码的光学限制条件和飞行任务信息需求，建立符合飞行员认知加工机制的界面信息编码方法，使 HMDs 界面信息呈现遵循具体飞行任务信息获取要求，控制多源信息显示与保证重要信息呈现，避免由于飞行员认知负荷过重或态势感知获取能力不当而造成的界面使用效率低下，提高战机航电系统作战效率。因而本书课题对于战机 HMDs 显示界面的人机工效研究，具有深远的理论价值和广阔的应用前景。

研究将围绕以下 4 点展开：

1. HMDs 界面光学系统设计要求和飞行员视觉认知特征分析研究

总结航电系统界面发展规律，探索 HMDs 界面设计趋势，对比分析 HUD 和 HMDs 界面，从界面呈现的光学系统特征角度，界定 HMDs 信息编码的显示系统设计参数，重点包括显示方式、出射光瞳、眼距、视场等。从 HMDs 界面信息编码符合飞行员视觉认知角度，分析飞行员视觉生理、视觉具体参数和特征，从图标、亮度/对比度、分辨率、字符符号、色彩等方面研究 HMDs 界面信息可视性的基本原则。

2. HMDs 界面信息编码的设计认知机理分析

全面剖析 HMDs 界面信息编码过程中的设计认知机理问题。基于飞行员在执行飞行任务时信息的传递途径，重点探讨信息的获取、传递、消耗机制，结合不同阶段所涉及的态势感知、选择性注意、认知负荷等认知问题，剖析 HMDs 界面设计元素信息编码与认知机理之间的层次关系。

3. 基于认知和飞行任务的界面要素信息编码实验研究

HMDs 界面设计要素众多，重点针对图标特征编码、界面信息布局编码、界面色彩编码等问题开展实验研究，为 HMDs 界面信息编码提供实验依据和设计原则。

4. HMDs 界面设计及实验研究

结合本书所提出的 HMDs 界面信息编码方法进行界面设计，并基于所提出方法进行实验研究，对实验数据、指标情况等进行全面分析，验证提出的 HMDs 信息编码方法的有效性和可行性。

本书完成后，预计将在下面几个方面取得创新性成果：

(1) 建立从飞行员视觉认知到 HMDs 界面要素的映射关联方法。根据视觉认知相关理论模型和分析方法，从界面信息编码和大脑信息解码的角度，重点分析信息传递过程所涉及的态势感知、选择性注意、认知负荷等认知问题，总结 HMDs 界面设计元素信息编码与认知机理之间的层次关系。

(2) 提出针对 HMDs 界面图标特征、信息布局、界面色彩应用的信息编码方法和设计原则。全面系统地对不同飞行任务阶段飞行员信息需求进行层次划分。根据本书提出的视觉认知到设计元素的映射关联理论，采用心理学相关实验范式开展界面图标特征、告警信息布局、色彩应用等实验研究。根据实验结果获取、总结、提出关于 HMDs 界面图标特征、信息布局、界面色彩应用的编码方法和设计原则。

(3) 基于本书所提出的由视觉认知到界面信息特征映射的 HMDs 界面编码方法，对界面中的高度指示、速度指示、航向指示和姿态指示等信息要素进行全新编码设计，重点优化 HMDs 界面图标标注、信息结构布局、背景色彩处理和告警提示方式等。开展针对设计方案的认知负荷评估实验，通过眼动跟踪实验结果，验证本书提出的编码方法和设计原则的有效性和可行性。

本书工作的难点和拟解决的关键技术有：

(1) HMDs 界面信息编码机理和认知的结构关系模型构建；

(2) 头盔瞄准显示系统作为军用设备，其资料获取和设备研究的深入性限制；

(3) 基于视觉认知理论设计的 HMDs 界面以及实际的应用测试。

1.4 本书撰写安排

本书共由 8 章组成。本书研究思路和主要研究框架如图 1-5 所示。

第 1 章(绪论)：对本书的研究背景进行阐述，对国内外的研究现状做简要概述，提出本书研究工作内容以及拟取得的突破。

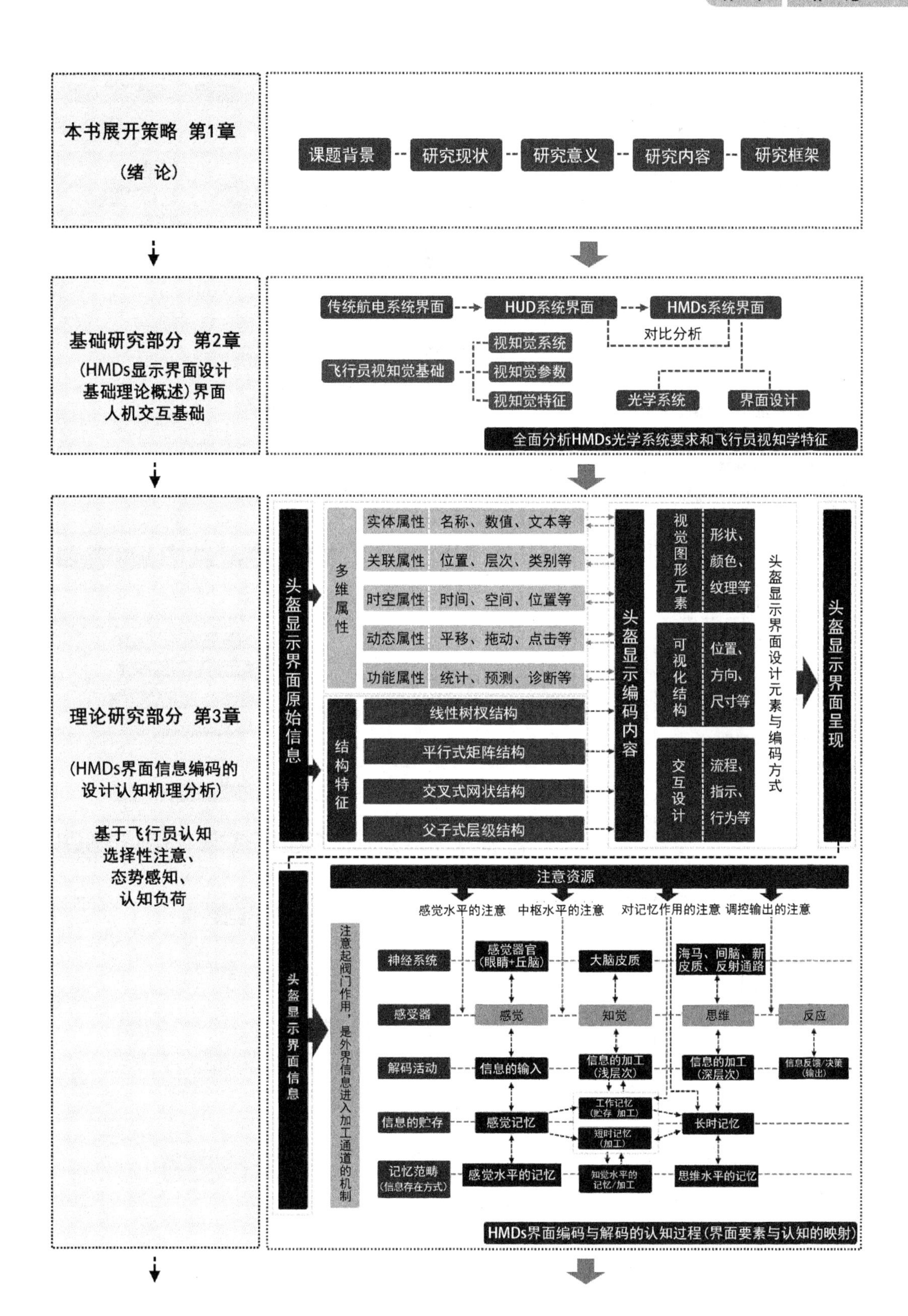

本书展开策略 第1章
（绪 论）
课题背景
研究现状
研究意义
研究内容
研究框架
基础研究部分 第2章
（HMDs显示界面设计基础理论概述）界面人机交互基础
传统航电系统界面
HUD系统界面
HMDs系统界面
对比分析
飞行员视知觉基础
视知觉系统
视知觉参数
视知觉特征
光学系统
界面设计
全面分析HMDs光学系统要求和飞行员视知学特征
理论研究部分 第3章
（HMDs界面信息编码的设计认知机理分析）
基于飞行员认知选择性注意、态势感知、认知负荷
头盔显示界面原始信息
多维属性
实体属性
名称、数值、文本等
关联属性
位置、层次、类别等
时空属性
时间、空间、位置等
动态属性
平移、拖动、点击等
功能属性
统计、预测、诊断等
结构特征
线性树杈结构
平行式矩阵结构
交叉式网状结构
父子式层级结构
头盔显示编码内容
视觉图形元素
形状、颜色、纹理等
可视化结构
位置、方向、尺寸等
交互设计
流程、指示、行为等
头盔显示界面设计元素与编码方式
头盔显示界面呈现
头盔显示界面信息
注意起阀门作用，是外界信息进入加工通道的机制
注意资源
感觉水平的注意
中枢水平的注意
对记忆作用的注意
调控输出的注意
神经系统
感觉器官（眼睛+丘脑）
大脑皮质
海马、间脑、新皮质、反射通路
感受器
感觉
知觉
思维
反应
解码活动
信息的输入
信息的加工（浅层次）
信息的加工（深层次）
信息反馈/决策（输出）
信息的贮存
感觉记忆
工作记忆（贮存 加工）
短时记忆（加工）
长时记忆
记忆范畴（信息存在方式）
感觉水平的记忆
知觉水平的记忆/加工
思维水平的记忆
HMDs界面编码与解码的认知过程（界面要素与认知的映射）

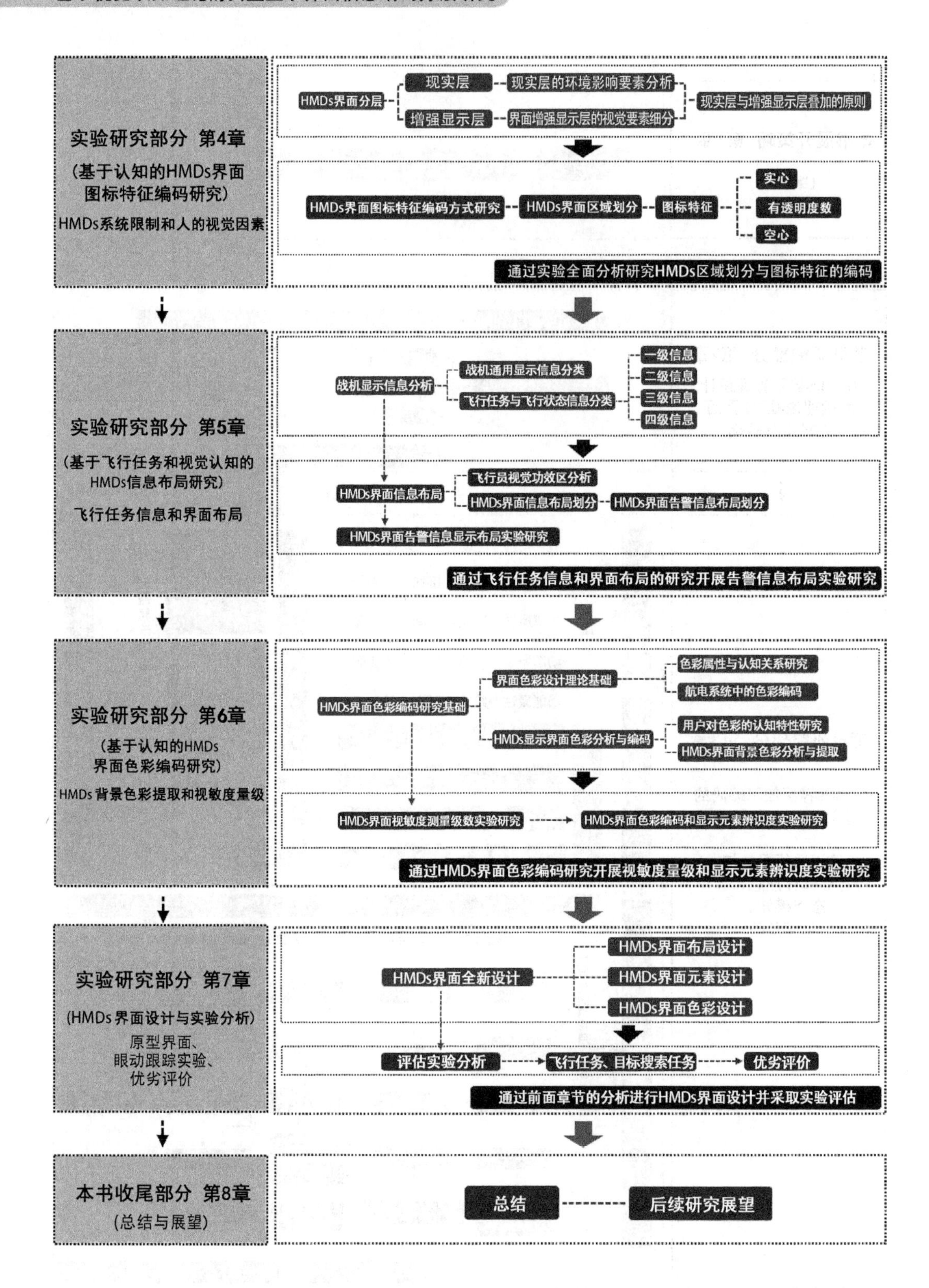

图 1-5　本书研究思路和主要研究框架

第 2 章(HMDs 显示界面设计基础理论概述):从界面显示方式、出瞳距离、眼距、视场等方面重点剖析 HMDs 界面光学设计的要素;对 HMDs 界面图标、界面对比度/亮度、界面分辨率、界面色彩等要素的可视性设计进行系统的分析研究,并提出 HMDs 界面可视性设计的基本原则。

第 3 章(HMDs 界面信息编码的设计认知机理分析):分析信息编码过程中与态势感知的问题,基于前人的 SA 理论模型构绘出 HMDs 界面复杂任务结构模型、HMDs 界面环境结构模型。详细论证在态势感知的 3 个层次中,影响 HMDs 界面信息编码设计与态势感知相关联的人因要素。

第 4 章(基于认知的 HMDs 界面图标特征编码研究):首先对 HMDs 界面现实层和增强显示层进行划分,对现实层影响飞行员视觉认知的要素进行全面分析。其次对 HMDs 界面增强显示层进行系统的分析,归纳总结战机飞行任务各阶段必要的显示信息要素,并提出现实层和增强显示层叠加的基本原则。针对 HMDs 界面中不同特征的图标进行实验研究。

第 5 章(基于飞行任务和视觉认知的 HMDs 信息布局研究):对战机通用显示信息进行分类,针对飞行任务和飞行状态划分 4 级信息。基于任务信息分析和 HMDs 界面布局的研究,开展告警信息布局实验。

第 6 章(基于认知的 HMDs 界面色彩编码研究):从色彩的色相、明度、纯度三方面对飞行员视觉认知影响的角度,研究相互之间的认知关系。开展 HMDs 界面视敏度测量级数实验和 HMDs 界面色彩编码和显示元素辨识度实验研究。

第 7 章(HMDs 界面设计与实验分析):设计研发基于视觉认知的 HMDs 界面,对实验研究的数据进行全面的分析,验证信息编码理论方法的可用性和有效性。

第 8 章(总结与展望):对本书工作进行总结,展望下一步的研究方向和可能的突破要点。

第2章

HMDs 显示界面设计基础理论概述

2.1 引言

随着可穿戴计算机和通信技术的迅速发展，我国的军用装备现代化建设已经进入了信息化时代。头盔显示系统(HMDs)界面作为未来战机与飞行员的交互和信息传递媒介，起着关键作用。HMDs 界面设计是否合理直接影响到信息传递的效率、飞行员的任务执行效率、战机的战术性能等。目前现代化、数字化、智能化的复杂系统装备已经广泛应用于战机的方方面面，HMDs 交互界面正面临着全新的设计变革。

本章首先将系统分析战机航电系统界面发展历程，对比分析不同发展阶段航电系统界面的特性。其次将围绕 HMDs 光学系统原理、设计参数、飞行员视知觉特性分析影响 HMDs 界面信息编码的因素。最后将对 HMDs 界面图标和符号、色彩、对比度/亮度、分辨率等要素提出可视性设计的基本原则。

2.2 战机航电系统界面发展概述

2.2.1 航电系统界面的发展

在战机的整体设计体系中，翼型、航电系统、动力系统、液压装置等设计日趋成熟，飞行驾驶舱的交互设计也越来越受到了专家的重视。飞行驾驶舱设计的核心问题是航电系统的布局和交互界面的交互形式、界面元素符号编码等，基于认知科学和人机工程学的驾驶舱交互设计已经成为美国、德国等国家飞机研制部门、制造集团的关注热点[138]。随着现代空战形式的转变，尤其是在大数据的背景下，战机航电系统的体量和信息交互量呈现爆炸性增长，越来越多的系统功能、仪表信息、多源态势信息、瞬时变化的战场状态已经成为飞行员的工作负担。随着航空科技的进步，飞行员和战机之间的交互界面设计水平已经成为限制战机性能进一步提升的“瓶颈”[139]。

航电系统是指飞机运行的所有航空电子系统，即综合航空电子系统(Avionics)[140]。战机航电系统一般由通信、导航和飞机管理三部分组成，各部分承担的航空任务不同。航电系统各部分的功能和任务都由显示界面将信息传递给飞行员，主要的系统显示信息包括：飞行任务信息、导航信息和控制信息、雷达和红外线探测设备感知器信息、控制管理和控制状态等感知器信息、飞行和战斗敌我识别系统的通信信息、任务管理系统和火控解算系统维护信息等。

战机驾驶舱内显示界面是整机中所占比重最大，也是最为重要的人机交互媒介。目前航电显示系统的发展已历经六代。第一代是二战前以机械和电气仪表为主的仪表，第二代是二战后使用的机电伺服仪表，第三代是20世纪50年代研制出的综合指引仪表[141]，以上的三代仪表都是利用指针刻度盘进行空间分割(简称空分制)显示的专用仪表。早期的战斗机显示界面由于技术上的限制，驾驶舱内仪表数量过多，致使空间狭小拥挤，加重了飞行员认知负荷，容易造成操作差错的增加，并且成本高、维护难。20世纪60年代初出现了电子仪表，基于阴极射线管的平视显示器(HUD)和垂直情况显示器在作战飞机上得到应用，为多功能显示开辟了道路。20世纪70年代后期，计算机控制和多路数据总线传输，减少了多功能显示器(MFD)的数量，达到资源共享、互为余度，使座舱仪表数量显著减少，从而进入第五代的综合显示系统。自20世纪80年代中期以来，大屏幕显控一体显示器使航电界面综合成一个整体，并且伴随着透视型头盔显示界面(HMDs)的采用，标志着航电系统界面发展进入第六代。

(1) 仪表类

现代航空技术的飞速发展正是依赖于航电系统研发工作的不断创新。最初的航电设备是手表之类的飞行员随身设备，后来才发展为辅助飞行员行动的战机辅助系统。1950年左右的航电系统结构是分立式的，由多个独立的子系统分别构成[142]。飞行员必须通过对每个子系统的界面不断地进行操作(输入)，不断地查看各类仪表，才能完成系统信息接收、飞机武器装载系统控制等任务。F-100、F-101、Mig-29等型号的战斗机都是典型分立式仪表界面，如图2-1所示，繁复的仪表界面造成难度高、机械化的视觉印象，属于高科技设计风格，缺乏人性化理念，不宜于飞行员执行操作。

(2) 图形界面

20世纪80年代后，新的集成综合航电系统结构以美国Pave Pillar计划为基础建立。集成了所有功能的航电系统被成功研发和应用。航电系统已由原来的辅助设备，转变为实现战机功能的关键系统。实现集成功能航电系统结构的第一架五代战机是F-22猛禽战斗机，F-22战机的驾驶舱人机界面与之前的老式战机驾驶舱大为不同，先

图 2-1　F-100 和 Mig-29 航电系统显示界面

（图片来自 pp. falloo. com）

进的显示界面实现了战术信息、导航、飞行数据的集成控制，取代了从前繁复机械的仪表指针，实现了较为人性化的显示和控制，如图 2-2 所示。

图 2-2　F-22 战机集成式航电系统显示界面

（图片来自 bbs. tiexue. net）

F-22 的界面设计是战斗机界面发展史上的一次飞跃，LCD 显示器实现了彩色信息显示，可以提供不同颜色的战术符号，飞行员通过显示器可以直观地看到战术信息。显示界面将复杂的信息进行了图像化处理，使用简约的设计风格将飞行信息、雷达数据等相关信息内容传递给战机飞行员，如图 2-3 所示。和传统仪表界面相比，F-22 的界面大大降低了飞行员的认知负荷，缩短了培训时间，提高了操作效率。

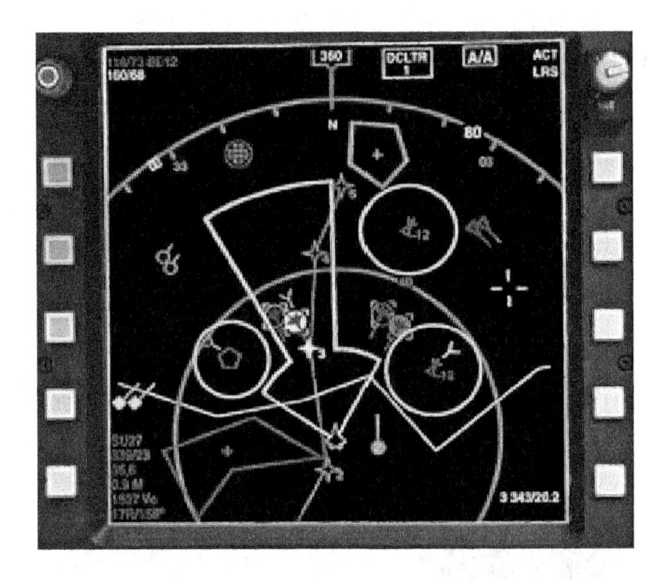

图 2-3 F-22 战机航电系统显示界面

(图片来自 bbs. tiexue. net)

(3) 显控一体图形界面

2000 年进行首飞、2008 年投入服役的 F-35 闪电Ⅱ(Lightning Ⅱ)战斗机标志着航电系统继续向综合化发展[143]。显示系统实现了各系统集成处理功能的综合化(通用型处理模块、动态重构等),实现了传感器功能及信号处理功能的综合化,同时综合化的范围也在横向拓展。

如图 2-4 所示,在画面上以蓝色符号代表飞机本身及僚机,空中及地面的目标以不

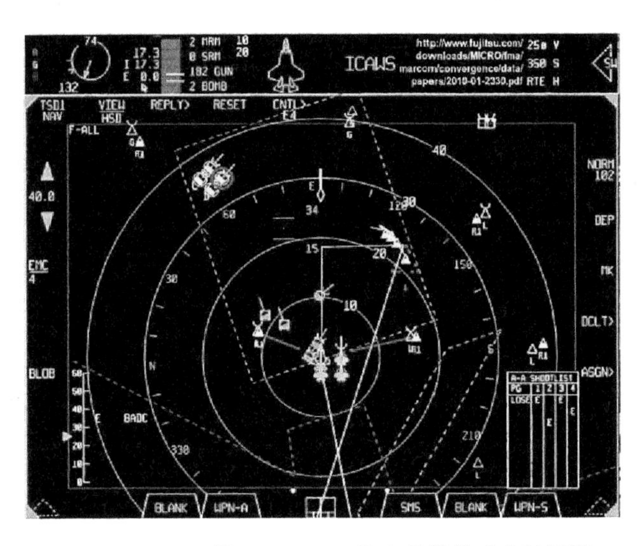

图 2-4 F-35 航电系统战术态势画面

(图片来自 bbs. tiexue. net)

同的颜色分辨敌我：友军是蓝绿色，敌军是红色，不明战机呈白色。空中目标在画面上类似“棒棒糖”符号，当圆形部分为中空时，表示是自己飞机探测到的目标；当圆形部分为实心圆时，表示是其他飞机探测到并从数据链传来的目标；当圆形部分为半满圆形时，表示自己和其他飞机都已探测到此目标。“棒棒糖”的下部分，开始是一条不与圆形接触的垂直直线，当传感器开始锁定目标时，直线会拉长向圆形靠近，但还是保持未接触的状态，一旦直线碰到圆形就表示目标已被锁定，最佳的攻击时机已经来到[144]。

F-35战机航电系统同时包含了以前相对独立的飞行控制、发动机控制、通用设备控制，形成了飞机管理系统的概念，并且创造性地使用了全新一代HMDs，摒弃了平视显示(HUD)系统，这种结构已被广泛应用于新一代的军用飞机。如图2-5、图2-6所示。

图2-5　F-35战斗机显控一体系统显示界面

(图片来自bbs. tiexue. net)

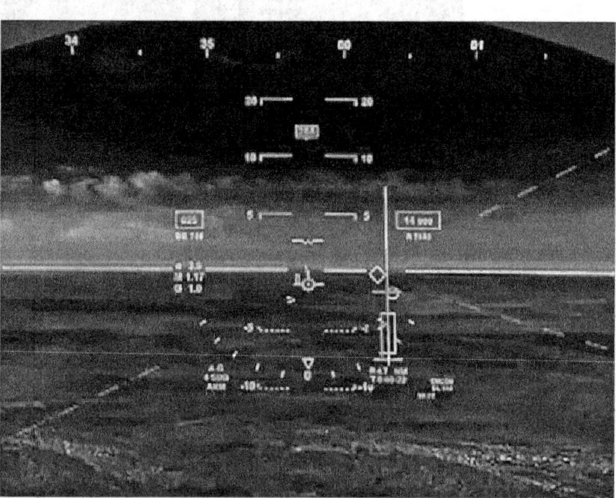

图2-6　F-35头盔显示(HMDs)设备和界面示意图

(图片来自bbs. tiexue. net)

2.2.2 HUD显示界面特征

平视显示器(HUD)是目前战机舱内的主要显示器[145]。HUD采用阴极射线管(CRT)像源,随机偏转扫描,以电子束高速轰击荧光粉使其发光的方式在CRT显示屏上生成相应字符画面,通过准直光学系统后,形成与CRT上发光位置相对应的平行光束,投射到特殊屏幕上,使飞行员能够观察到聚焦于无穷远处的字符虚像,并透过特殊屏幕观察外界信息[145]。如图2-7所示,为典型HUD系统显示原理图。

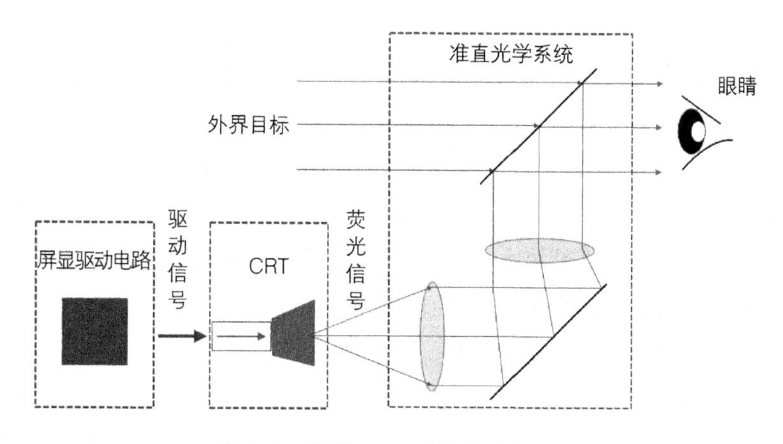

图2-7 典型HUD系统显示原理图

图2-8 典型HUD系统实景图

如图2-8所示,HUD处于飞行员正前方位置,设计初衷是便于飞行员近身缠斗时进行瞄准发射。随着航电系统发展,HUD与飞机的仪表着陆系统接收机、飞行管理系统(FMS)、高度表、速度表、飞行控制系统、机载防撞系统(TCAS)、风切变告警(GPWS)等系统相连[146]。也就是说,HUD与传统仪表的数据来源完全一致,且HUD

将所接收信号经过处理显示为图形符号。

2.2.3 HMDs显示界面和HUD显示界面对比分析

HMDs可以说是HUD未来发展的一个方向。为了便于战机武器瞄准，HUD最开始在日本零式战斗机上进行尝试，后来在法国幻影战斗机上正式使用，大幅提高了战机的整体性能。但是伴随着科技的进步，尤其是离轴式武器的投入使用，HUD越来越暴露出其不足，进而确立了HMDs未来的发展方向。相比于HUD，HMDs主要有两方面优势：视场和离轴发射。

现代战争的需求发展，以及软件与硬件的不断进步，使得HUD得到升华，出现了HMDs。头盔显示克服了HUD的许多缺点，比如HUD始终被固定在载体上，如果不移动载体，飞行员无法将外界信息与屏幕信息叠加；HUD视场较小，很大程度上限制了飞行员对整体战局的把握，如图2-9所示。HMDs通过微缩显示技术将显示器置于头盔的护镜上，飞行姿态、瞄准体系、战场情报等信息可直接投影到飞行员眼前，飞行员可以快速地捕获所需信息，甚至对离轴的目标进行追踪和发射武器，从而占据主动权[147]。国内由于HMDs发展起步较晚，至今并没有系统的头盔显示系统界面编码规范，大多沿用了平视显示器传统符号。头盔显示系统因其视场大、信息量多等优点，传统平视显示符号必然难以满足其相应要求，只有科学的符号系统才能更充分地发挥出它的优势。

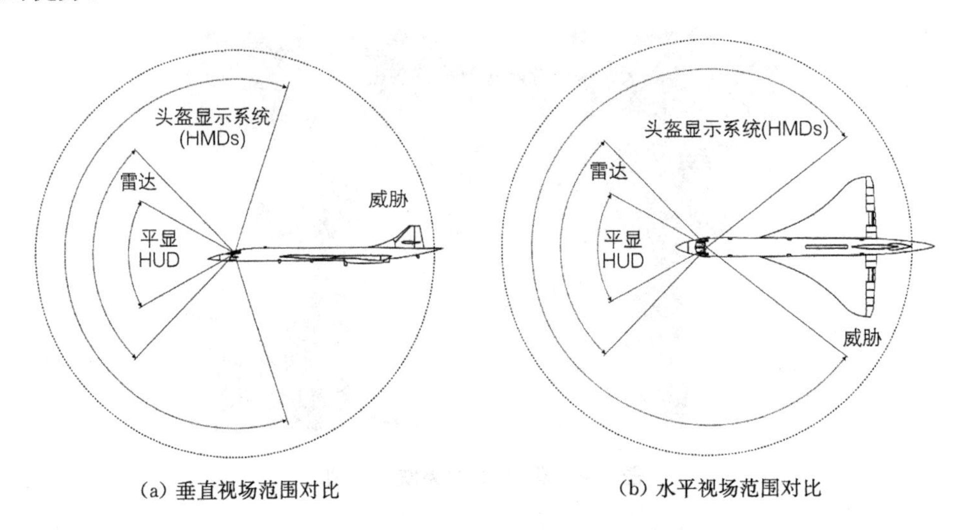

(a) 垂直视场范围对比　　(b) 水平视场范围对比

图2-9　HUD和HMDs视场对比示意图

HMDs能增强飞行员的情景意识，提高系统整体性能。在传统的飞行任务中，飞机在进近着陆过程中，飞行员必须靠建立目视参考判断飞机飞行的准确姿态和位置，判断飞机的下滑姿态及接地过程的准确性。在使用HMDs设备后，飞行信息通过投影设备直接投射在头盔显示器上，与外界视景叠加在一起，让飞行员保持平视姿态，在观察外界视景的同时操控战机，从根本上避免了飞行员丢失飞行状态的情况。佩戴 HMDs 的飞行员可以简单地转动头部就能完成目视跟踪和目标锁定，整个过程能完全发挥飞行员的主动性。HMDs 现在具有自适应搜索能力，而且能够识别和跟踪目标。另外，HMDs 还可以驱动离轴导弹的导引头，达到快速扫描和指向目标，在第一时间实施攻击。同样，也可以驱动如前视红外、机载雷达、摄像机等设备，使其快速对准目标，从而大大减少捕捉目标的时间。HMDs 可以将符号显示于飞行员视线方向上，保证飞行员在观察舱外实景、搜索目标的同时获知飞行信息，减少了飞行员转头监视平视显示器和下视显示器的次数，在夜间恶劣天气与近距空战等条件下，HMDs 呈现舱外实景的红外图像，实现全天候飞行作战[148]。

HUD 只能对处于瞄准视场内的目标锁定攻击，而 HMDs 根据飞行员头部转动，可以控制离轴武器的发射，大幅提高战机作战效能，如图 2-10 所示。并且飞行员在配合使用 HUD 和下视显示器时，头部需要不断地转动观察，增加了疲劳度，加大了误操作的可能。相反 HMDs 则避免了飞行员注意力中断，使飞行员对态势进行实时掌握。所以美军在 F-35 座舱内摒弃了 HUD 而使用全新的 HMDs 设备。

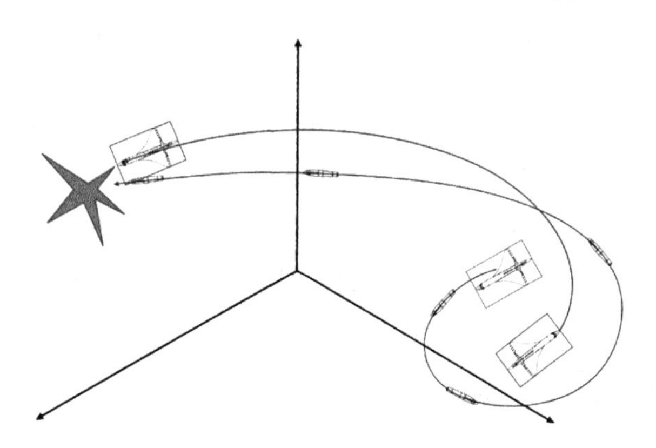

图 2-10　通过 HMDs 离轴发射武器的简单示意图

2.3　HMDs 显示系统概述

HMDs 系统主要由光电系统和飞行员头部跟踪定位装置组成，目前其界面信息呈现内容主要是复刻 HUD 界面，并且提供武器的离轴发射。现阶段典型的 HMDs 一般有以下几个组成部分：保护头盔、定位跟踪器、电子组件、控制组件、计算机处理系统、发射/接收机、头盔矫正器、显示组件、电缆及快速松脱装置[68]。如图 2-11 所示，为典型 HMDs 工作原理结构示意图。

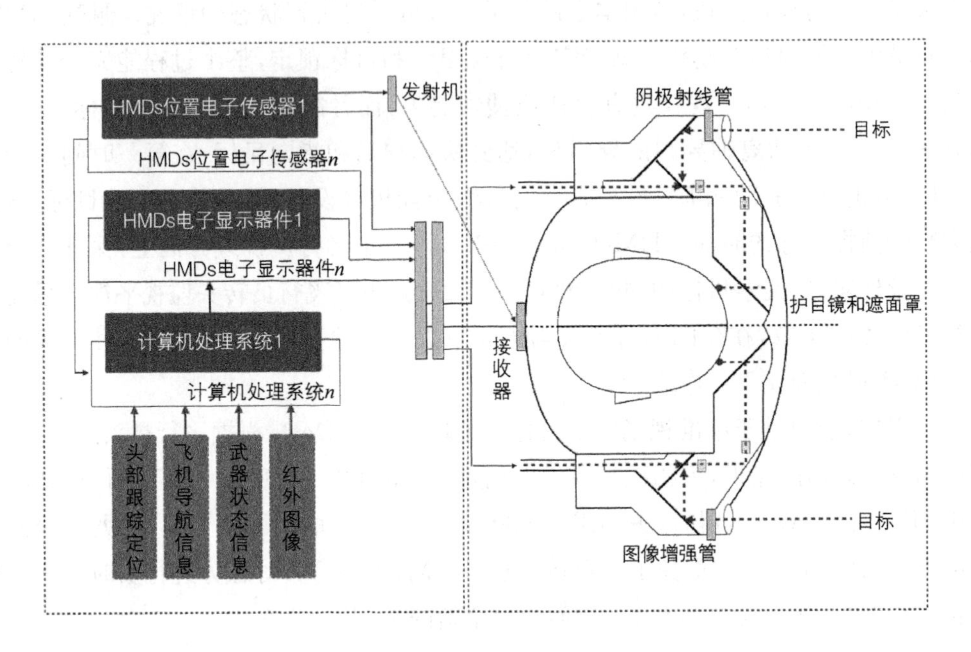

图 2-11　典型 HMDs 工作原理结构示意图

其中,保护头盔主要起到在振动中支撑和保护头部的作用;定位跟踪器通过机舱内的摄像机跟踪定位飞行员头盔上的发光二极管,分析测定飞行员头部的确切方位、视角等;计算机处理系统分析处理来自各传感器的态势数据,通过信息编码传递到光学系统;显示组件(包括图像增强器、透镜、阴极射线管等)呈现经过编码之后的界面信息[149]。

2.3.1　HMDs 显示光学系统

HMDs 分类方式有多种:按照配备的战机类型划分,可以分为固定翼战机式 HMDs 和非固定翼战机式 HMDs;按照目镜数量划分,分为单目式 HMDs 和双目式 HMDs;按照视场大小划分,分为小视场式 HMDs、中视场式 HMDs 和大视场式 HMDs;根据采用的位置传感器种类划分,分为光电式 HMDs 和电磁式 HMDs。但是目前主流的分类方式是根据采用的光学系统划分,主要有投影式 HMDs、目镜式 HMDs。光学系统作为 HMDs 中重要的组成部分,决定了系统的整体性能。当 HMDs 工作时,战机的各类传感系统(如雷达和前视红外系统)、航空火控计算机和符号发生器会产生重要的战机态势数据和控制信号(跟踪、瞄准、发射等),这些数据和信号经过界面信息编码,通过微图像源,以图标、字符、符号等形式显示出来,最后通过光学系统准直后,呈现在无穷远处,以便于飞行员观察[150]。

2.3.1.1 投影式 HMDs

投影式头盔光学系统(Head-mounted Projective Display)于 1997 年提出,随后得到了迅速发展[151]。如图 2-12 所示,典型投影式 HMDs 主要由微型显示器、投影物镜、分光镜和回射屏组成[152]。微型显示器上的图像经过投影物镜成像,由于分光镜(与光轴成 45°夹角)的转像作用,被投影在图中的"投影图像"位置。回射屏位于"投影图像"的前面或者后面,通过将投射到其上的光线按原光路返回,再透过分光镜到达出瞳位置的人眼。在理想情况下,像的位置与大小与回射屏的位置和形状无关。

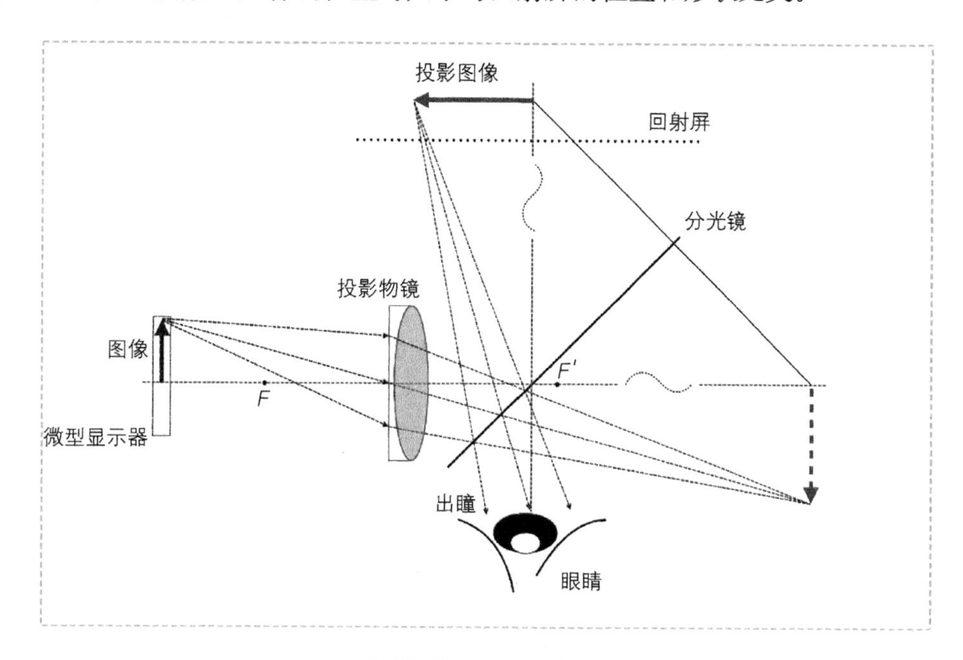

图 2-12 典型投影式 HMDs 光学原理示意图

投影式 HMDs 可以使用户在观察到投影图像的同时,看到处于眼睛和回射屏之间的真实场景。与传统的目镜式光学系统相比,投影式 HMDs 具有体积小、质量轻、视场大(50°~70°)、畸变小(<4%)、目镜设计光学要求简单等优点[153-154]。所以投影式 HMDs 在医疗、娱乐、模拟培训等领域有很大的应用前景。但是由于用户所能观察的真实场景仅限于眼睛和回射屏之间,所以在穿透式 HMDs 显示领域的应用非常受限。

2.3.1.2 目镜式 HMDs

目镜式结构是目前 HMDs 光学系统结构的主流,主要包括同轴光学系统和离轴光学系统两类,其中穿透式显示的目镜式离轴光学系统是这一领域的研究热点。经历了平板玻璃组合镜头 HMDs、双组合镜头 HMDs、护目镜离轴投射 HMDs 的发展过程。护目镜离轴投射既可以增大视场,又可以提高光能利用率并且消除因双反射行程重影。

同轴光学系统区别在于目镜，分为无穷远成像和非无穷远成像[42]。无穷远成像如图 2-13 所示，图像源产生的图像位于目镜焦平面，因此是无穷远成像，效果类比准直透镜；非无穷远成像如图 2-14 所示，图像源产生的图像位于目镜焦平面附近，经过目镜后呈放大虚像，效果类比放大镜。目镜形式较多，在具体的设计过程中既要满足光学性能要求，又要尽可能使结构简单紧凑。

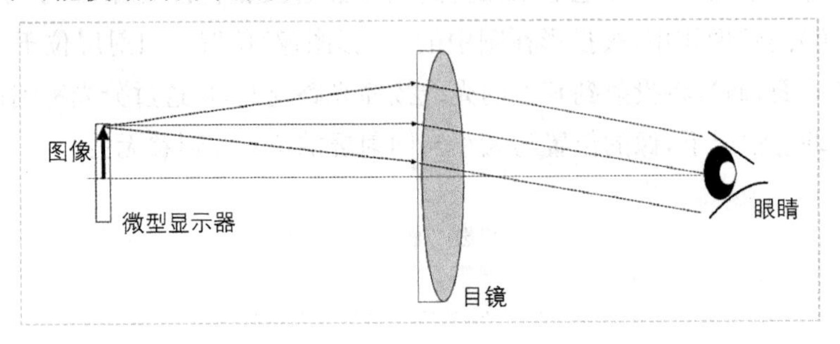

图 2-13 无穷远成像目镜系统

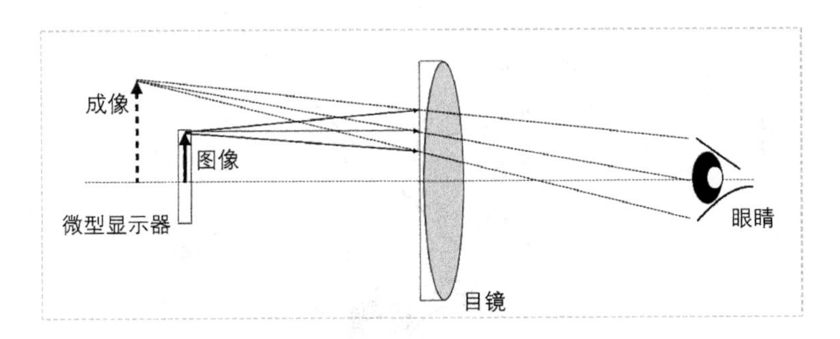

图 2-14 非无穷远成像目镜系统

离轴光学系统在穿透式 HMDs 中被广泛采用。其结构主要包括目镜、反射镜、护目镜等，其中护目镜具有半透半反的光学特性。离轴光学系统分为有反射镜的离轴光学系统和无反射镜的离轴光学系统，如图 2-15 所示。目前随着二元光学元件(BOE)[155]

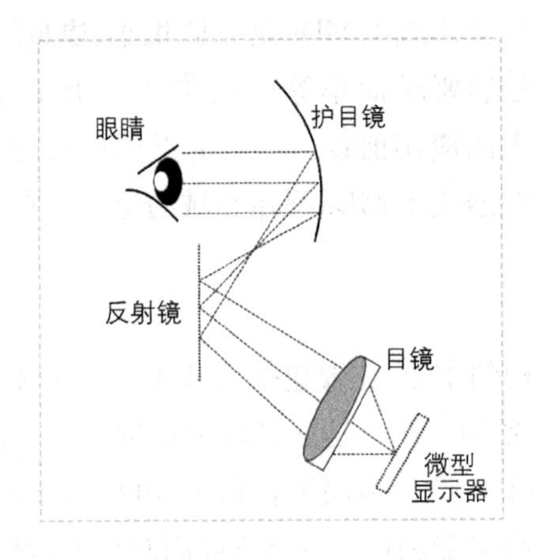

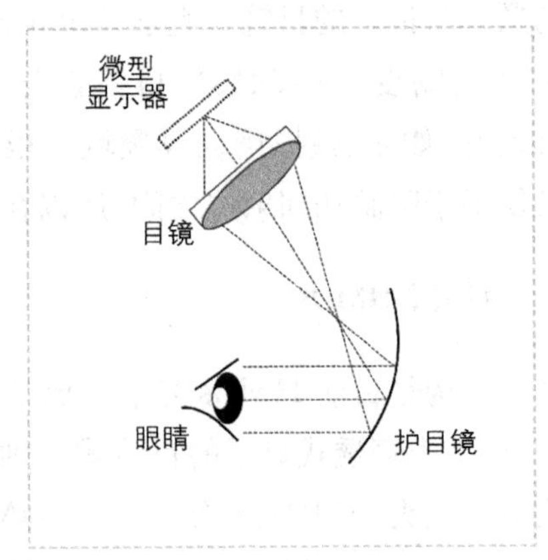

图 2-15 离轴光学系统

和全息光学元件(HOE)[156]的应用,离轴光学系统的光学结构正朝着紧凑型、小尺寸、轻质量、高画质的方向发展[157-160]。

穿透式 HMDs 光学系统目前采用全息波导的方式,其光学原理如图 2-16 所示。

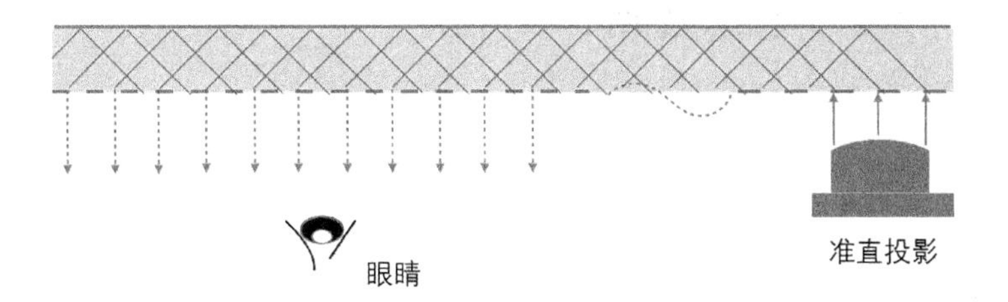

图 2-16　全息波导显示原理示意图

在无穷远处成像相当于准直透镜,通过准直透镜发出的光线均为平行光,通过平板光波导实现出瞳扩展,并且同时实现穿透显示。该技术主要有两种:全息平板波导显示和半透膜平板波导显示。全息平板波导显示利用光栅衍射的光学特性实现出瞳扩展,其结构如图 2-17(a)所示[9];半透膜平板波导显示利用半透膜阵列半透半反的光学特性实现出瞳扩展,其结构如图 2-17(b)所示[161]。

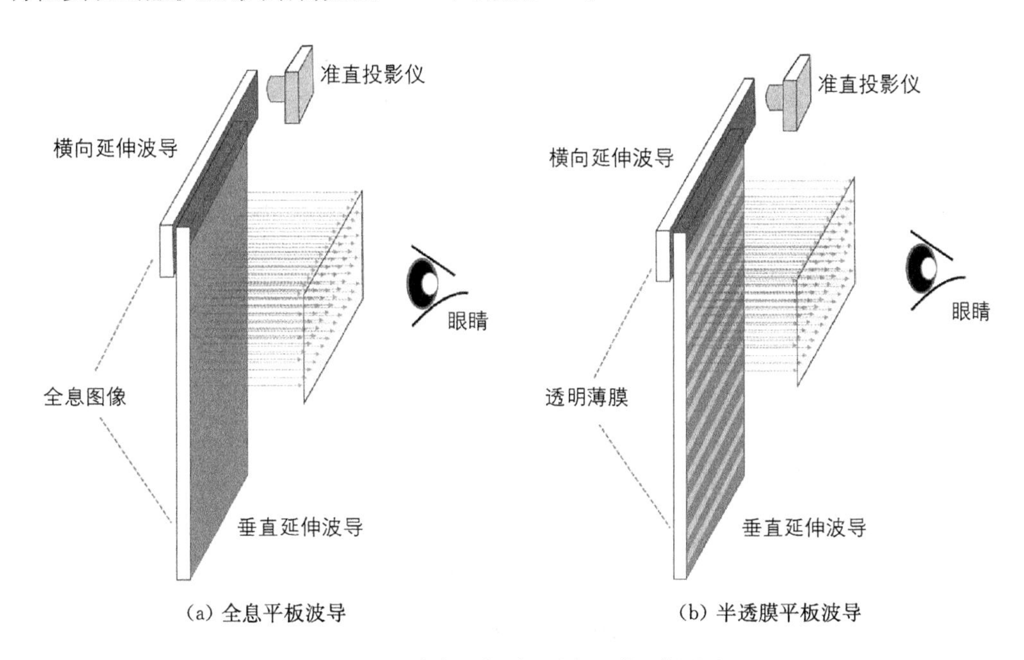

(a) 全息平板波导　　(b) 半透膜平板波导

图 2-17　全息平板波导/半透膜平板波导

2.3.2　HMDs 显示界面设计参数

HMDs 显示界面设计所涉及的领域众多,包括光学原理、电光技术、眼睛的视觉特征、信息编码方法、计算机技术、机械振动等。其中比较重要的问题和参数有：界面显示方式、出射光瞳、眼距、视场、符号形式、符号颜色、显示空间分辨率、界面对比度/亮度等。具体 HMDs 工作原理、光学结构前面章节已经有所研究，这里主要探讨典型 HMDs 界面光学系统相关参数，如图 2-18 所示。

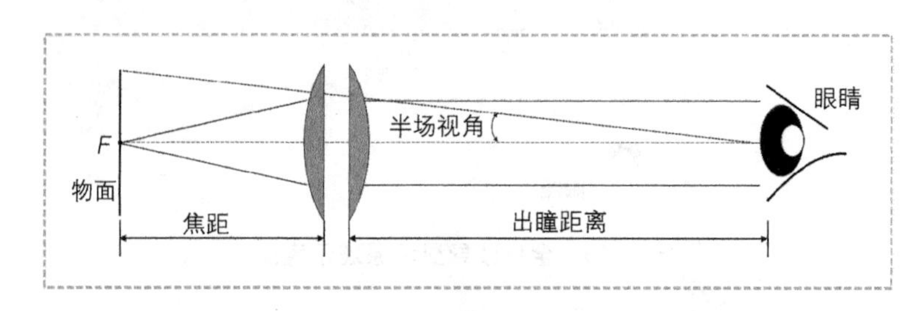

图 2-18　典型 HMDs 界面光学系统参数示意图

2.3.2.1　显示方式

目前 HMDs 的显示方式主要有 3 种[162]：单像源单目镜、单像源双目镜、双像源双目镜。如图 2-19(a)、2-19(b)、2-19(c)所示。

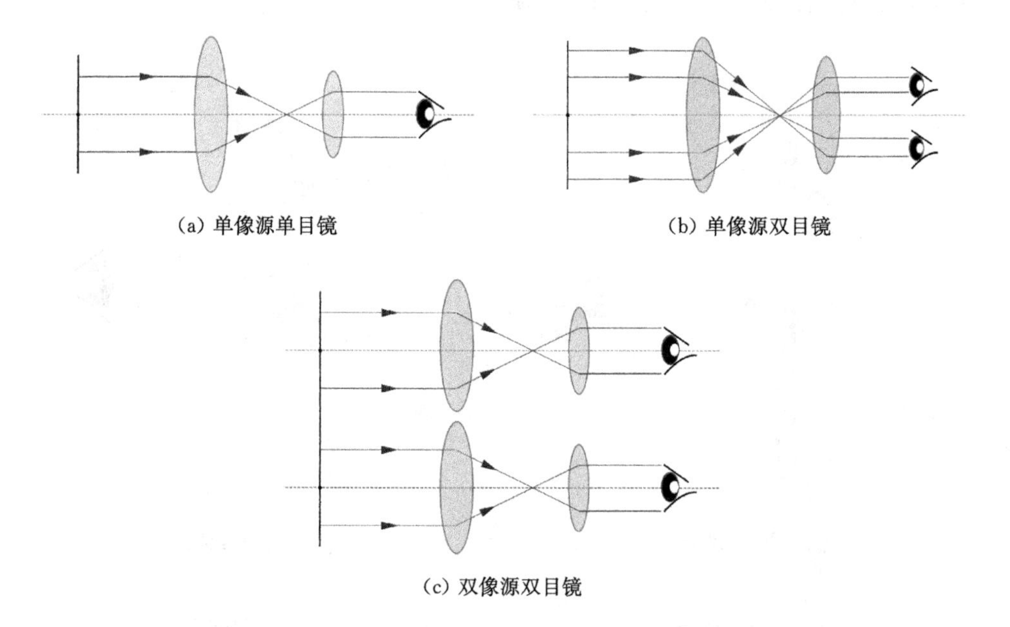

(a) 单像源单目镜

(b) 单像源双目镜

(c) 双像源双目镜

图 2-19　HMDs 的 3 种显示方式示意图

通常情况下，飞行员的双目重叠区域为 120°，另外还有 35°的单目区域，如后文图 2-25 所示。眼睛获得的视觉刺激通过视觉神经“融合”成图像。对于给定的图像，一般人通过四个线索确定信息深度：侧视网膜图相差、运动视差、图像轮廓和大小差异、纹理梯度[163]。而单目的深度探知主要是依据几何透视、视网膜图像尺寸、重叠轮廓、阴影和运动视差等。其中飞行员主要依据运动视差。

(1) 双目显示特点

优点：深度感知能力强、对比灵敏度高、视觉精度高、相比单目空间视域大。

缺点：头部组件附加重量大、技术难度强、安全考虑复杂。

(2) 单目显示特点

优点：尺寸小、质量轻、校准简单、成本低。

缺点：双目竞争、不符合人眼自然生理特征、视场(FOV)有限。

从用户眼睛生理角度出发，HMDs 双目呈现比单目有更多的优点，而且能够避免发生双目竞争现象。这对于 HMDs 结构设计等技术要求非常高，因此在国内发展比较缓慢。目前 HMDs 界面显示存在的视觉问题主要有：双目竞争、Troxler 效应、Pulfrich 效应、Luning 效应等[163]。

(1) 双目竞争：单目显示和不对称双目显示中，双眼的视觉刺激交替进行或其一被忽略。它主要由双目不一致引起，包含多方面因素，比如亮度差异、图像特性差异、聚焦差异、对比度差异、分辨率差异、颜色差异、运动差异和方位差异等。

(2) Troxler 效应：界面中显示符号太多太杂情况下，一些字符被忽略现象。如图 2-20 所示，当用户仔细注视图片中心黑点 30 s 后，图中所有的色彩都将消失[164]。这种注视行为跟飞行员在执行搜索或瞄准任务时，极为类似。

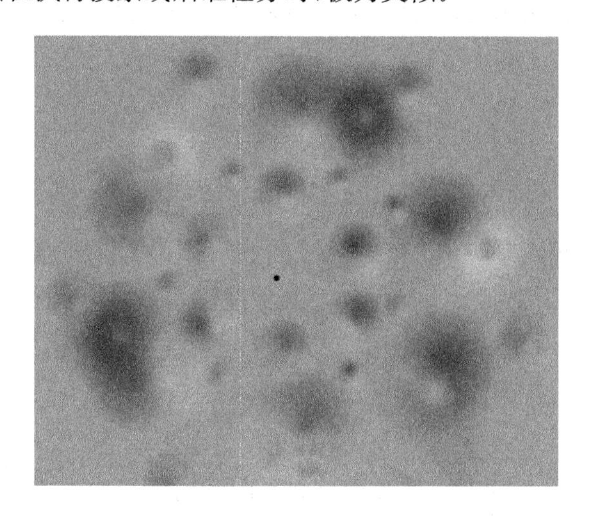

图 2-20　人民日报微博发表的 Troxler 效应实验图

(图片来自人民日报新浪微博)

(3) Pulfrich 效应：双眼对不同光强的适应性是独立的，这种独立性带来的差别将使感觉到的目标在纵深方向存在位移。

(4) Luning 效应：在部分的重叠方式中，存在于单目区的双目重叠边缘的月牙形暗影，如图 2-21 所示。图 2-21(b)中蓝色方块交叉处存在蓝色阴影感觉，图 2-21(a)中在 HMDs 双目叠加边缘出现月牙形暗影。

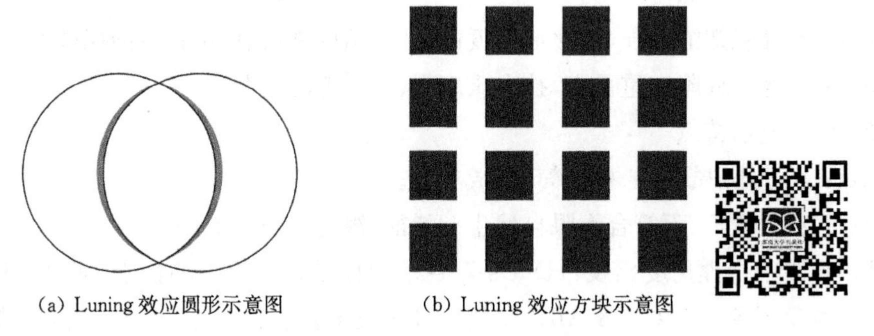

(a) Luning 效应圆形示意图　　(b) Luning 效应方块示意图

图 2-21　Luning 效应示意图

2.3.2.2　出射光瞳(d_{ep})

孔径光阑经过透镜或者透镜组在光学系统像空间所成的像称为出射光瞳,简称出瞳[165]。HMDs 光学系统的出瞳是空间区域,孔径光阑决定了空间形状,通常情况下为二维圆孔,飞行员视线在出瞳内能获得全部视场。1993 年 Tsou 研究提出出瞳直径(d_{ep})包括眼睛瞳孔、眼睛在视场内移动距离、HMDs 头盔滑动等。从光学原理分析,出瞳直径越大,飞行员视场越大,而且不易造成疲劳。但是也不宜过大,因为如果出瞳直径过大,飞行员眼睛和头盔发生相对移动时,图像会产生波动,严重影响观察。

2.3.2.3　眼距(d_{ec})

眼距是指眼睛中心到光学系统最后一个光学元件表面中心的距离[166]。眼距的设计限制因素比较多,首先要防止头盔碰撞问题和安全弹射等紧急情况,其次要留给飞行员足够的视场去观察下视显示器、HUD 等其他航电系统界面。目前 HMDs 眼距设计要求在 15～25 mm。对于目镜式 HMDs 的光学系统,飞行员瞳孔位置和出瞳重合。

2.3.2.4　视场

视场(Field of View, FOV)是飞行员观察图像时所对应的观察角度[167]。如后文图 2-25 所示,人眼睛的视场范围是椭圆形,通常情况下单目为 120°(V)×150°(H),双目为 120°(V)×200°(H)[168]。但是用户的关键视场是 30°(V)×40°(H),从而传统的显示器比例是 3∶4。HMDs 视场越大,飞行员的观察范围就越大,可以避免因头部转动而引发的疲劳,从而保持高效的作战效率。视场的设计受到 HMDs 其他各方面因素限制[169],假设显示器尺寸为 d,眼距为 d_{ec},出瞳距离为 d_{ep},视场角为 μ,结合本章图 2-12 示意的几何关系,可得:

$$d = 2 \times (d_{ec} + 3) \times [\tan(0.5 \times \mu)] + d_{ep} \tag{2.1}$$

根据研究发现，眼距(目镜式 HMDs 中眼距等同于出瞳距离)、光学系统直径、视场三者之间的关系[170]如图 2-22 所示。

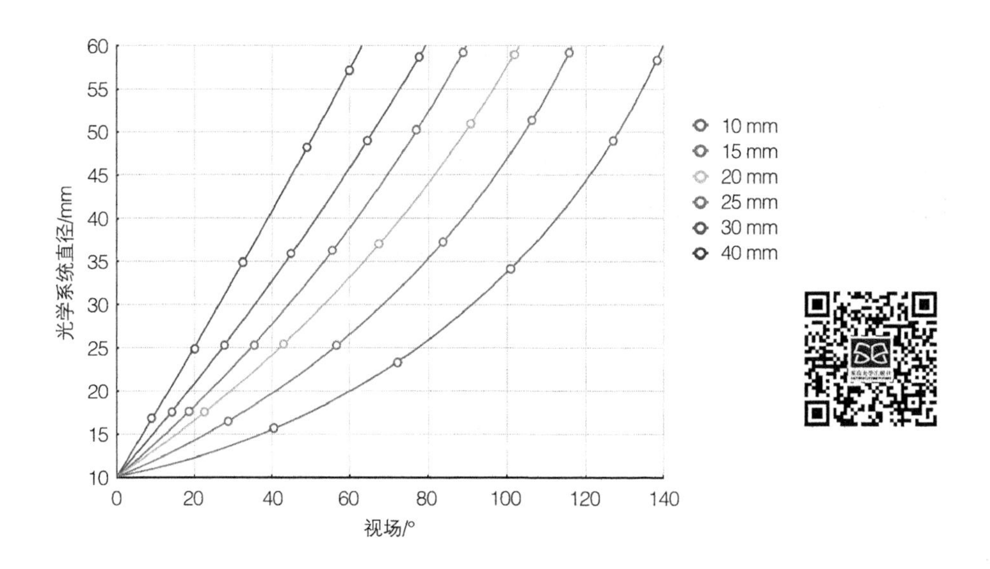

图 2-22 目镜光学系统直径与视场和出瞳距离的关系

从图 2-22 中可以看出，当 HMDs 的设计视场(FOV)从 40°增加到 60°时，光学系统直径需要至少增加 4 mm，质量随之大幅增加，可能会导致光学性能的降低。不同的飞行任务对视场的要求也不同：一般情况下，编码符号呈现在 5°～15°以内；飞行员对于目标截获、信息搜索、目标观察要求在 20°以上的视场；巡航或者检查点导航要求的视场会更大一些；执行夜间飞行任务时，视场至少要在 40°。

2.4 HMDs 界面的飞行员视知觉基础

HMDs 界面是飞行员和飞机控制系统交互的媒介，是飞行员与战机之间信息传达和反馈的载体。其中的信息指的是飞行员认知过程中信息的物化表达，包含信息的本质和组织结构，在 HMDs 界面中主要表现为字符、图标、符号、色彩、声音等内容之间的信息结构[171]。符合飞行员认知生理规则是 HMDs 界面设计的基本要求。虽然在航电系统交互中有视觉、听觉、触觉等多通道，但现阶段 70%的交互信息都通过视觉通道传递[172]。

2.4.1 视知觉系统

视觉的感受器官是眼睛，它的主要功能部分由瞳孔、角膜、晶状体和视网膜等组成，如图 2-23 所示。瞳孔调节外部光线的进入量，角膜和晶状体构成折射系统，视网膜用于成像。视觉系统的正常工作需要 3 个部分的保障：感受器官眼睛的正常；提供刺激信息的视觉对象；环境中有可见光。视觉系统的活动要在刺激（对象）、环境（可见光）、器官（眼睛）、视神经和视觉中枢的共同配合下才能完成，环境提供可见背景、刺激提供信息源、眼睛接收信息、视神经传递信息、视觉中枢对信息进行处理。

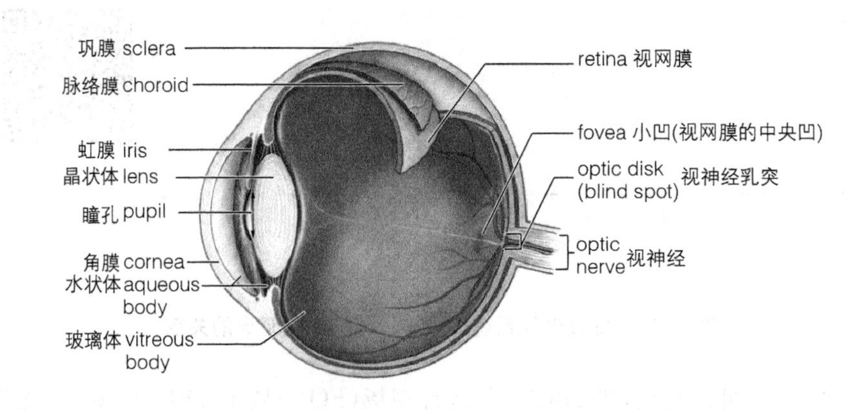

图 2-23 人的眼睛示意图

视网膜是一个倒置的接收系统：光线进入侧不是视细胞而是视神经[173]。视网膜内有 2 类感受体细胞：杆状(Rod)细胞和锥状(Cone)细胞。杆状细胞位于视网膜的外围区域，这类细胞主要用于昏暗光线下的视觉及运动检测；锥状细胞多数位于中央凹或视网膜中心区，这类细胞主要用于颜色视觉和高亮光线的感知。

信息从视网膜经丘脑的外侧膝状体传递到初级神经皮质或纹状皮质。单目的视神经都是两条通路，一条负责眼睛左半部分，一条负责眼睛右半部分。两只眼睛的四条视神经在视交叉处汇合，汇合后按左右分为两条纤维束，右侧纤维束传递每只眼睛左侧视野信号到达右脑，左侧纤维束传递每只眼睛右侧视野信号到达左脑，如图 2-24 所示。

通常情况下中央凹延伸到视觉中央 2°以内，由于这部分锥状细胞十分集中，所以视觉锐度最大[10]。结合 HMDs 界面信息编码设计，重要的动态显示信息应该限制在中央凹 2°～10°范围内。在距离中央凹 15°左右的区域有盲斑，处于神经圆盘处，并没有视神经，信息无法被接收。当飞行员沿瞄准线注视 HMDs 显示界面时，盲斑附近没有信息呈现。在 HMDs 界面信息编码时要关注相关问题。

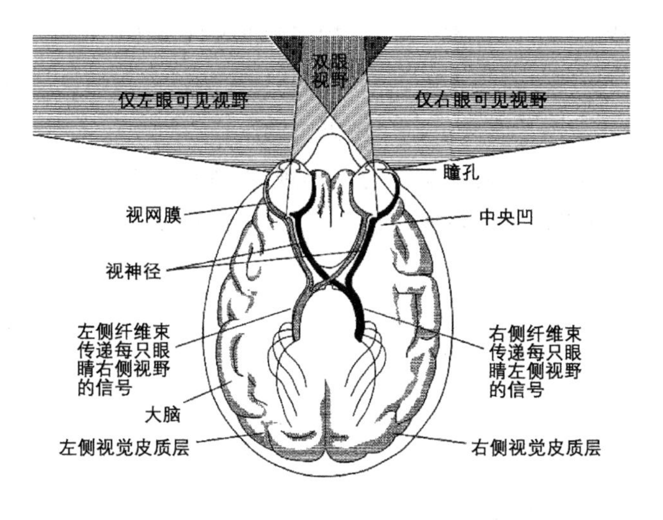

图 2-24 人的视觉系统[110]

2.4.2 视知觉参数

在 HMDs 界面交互中，视觉认知的主要功能是确定界面中视觉对象的基本尺寸，辨别界面对象的色彩和纹理、肌理以及运动状态等，视知觉相关参数主要包括视力和视野 2 个方面。

视力是指人眼睛视网膜黄斑区辨别视觉对象形态、大小的能力，是评判视觉能力的重要参数。一般采用临界视角的倒数来表示视力的强弱，视角是指人的视线与视平面垂直线的夹角。视角会随着目标的观察距离变化而变化。观察对象处于眼睛能分辨清晰的最远距离时的视角被称为临界视角。通常情况下成年人的临界视角为 1′，视力为 1。当视力下降后，临界视角变大，则视力值就降低。

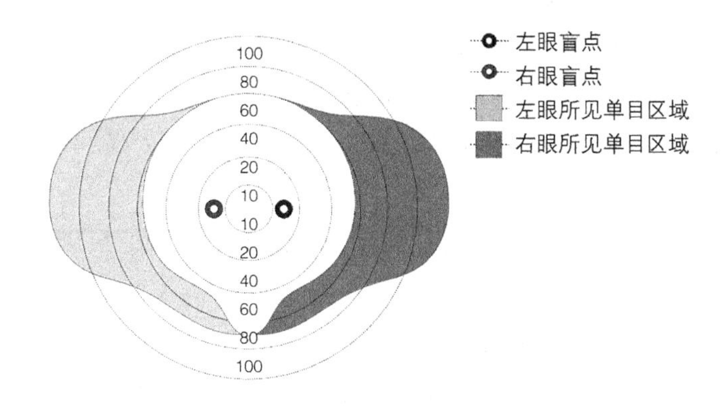

图 2-25 左右眼视野区域示意图

视野是眼睛的周边视力,也称为余光,指在标准照度下眼睛固定注视一点时所能观察到的空间范围[174]。研究发现人的视网膜上感觉细胞的分布情况决定了视野的范围,通常视野的量化表达采用角度为单位。视野协助用户辨别视场内目标、背景、其他物体的视觉特征和运动情况,是人视知觉能力的体现,在界面观察中协助用户获取信息、做出判断和决策,是视知觉功能的重要参数。视野区域及参数如图 2-25、图 2-26 所示。

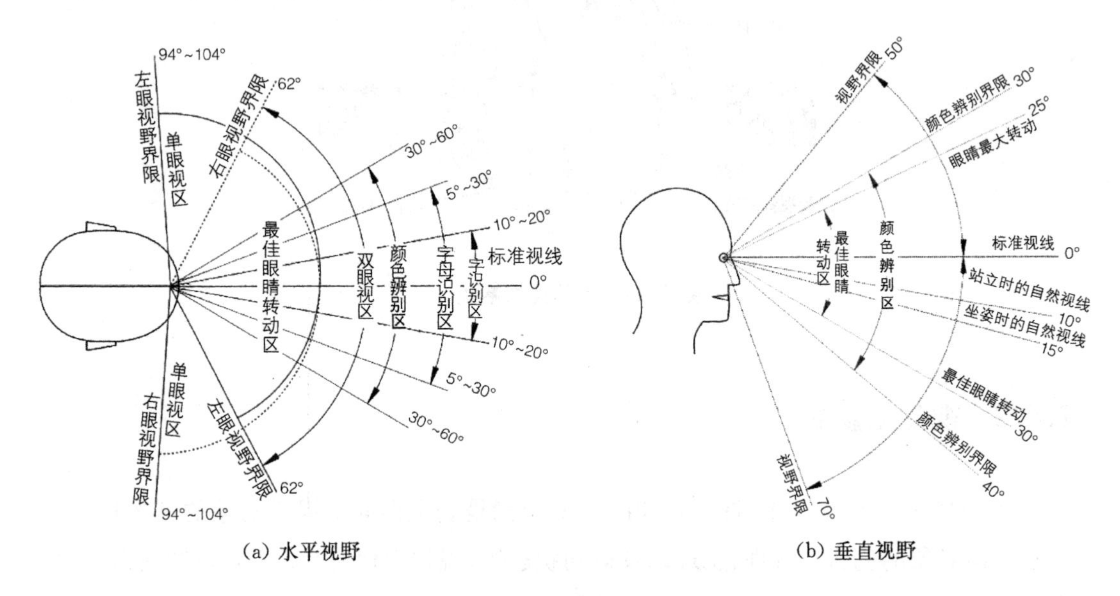

(a) 水平视野　　　　(b) 垂直视野

图 2-26　视野参数示意图

2.4.3　视知觉特征

根据前面章节对视知觉的生理特性和视知觉参数分析可以发现,视觉系统具有特定的生理特性,人的眼睛在观察、分辨视觉对象时有些明显的特征[171]。

(1) 水平优于垂直原则:人的眼睛是左右横向排列,在水平方向可视角度达到了120°,垂直方向只有 60°左右,眼睛的水平运动能力明显高于垂直方向,而且对于方位、比例、尺寸等的估计也比垂直方向准确。在后面章节 HMDs 界面信息编码时会重点参考。

(2) 顺时针原则:眼睛的视知觉习惯于从左到右、从上到下、顺时针进行观察和搜索。

(3) 四象限理论:当界面的视图面积大于人眼视觉中心范围时,用户会潜意识地将观察界面进行划分,主要分为四个区域。在距离视中心距离相同的情况下,眼睛的观察优先级为:左上、右上、左下、右下。这部分在后面章节对 HMDs 告警信息布局研究时进行了深入探讨。

(4) 对比原则：眼睛对不同色彩的辨识能力差别很大。相同条件下，红色最容易辨认，其次是黄色、绿色，最不易辨认的是白色。当色彩同时呈现时，黄色与黑色搭配最易于被识别。色彩编码部分在后面文章基于认知的 HMDs 色彩编码研究实验中进行了详细探讨。

(5) 运动法则：相比于静止状态，眼睛对于运动的物体更容易辨识，但是运动物体的特征(造型、色彩等)识别度会降低。

2.4.4 HMDs 界面可视性设计的基本原则

可视性指的是视觉的通达性。通常情况下，在一定范围内视觉对象的可视性与其外形、大小成正比。但是 HMDs 界面作为典型的航电系统界面，由于其显示尺寸、界面信息类别、信息间组织关系、飞行员视觉搜索规律等限制，不能简单地以尺寸大小或相对位置提高界面可视性，必须结合 HMDs 的系统特性、战场环境、视觉规律、信息编码原则等条件，提供科学的设计。本节主要从图标编码、对比度、分辨率、色彩准则等提出 HMDs 界面可视性设计的基本原则。

2.4.4.1 HMDs 界面图标可视性设计

界面图标可视性主要是指元素在呈现上便于认读的特征。增强可视性的方法就是加强彼此之间的区分度。传统航电系统，比如下视显示界面在国标 GJB301—87[175] 中已经进行了规定，图标的设计呈现编码有严格的规范。但是 HMDs 界面不同于传统下视显示界面，它具有透视性、实时性，如果采用传统的航电系统图标、符号映射设计，不仅遮挡视场画面，而且如果数目过多容易造成飞行员误读，压迫视神经，导致飞行员心理负荷过大，造成严重后果。所以在 HMDs 界面图标可视性编码呈现时，应当尽量采用线框型、半透明型，且呈现数量不宜过多。

2.4.4.2 HMDs 界面亮度、对比度可视性设计

(1) 对比度定义[163]

假设 L_b、L_t 分别为界面背景亮度和界面元素亮度，

定义

$$L_{\max} = \max(L_b, L_t), L_{\min} = \min(L_b, L_t)$$

$$\text{对比度(Contrast)}: C = (L_{\max} - L_{\min}) / L_{\min} \tag{2.2}$$

特殊地，当 $L_b > L_t$ 时，定义 $C = (L_b - L_t) / L_b$，所以 C 的值域为 $(0, +\infty)$ 或(0, 1)。

$$\text{对比率(Contrast ration)}: C_r = L_{\max} / L_{\min} \tag{2.3}$$

调制对比度(Modulation Contrast)：$C_m = (L_{\max} - L_{\min})/(L_{\max} + L_{\min})$　(2.4)

C_r 由最大、最小亮度计算得出，可以用于 CRT 或 FPD。为了反映 FPD 器件的本身性能参数，定义像素对比率为：

$$C_r = \text{像素亮度}_{ON} / \text{像素亮度}_{OFF} \tag{2.5}$$

对于 CRT 图像还有 SOG(Shade of Gray)数来描述其对比度。SOG 是流明等级。而且人眼的流明等级分辨能力比 SOG 数要大得多。

$$\text{经验公式：SOG 数} = [\log C_r/\log(2^{1.2})] + 1 \tag{2.6}$$

(2) 视觉亮度阈值[4]

人眼可探测最小亮度差异 (ΔL) 随适应光亮度 (L) 变化而变化，通常用比值 $\Delta L/L$ 作为视觉亮度阈值判据(韦伯比)。$\Delta L/L$ 与 $\log L$ (单位：mL)间的关系曲线如图 2-27 所示。

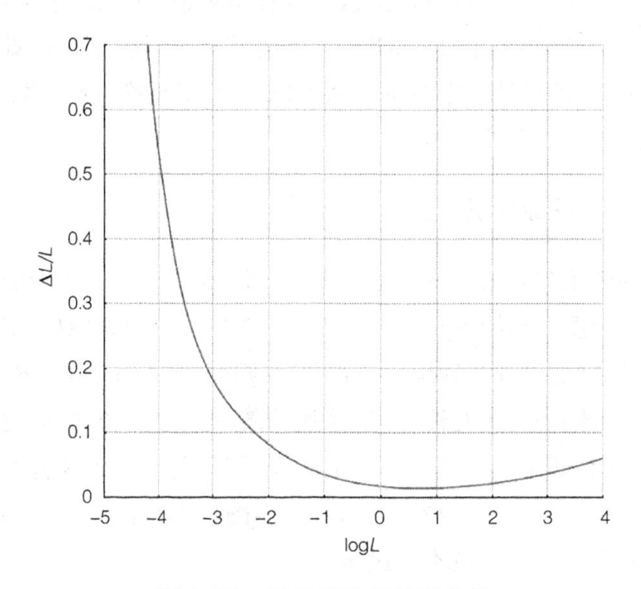

图 2-27　$\Delta L/L$ 随 L 的变化曲线

由图 2-27 可以看出，随着 L 的增大，韦伯比降低，即视觉阈值下降，眼睛可以辨别更小的亮度差异。对比度要求不是一个固定的值，是关于环境光的函数：当显示亮度一定时，背景光增大，视觉门限降低，但同时图像对比度也降低了。所以 HMDs 的对比度是统计数值。

(3) 典型 HMDs 亮度/对比度

一种典型的 HMDs 光路如图 2-28 所示。

大致计算图像元到眼睛的透光率大约为 20%，外界背景从环境到眼睛的亮度透过率大约为 30%(深色护目镜大约为 5%)。根据公式 2.3、公式 2.4，计算不同图像光、环境光亮度对比度如表 2-1 所示。

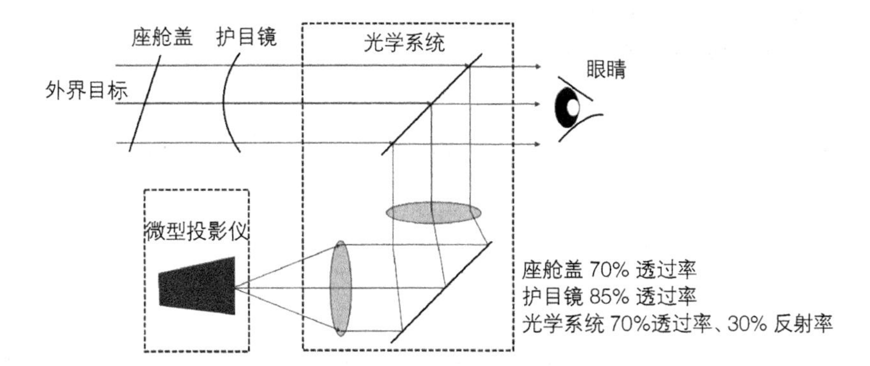

图 2-28 典型 HMDs 光路图

表 2-1 不同图像光、环境光亮度对比度[163] (1 fL=3.4 cd/m²)

图像源光亮度	外界光亮度					
	3 000 fL		1 000 fL		300 fL	
	遮光护目镜	普通护目镜	遮光护目镜	普通护目镜	遮光护目镜	普通护目镜
100 fL	$C_m=0.01$ $C_r=1.02$	$C_m=0.05$ $C_r=1.11$	$C_m=0.03$ $C_r=1.07$	$C_m=0.14$ $C_r=1.32$	$C_m=0.10$ $C_r=1.20$	$C_m=0.35$ $C_r=2.06$
400 fL	$C_m=0.04$ $C_r=1.09$	$C_m=0.17$ $C_r=1.42$	$C_m=0.12$ $C_r=1.27$	$C_m=0.39$ $C_r=2.27$	$C_m=0.32$ $C_r=1.90$	$C_m=0.68$ $C_r=5.23$
800 fL	$C_m=0.08$ $C_r=1.18$	$C_m=0.30$ $C_r=1.85$	$C_m=0.21$ $C_r=1.54$	$C_m=0.56$ $C_r=3.54$	$C_m=0.47$ $C_r=2.79$	$C_m=0.81$ $C_r=9.45$
1 600 fL	$C_m=0.15$ $C_r=1.36$	$C_m=0.46$ $C_r=2.69$	$C_m=0.35$ $C_r=2.08$	$C_m=0.72$ $C_r=6.07$	$C_m=0.64$ $C_r=4.58$	$C_m=0.89$ $C_r=17.9$

通常计算 HMDs 对比度时，目标光亮度等于图像源光亮度与背景亮度之和，即

$$C_r=(L'_{背景}+L'_{图像源})/L'_{背景} \tag{2.7}$$

$$L'_{背景}=外界背景到眼睛透光率\times L_{背景} \tag{2.8}$$

$$L'_{图像源}=图像源到眼睛透光率\times L_{图像源} \tag{2.9}$$

结合以往 HMDs 设计经验，要求 $C_r>1.2$。以背景光 3 000 fL 为例，普通护目镜 $L_{图像源}>900$ fL，遮光护目镜 $L_{图像源}>150$ fL。进行系统优化设计，改善透过率与反射率指标参数，可以降低 $L_{图像源}$。如在日光条件下，国外 HMDs(CRT)图像源亮度可以达到 1 500 fL(字符)，800 fL(光栅)。

2.4.4.3 HMDs 界面分辨率可视性设计

在 HMDs 界面中，字符、符号的可视性问题主要涉及飞行员视觉辨别能力。不同于传统航电显示界面，HMDs 设备由于其特殊的光学系统组成和成像特点，界面中字符、符号的辨识度主要涉及分辨率问题。

人眼的几何分辨率借助空间频率测量，是关于瞳孔直径、亮度、观察物曝光时间、阈值对比度的函数。结合 Rose 的人眼光子计数器理论[176]，人眼的可探测阈值对比度由量子工效方程得出：

$$C \cong \frac{r}{D\sqrt{L \times t}} \approx \frac{r}{\sqrt{L}} \tag{2.10}$$

其中，r 是空间频率(线对/mrad)；D 为瞳孔直径(mm)；L 是亮度(cd/m^2)；t 是目标曝光时间(大于 0.2 s)。

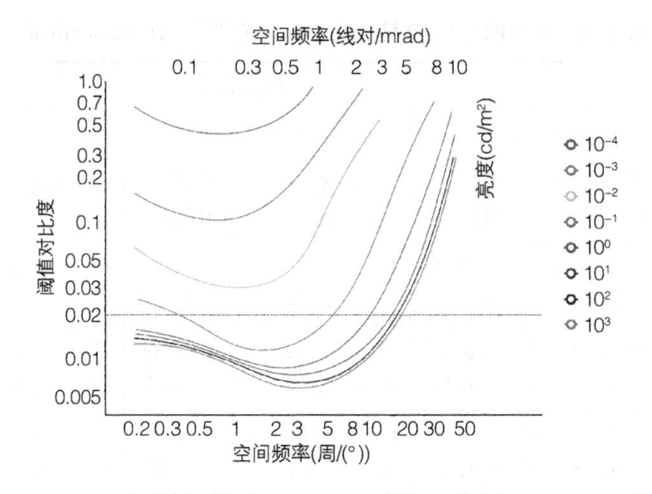

图 2-29　不同亮度场下眼睛阈值对比度随空间频率变化统计图[163]

如图 2-29 所示，如果空间频率一定，那么眼睛的视觉阈值对比度随着亮度的增加而降低；如果亮度一定，那么眼睛的视觉阈值对比度随着空间频率的增加先下降然后迅速增加。所以亮度的增加将伴随着人视觉辨别能力的提高，加大空间频率必须提供足够的亮度显示。

假设进入人眼睛的亮度为：$L_{目标} = L_{背景} + L_{像源}$

则根据式 2.7 得：

$$dC_r = dL_{像源} / L_{背景} - (L_{像源} / L^2{}_{背景}) dL_{背景} \tag{2.11}$$

假设 $L_{背景} = 3\,000$ fL，$L_{像源} = 900$ fL，$\Delta L_{背景} = 100$ fL，$\Delta L_{背景}$ 不变，得到 $\Delta C_r = -0.01$。

$L_{背景}$ 的提高受对比度的制约，而 $L_{像源}$ 受显示器的限制，所以 HMDs 界面设计既要考虑背景亮度、分辨率、对比度、眼睛观测距离等要素，又要尽量提高显示亮度。

界面显示分辨率越高，反映细节就越丰富，设备要求就越高。根据国军标要求，HMDs

的显示分辨率在 0.3～1 mrad 之间比较合适。结合式 2.10 可得，如表 2-2 所示。

表 2-2 不同亮度、分辨率的阈值对比度统计表

分辨率(r)	亮度(L)			
	10^1 cd/m^2	10^2 cd/m^2	10^3 cd/m^2	10^4 cd/m^2
0.3 mrad	0.651	0.203	0.063	0.020
0.5 mrad	0.391	0.122	0.039	0.012
0.8 mrad	0.244	0.076	0.024	0.008
1 mrad	0.195	0.06	0.020	0.006

FPD 的显示分辨率主要涉及显示尺寸、像素大小、像素形状、像素排列等。结合几何分辨率可以估算像素数目为：

$$Res(\text{mrad}) = 17.45 \cdot FOV/N \qquad (2.12)$$

式中，FOV 即视场，N 表示该方向上的像素个数。由式 2.12 得出，分辨率和视场成反比，所以 HMDs 界面在设计的时候要统筹这两个因素。结合式 2.12 统计 0.3～1 mrad 像素数量，如表 2-3 所示。

表 2-3 不同视场、集合分辨率的 FPD 像素个数

Res	FOV			
	20°	25°	30°	40°
0.3 mrad	1 163	1 454	1 745	2 327
0.5 mrad	698	872	1 047	1 396
0.8 mrad	436	545	654	873
1 mrad	349	436	523	698

2.4.4.4 HMDs 界面字符、符号可视性设计

HMDs 界面字符、符号的可视性受飞行员的视力、视距和环境条件等要素的制约。如表 2-4，为航电系统界面要素编码高度参考值。

表 2-4 界面要素编码高度参考值 单位：cm

观察距离	图形高度	观察距离	图形高度
50 以下	0.25	180～360	1.8
50～90	0.5	360～600	3.0
90～180	0.90		

对于界面上字符高度的设计，Peters 和 Adams 研究提出可视性最优的高度计算式[177]。

$$H = 0.0022 \times D + 25.4 \times (K_1 + K_2) \tag{2.13}$$

式中，H(mm)为目标高度；D 为人眼睛到观察目标的距离；K_1 为重要性参数，通常取值 0，重要情况取值 0.075；K_2 为照明条件系数，环境极好的情况取值 0.06，情况好的情况取值 0.16，一般取值 0.26。

2.4.4.5 HMDs 界面色彩可视性设计

视网膜是由锥状细胞和杆状细胞组成的光辐射接收器件。两种细胞具有完全不同的性质和功能。杆状细胞对光刺激极为敏感，但完全不感色；锥状细胞的感光能力比杆状细胞差很多，但它们能对各色光有不同的感受[178]。实验表明，只有在 10°左右的视场内，视网膜各部分才能同时对三原色敏感识别。眼睛所能分辨的色彩波长在 0.4～0.7 μm 之间，而且眼睛对明视觉和暗视觉响应不同，这种变化称为普尔钦(Purkinje)偏移现象[179]。如图 2-30 所示，明视觉的峰值在 555 nm，暗视觉的峰值在 507 nm。而且，两种视觉条件下，绿色都最容易被辨识。

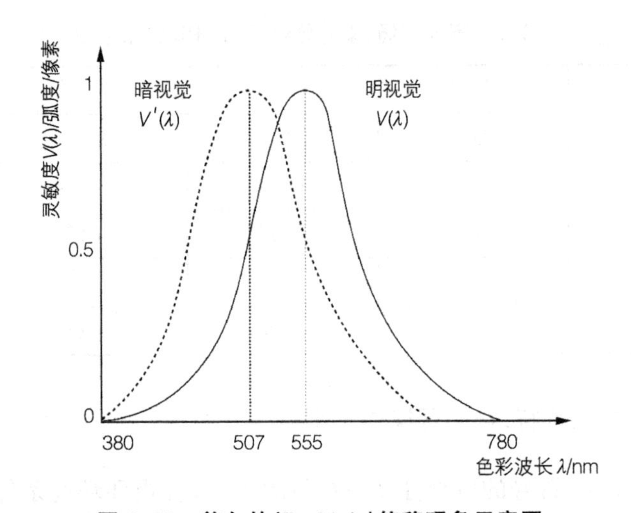

图 2-30 普尔钦(Purkinje)偏移现象示意图

根据调研发现，目前国内外已装备的 HMDs 大部分均为单色(增强显示层为绿色或黄绿色)，双色也仅仅是在告警色中加入了红色。目前全彩色的限制主要在于设备成本、复杂性、尺寸、质量、结构设计等技术方面，此外由于 HMDs 的透视性，增强层色彩过多有可能会引起飞行员视觉混乱，不利于环境观察或目标搜索。但是全彩色 HMDs 优点也十分明显，从目前已经应用的民用领域可以看出，色彩对于用户的认知能力支持、信息归类编码呈现等作用十分突出。从飞行培训的数据统计看，飞行员更加倾向于全彩色显示 HMDs,因为彩色可以使飞行员在瞬间反应时间内获得更好的情境感知能力。1996 年 Reinhart 和 Post 提出了双原色显示方法,采用 AMLCD 进行了实验,发现双原色比单色有更好的视觉能力[180]。飞行员对座舱显示三种色彩体系的平均反应时间,如图 2-31 所示,从中可以看出,双色系和全彩色系的平均反应时间明显优于单色系。具体到某一款 HMDs 设计时,根据不同的战机型号、任务特点等综合考虑成本、分辨率、视场、色彩体系、光学系统等,使系统界面呈现达到最佳效果。根据 1987 年 ISO 对于彩色符号多彩背景的显示对比度规定[180]:

$$\Delta E=\left[\left(\frac{150\Delta L}{L_{\max}}\right)^2+(367\Delta\upsilon)^2+(167\Delta\nu)^2\right]^{\frac{1}{2}} \tag{2.14}$$

式中,$L_{\max}$ 为符号与背景的最大亮度;υ 和 ν 为 CIE1960 色度图定义坐标;Δ 为符号与背景色的差。

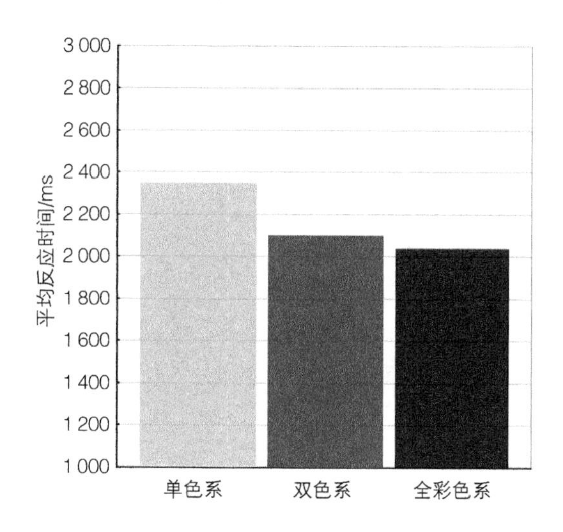

图 2-31　三种色系的被试平均反应时间

本章小结

(1) 本章首先研究分析了战机航电系统界面的发展历程,阐述了不同阶段航电界面的特点、区别。对 HMDs 界面和 HUD 界面进行了详细的对比分析,总结了未来 HMDs 的发展趋势。

(2) 从 HMDs 光学系统原理等角度详细分析了投影式 HMDs、目镜式 HMDs 和全息波导 HMDs 的光学原理以及设计要点。从界面显示方式、出瞳距离、眼距、视场等方面重点剖析了 HMDs 界面光学设计的要素。

(3) 系统分析了 HMDs 界面中飞行员的视知觉相关问题,从飞行员视知觉生理系统、视知觉参数和视知觉特征等多个角度,研究视知觉对于 HMDs 界面信息编码过程的影响和限制,为本书后面章节开展基于认知的 HMDs 界面实验打下基础。

(4) 本章最后对 HMDs 界面图标、界面对比度/亮度、界面分辨率、界面色彩等要素的可视性设计进行了系统的分析研究,并提出了 HMDs 界面可视性设计的基本原则。

第3章 HMDs界面信息编码的设计认知机理分析

3.1 引言

本章主要探讨HMDs界面信息编码过程中的设计认知机理问题。基于用户在执行任务时信息的传递途径，重点探讨信息的获取、传递、消耗机制，结合不同阶段所涉及的态势感知、选择性注意、认知负荷等认知问题，剖析HMDs界面设计元素信息编码与认知机理之间的层次关系，并提出HMDs界面信息设计元素的编码结构、编码步骤和编码原则。

3.2 界面信息编码

3.2.1 信息编码过程

信息编码最早应用于通信领域，是指将信息与某种载体以特定的方式结合在一起，使之成为用于识别的"信号"存在[181]。信息的产生、传递、存储和接收过程都离不开载体，任何形式的信息处理过程中都存在信息编码。在HMDs界面交互过程中，编码是用户获取知识和界面信息呈现的前提，同时便于用户对信息进行脑加工处理、存储、检索和使用，其本质是赋予信息以视觉元素代码的过程。信息编码的质量体现在用户所获取的知识和最原始信息数据是否匹配、是否高效。这些指标可以衡量系统交互的可靠性和稳定性。

在HMDs界面交互过程中，信息编码过程是指从多源原始信息数据到飞行员知识获取的信息通信传递过程。信息论创始人Shannon曾经提出通信系统模型，本书将界

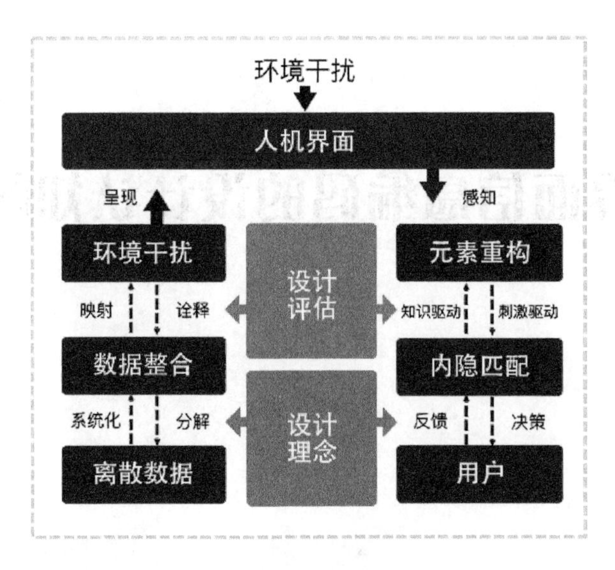

图 3-1 人机界面信息编码过程

面信息编码分为 4 个主要内容：信源编码、信道编码、信道解码、信源解码，过程如图 3-1 所示。从宏观分析，信息编码是由信源经过信道到达信宿的过程。从微观上看，信息编码主要有两个阶段：第一个阶段是设计活动；第二个阶段是认知心理思维活动。在第一个阶段中，设计元素与数据结合，原始数据作为信源，设计元素和界面组织结构作为信道，界面整体呈现作为信宿，是设计信息编码的过程。在第二个阶段中，视觉信息作为信源，大脑神经系统活动是信道，用户记忆系统则是信宿。如图 3-2 所示，为宏观与微观角度的人机界面信息编码过程示意图。所以在整个 HMDs 界面信息编码过程中，设计元素编码的有效性和用户大脑解码的可靠性直接影响着编码质量。

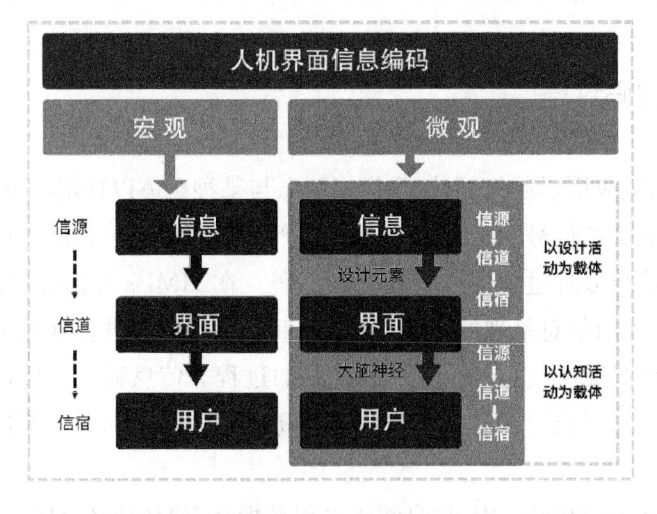

图 3-2 宏观和微观角度的人机界面信息编码过程示意图

3.2.2 HMDs界面设计的信息界定

HMDs设计信息编码是指编码过程中战机多源信息数据与界面载体结合，通过科学的编码规则组成HMDs界面中的通信媒介，进而转变为飞行员视觉信号的过程。信息负载于不同的文字、颜色、形状、模块等系统中，采用飞行员可见的载体进行编码，成为界面与飞行员之间的通信媒介[182-184]。空战态势的动态性和多元性决定了HMDs界面信息的多维属性和复杂性。在编码过程中，先要对信息的多维属性和结构特征进行分解划分，然后通过科学有效的编码原则进行可视化呈现。如图3-3所示。

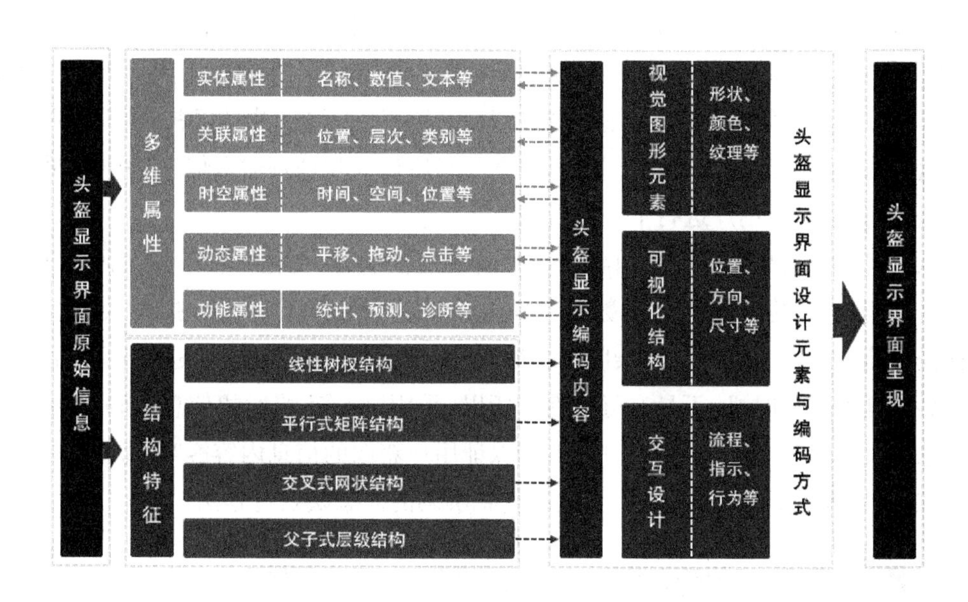

图3-3 HMDs界面设计信息编码过程

信息的多维属性分解。信息是抽象的且具有多维的属性[185]。HMDs界面信息编码过程中，运用信息维度对信息属性进行表征。信息属性的多样性决定了信息维度有可能是一维、二维、三维甚至是多维的，维度过多会使信息编码非常困难。通过对维度的分解将信息组合、排序和分类，信息的功能和本质就在多维属性的相互作用下形成。

信息结构的划分。对HMDs界面信息进行结构化处理，使之具有清晰的逻辑结构。结构包括完整信息内部子信息集之间的差异、等级和层次关系，以及信息各属性间相互作用和联系的方式。常见的结构如线性树杈结构、平行式矩阵结构、父子式层级结构，以及交叉式网状结构等[186-188]。这些结构可以反映出信息集属性和子集之间的相互关系。

3.2.3 信息解码

用户大脑信息解码是 HMDs 界面信息编码过程中信息与载体结合的第二阶段，是设计元素与认知过程中的神经活动结合，并以生物的神经活动为载体进行信息负载的过程[181]。信息经过编码后负载于设计内容中，首先到达视觉感光细胞，通过大脑皮层负载于神经系统上，经过大脑的识别和解码，分析“还原”原始信息。心理学认为，人的心理活动是一种主动寻找、接收、编码信息，并在一定的认知结构中对其进行加工的次序化过程[189]。HMDs 界面交互过程中，大部分与智能有关的信息都通过大脑神经活动被识别、处理。所以，信息解码是大脑中信息如何表达的问题。

大脑信息解码涉及多个认知阶段，包括语义、语用、语法层次上的解码，也包括感官、中枢等不同通道的解码。任一层次和类型上的认知解码，都是将信息转化为神经信号与神经活动载体结合的过程：感受器将刺激信号转为神经冲动或神经信号；神经纤维将信号传递到神经中枢并进行处理，中枢解码后识别和理解输入信息，用户获得任务所需信息；信息指导用户进行下一步行为反应。

从信息内容由界面呈现到内隐知识的转换过程来看，优化大脑信息解码的核心就是建立解码的“同构”映射[181]。数字化航电系统的飞速发展和大数据背景下，HMDs 界面任务信息往往具有高维复杂度和多维属性，“同构”映射会耗费飞行员有限的认知资源导致延误战场时机，不具有可行性。所以，采用“同态”映射的信息解码，一方面维持信息语义内容基本不变，另一方面能够保证用户获取的信息内容客观，做出的进一步反应准确、有效。如图 3-4 所示，为大脑信息解码的同态映射过程图。

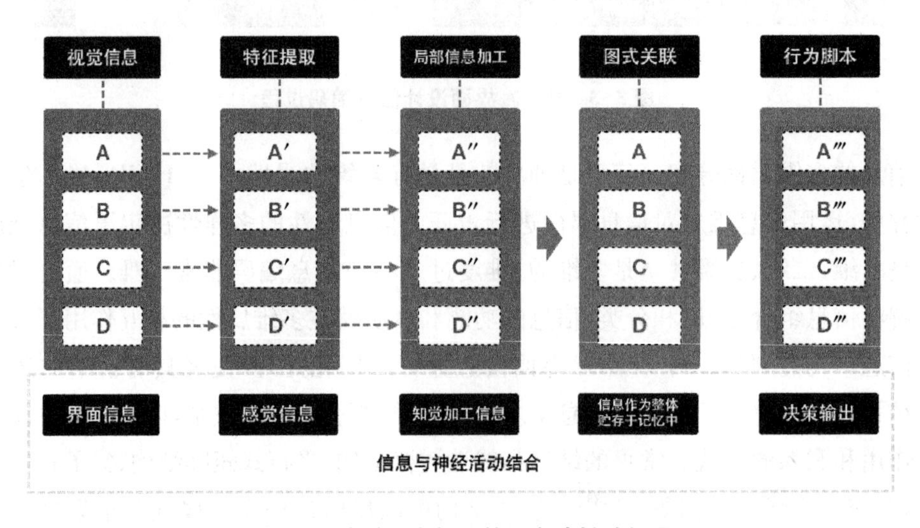

图 3-4 大脑信息解码的同态映射过程图

根据信息加工机制，大脑信息加工系统主要包括四个部分：感知系统、控制系统、记忆系统和反应系统[181]。不同系统间相互协调、配合工作。感知系统基于主观意识和客观刺激，接收输入信息；控制系统对输入信息选择性组合和编码，推进信息的加工；记忆系统对内外信息进行匹配和整合，完善信息提取和贮存；反应系统进行信息输出和反应完成。因此，用户大脑信息解码可以分为信息的输入、加工、贮存和输出四部分内容。如图 3-5 所示，为大脑信息解码结构示意图。

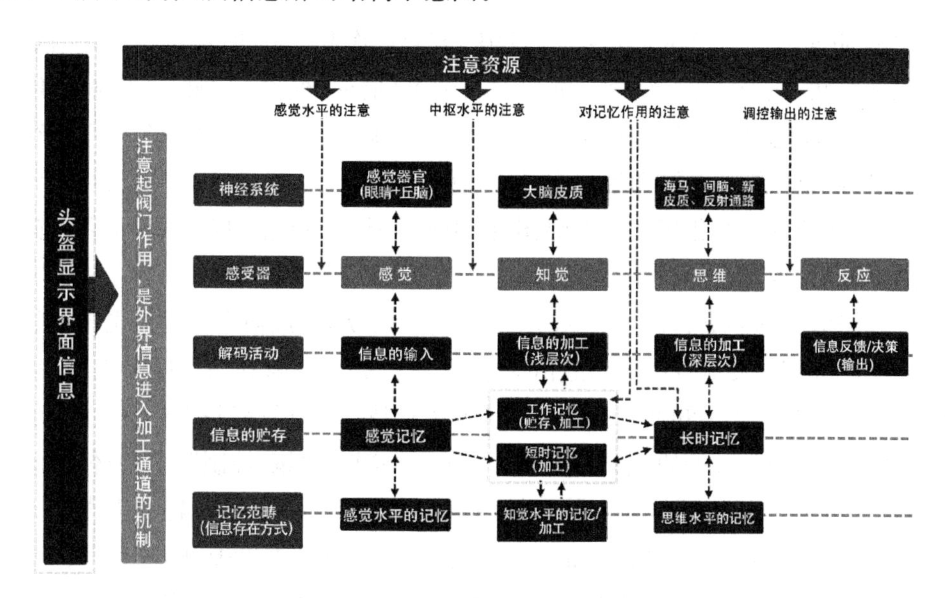

图 3-5 大脑信息解码结构示意图

3.3 信息编码与态势感知

当代认知心理学认为，“人类认知活动过程是一个主动地、积极地加工和处理输入信息、符号与问题解决的动态系统”[190]。大脑对信息的加工处理是认知行为的基础，综合系统论、信息论、控制论和计算机科学的研究观点，把认知过程类比计算机处理信息加工过程，任何个体认知外界事物的过程，都是该个体对作用于自身感觉器官的外界事物进行信息加工的过程，包括感觉、知觉、记忆、思维和注意等一系列信息加工活动，这是一个从概念行程到问题求解的完整的、有机联系的认知过程。

与其他能够接收、存储、处理和传递信息的信息加工系统一样，认知心理学认为，人脑认知行为是由信息的获得、编码、贮存、提取和使用一系列连续的认知操作阶段组成，并按一定程序进行的信息加工系统[191]。如图 3-5 所示，人的信息加工系统模型中，在信息加工的感觉、知觉、思维决策和反应输出等各环节中，系统接收感觉器官传进来的外界刺激信号，经过中枢神经系统的处理，最后产生一系列对外界刺激的反应，长时记忆、工作记忆和注意作为贮存单元和认知资源参与其中，箭头线表示信息传递的路线。

3.3.1 态势感知定义

态势(Situation)是指在人机交互过程中，与界面作业相关的、会影响任务绩效的性能特征、操作状态和环境。如战斗机的空间位置(航向、偏航度、俯仰角、侧滑角和高度)、战机飞行状态(发动机转速、左右转弯、爬升、下降和油量)、战机任务信息(航线、地面通信、挂弹信息、雷达系统和目标攻击)、环境特征(天气、能见度、云量和其他战机方位)等[192]。态势的可视化形式是态势图，由用来描述各 SA 信息的一系列文图符号组成的信息视觉元素图而构成[193]。

态势感知(Situation Awareness, SA)，也称情境认知，最初作为战机飞行员的专业词汇，优秀的飞行员要对空中的作战情境掌握准确，并且能够在第一时间发现对方，捕获对方意图，也是态势感知概念的雏形。随着火控技术和计算机技术的飞速发展，复杂系统人机交互已经由过去的"手动控制"转变为以"监视-决策-控制"为主要任务的数字界面认知决策行为，任务复杂度和信息量的不断增加对飞行员认知特性提出了更高的要求，系统的态势感知能力也就更加重要。当前态势感知已发展成人们处理复杂、动态问题领域的一项主要内容，在核电站、自动驾驶、飞行器控制、战场信息化等领域交互系统得到广泛应用[194]。研究的核心在于系统操作人员对系统状态信息和环境态势的持续性、有意识性、准确性地分析和掌握，为科学合理的决策提供支持和保障。

交互的双方是系统和用户，对态势感知能力要求比较高的一般是复杂系统。复杂系统的特点是：① 信息内容的复杂性；② 信息呈现的复杂性；③ 信息交互的复杂性。因此，在这些领域的人机交互中，态势感知是影响操作者决策质量和系统安全性的关键，操作者一旦失去态势感知或者态势感知能力不强，将无法完成任务，甚至导致灾难性的后果。有研究统计，在航空事故中，51.6%的重大事故和 35.1%的非重大事故可归因于决策失败，之所以决策失败，很大一部分原因在于态势感知缺失[195]。

关于态势感知的具体定义，不同的专家和学者对其理解不同，侧重点也不一样。目前学术界公认比较权威的定义是由 Endsley 在 1988 年提出的，随后在 1995 年 Endsley 系统提出了其理论模型和测量方法[196-197]。他提出态势感知就是在一定的时间和空间内对动态环境中的各组成成分的感知、理解，进而预知这些成分的随后变化状况[198]。即态势感知分为三个部分，第一步是感知环境的动态变化，获取关键信息；第二步是融合系统信息，综合理解动态环境的当前状况；第三步是结合之前的关键信息，对未来动态环境状态和行为的预测。Endsley 以信息加工的观点来解释 SA，并提出了 SA 的三个层次认知模型，认为根据该理论可将 SA 分为知觉、理解和预测三个层次，较高层次的 SA 水平依赖于较低层次的 SA 水平：知觉层次是指觉察环境中的诸多元素，并识别这些元素的特征；理解层次是指理解这些元素的意义，将它们整合起来，形成关于环境状况的完整印象；预测层次是指在整合信息基础上，通过分析判断，预测各个元素随后的状态。这三个认知层次组成一个简单的反馈回路，认知结果只是 SA 的一部分[192]。如图 3-6 所示，为 Endsley 的 SA 理论模型。

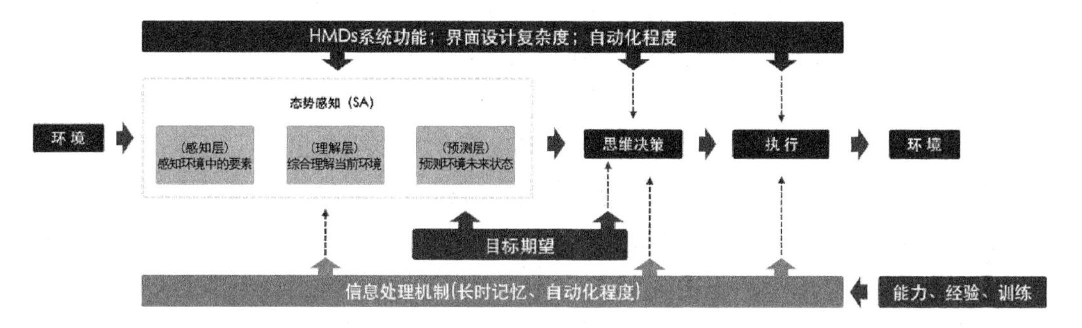

图 3-6　Endsley 的 SA 理论模型图

1995 年，Smith 和 Hancock 认为态势感知是交互主体-环境系统中的不变量，该不变量能产生交互主体瞬间的知识和行为特性，以满足作为系统决策者的交互主体在具体环境中实现特定的任务目标[199]。另外 Bedny 和 Meister 在 1999 年提出态势感知是个体对态势有意识的动态反应，这里不仅反映了态势的过去、现在和未来动态变化趋势，还反映了该态势可能的要素特征，这种动态的反映包括逻辑概念、想象虚构、有意识和无意识的成分——能够使个体形成外部事件的心理模型[200]。

综上所述，Endsley 主要强调过程，将其分为对当前态势的感知、分析理解和对未来状况发展的预测三个阶段；Smith 和 Hancock 则侧重于用户与环境之间的交互行为，强调两者之间有机协调的作用机制；Bedny 和 Meister 则着重于用户态势感知产生的心理反应，特别涉及对当前态势理解的心理模型问题。虽然学者对态势感知描述和定义的侧重点不同，但是在人-机-环境以及它们之间的交互行为这整个系统中分析，普遍都认为：态势感知把系统中"人"的认知能力、经验水平、目标驱动行为、环境信息、资源约束等要素及各要素之间的相互关系有机联系成为一个整体，在本质上，它不是决策，但它是操作者"人"与系统及环境之间交互所产生的一种综合作用，对决策活动有很大的影响。

3.3.2　态势感知特征

通过态势感知概念可知，界面态势感知是对系统及所处环境的情境感知和理解，本质是多重心理表象的加工和处理过程，最终是多重态势信息的可视化呈现，应真实准确地反映作业情境，为用户感知、理解任务及做出决策提供科学依据。HMDs 界面拥有完整、准确和及时的态势感知能力对于飞行员的认知和判断是非常重要的。

从 Endsley 提出的态势感知理论框架可以看出，通过提高 3 个层次的变量可以增强系统态势感知能力。主要包括任务要素、环境、个人等因素[201]。Markman[202]提出态势感知是用户处理相关知识的状态，是操作者了解当前系统环境，处理过程主要与任务、系统环境和个人有关。如果认知过程任一方面出现障碍，都会打断任务流程，所以分析态势感知中的变量特征，有利于更好地控制，达到提高 HMDs 界面的态势感知能力的目标。

(1) 任务特征。Niedenthal[203]在 2007 年通过实验研究提出在人机界面交互过程中所获取的态势感知，与系统所执行的任务特征有密切联系；Ormrod[204]在针对认知结构的研究中发现，通常情况下复杂任务相对于一般任务，用户需要外部环境提供更多感知信息，以满足任务需求。HMDs 系统涉及的工作任务类型种类繁多，大致可划分成复杂和简易两类任务，HMDs 界面根据任务的特点、情景变化呈现实时的态势信息。

复杂任务根据系统的功能需求，通常具有多批次、多阶段、持续时间长、执行手段复杂及操作快速等特征；简易任务通常具有任务量少、时间短、执行手段单一、反应速度要求不高等特征。任务的变化尤其是复杂任务，要求 HMDs 界面能够进行相应的态势转换和快速的操作模式切换，使用户能够从容处理各种任务。如图 3-7 所示，为 HMDs 界面复杂任务结构模型。

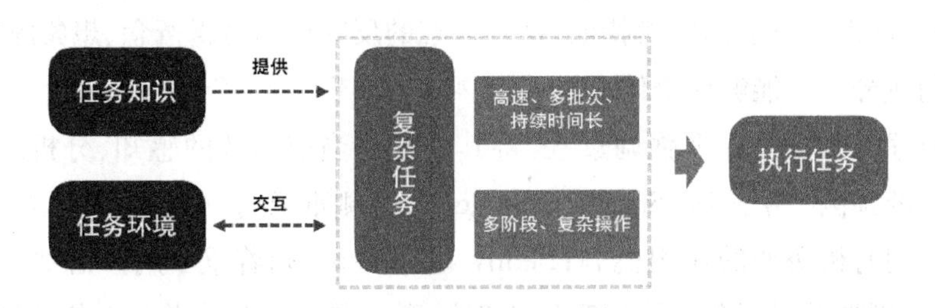

图 3-7　HMDs 界面复杂任务结构模型

(2) 系统环境特征。通过对 HMDs 等系统数字界面的态势感知进行大量研究后，认为 HMDs 系统的认知因素由内、外两部分环境因素组成，是影响态势感知绩效的关键要素。

外部环境因素主要是指系统当前所处的环境状态，包括天气因素以及环境的温度、湿度等，系统外部环境因素的变化会对系统造成一定的物理影响，同时对飞行员的生理状况也有一定的影响。内部环境因素主要是指系统状态、功能、设置，以及各类机载设备的状态、运行情况。系统内部环境对显示界面所呈现的状态信息起决定性作用，系统整体的功能目标与内部功能环境紧密联系，系统内部功能模块所提供的信息决定了飞行员所能获取的系统功能信息认知范围，如图 3-8 所示，为 HMDs 界面系统环境结构模型。

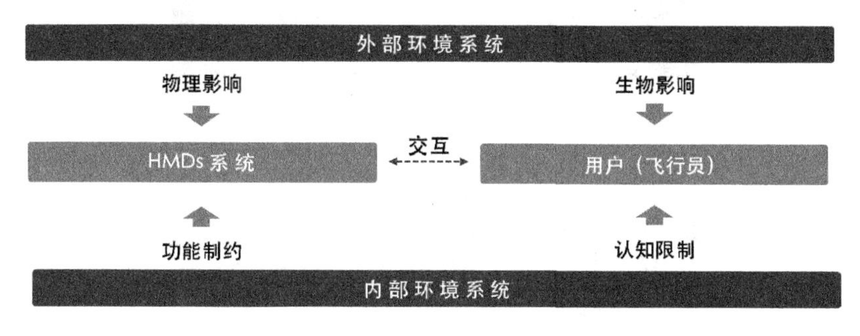

图 3-8 HMDs 界面系统环境结构模型

易华辉等[205]在飞行界面的视认知行为的研究中证实，数字界面对任务环境进行准确的概括呈现可以达到高感知水平。所以，设计 HMDs 界面之前需对整个任务环境进行全面调研分析，采用科学有效的途径实现对任务环境的完整呈现。HMDs 是由错综复杂、相互关联的每个不同的功能模块构成，各模块呈现的状态也不尽相同，所以 HMDs 呈现的视觉信息根据任务的进展情境不同而实时更新变化。假如一个功能模块无法正常工作时，HMDs 必须具备足够的自我调节能力，既能及时告警告知飞行员出现了什么故障，也能客观、准确、有效地呈现其他模块的态势信息，保证飞行员在各种情境下能够继续执行任务完成对 HMDs 的操控。

(3) 用户特征。HMDs 界面所呈现的信息会影响用户进一步的判断和决策，如果飞行员误读了信息或者做出了误判，会造成非常严重的事故。根据 2007 年 Riley 和 Enddley 统计分析的 143 例空难和事故的调查研究发现，用户信息误读和误操作的飞行事故大多是由于界面态势感知绩效低而造成的，而由于飞行员工作能力、熟练程度、心理状态等不可控因素而导致的飞行事故仅占 0.4%。因此，本书重点研究符合飞行员认知规律的 HMDs 界面的态势感知信息可视化方法。

3.3.3 态势感知要素

Endsley 指出在态势感知认知过程中包含多种要素，比如信息识别难度、信息呈现方式、任务流程、色彩、系统处理速度、外部环境状况、用户认知能力、时间压力等[206]。各类要素呈现在整个任务过程中，影响和限制用户对于界面任务执行和决策过程。通过研究和分析态势感知的各类要素，能够对用户态势感知及任务信息表征有更深层次的认知。根据界面交互领域中态势感知的内因和外因，提出各层次的直接和间接影响要素。

(1) 态势感知的第一层次，如图 3-9 所示，影响用户感知的要素主要包括对象识别、视觉感知、知识认知和环境感知。

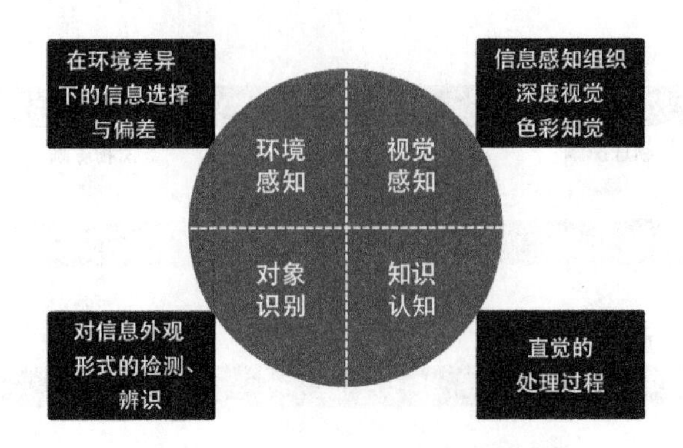

图 3-9　态势感知的第一层次示意图

(2) 态势感知的第二层次，如图 3-10 所示，影响用户操作理解的要素主要包括记忆、图示和认知偏差。

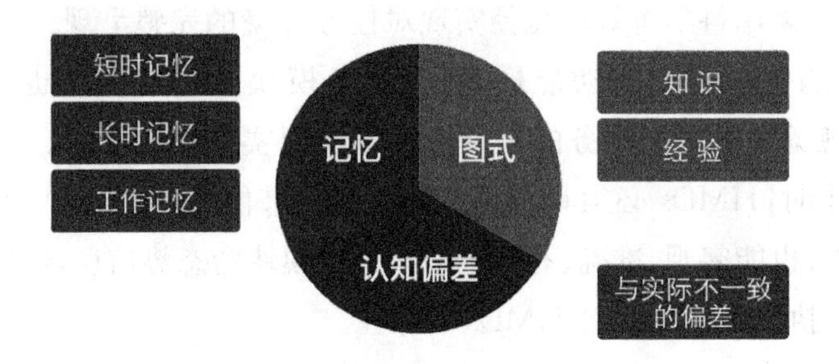

图 3-10　态势感知的第二层次示意图

(3) 态势感知的第三层次，如图 3-11 所示，影响用户行为预测的影响要素主要包括推理、记忆、认知偏差。

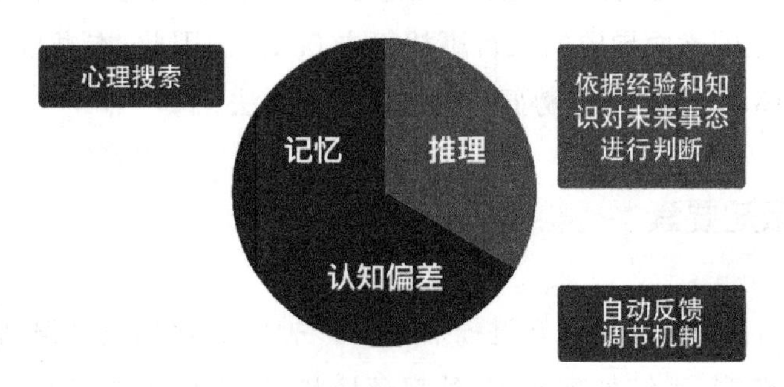

图 3-11　态势感知的第三层次示意图

根据 Endsley 对态势感知各类影响要素的总结，可以看出 HMDs 界面构成要素的科学性和合理性是改善系统态势感知能力的关键因素。为了能够切实提高飞行员的认知绩效，第一步要对 HMDs 界面构成进行分解，通过映射关系将其与态势感知各要素进行匹配，通过合理科学的设计方法使界面提供最优的可视化信息，改善飞行员对于信息的辨识、认知获取和加工状况。所涉及的界面构成包括界面布局、字符符号、图标特征、信息结构、呈现方式、色彩等界面要素，基于用户心理学认知内容较广，选取和确定与用户心理模型最匹配的视觉表现形式，结合态势感知的特征和要素对用户决策进行科学准确的预测，从而提高 HMDs 系统态势感知能力。

3.3.4 HMDs界面编码中的态势感知问题

未来空战环境下，HMDs 界面将成为飞行员获取战场态势的主要信息源，HMDs 界面信息设计的优劣直接影响飞行员对态势的掌控，但是由于系统的多源性、复杂性、动态性导致 HMDs 界面信息来源通道多、信息量大、信息结构错综复杂，进而极大地增加了界面设计编码难度。不可续、不合理的 HMDs 界面将严重影响战机航电交互系统整体性能的发挥，进而增加飞行员的认知负荷，最终造成飞行员态势感知能力降低和认知负荷过载，容易造成飞行员误读、误判等决策操作。

为了提高飞行员态势感知能力，降低认知负荷，增强 HMDs 系统可靠性，部分的航电系统的发展趋势是将任务的决策自动化。但是相关学者研究表明：过多的自动化明显降低用户的手动操控能力，会导致用户由于工作负荷过低而引起疏忽事故。同时，自动化的数字界面由于缺乏必要的交互任务，导致界面上有大量的信息断裂或信息盲区，势必影响操作者对系统的态势感知，最终导致操作者判断能力和决策质量的下降[207-208]。所以，要想提高 HMDs 等航电系统效能，不能单纯地发展自动化控制水平，还要从界面信息编码的合理性入手。因为设计编码不科学、不合理的数字界面会降低用户态势感知能力，增大认知负荷。从 1988—1997 年间全球民用飞机解体事故数据的分析结果来看，70%的事故原因与飞行员(机组)的认知障碍而引起的误操作有关[209]。

目前很多专家学者已经开展了针对系统自动化带来的态势感知、自动化系统信息设计等问题的研究。Billings 等分析了自动化产生的态势感知、心理负荷和安全性等人-系统交互问题，提出了以人为中心的自动化思想和自适应自动化(Adaptive Automation)方法，以保持“人”合适的工作负荷和减少 OOTL(Out-of-the-Loop)态势感知问题[210-211]。陈俊等针对飞机驾驶舱自动化系统使用过程中存在的潜在问题，就该系统人机功能分配、人机系统认知框架和心理模型提出了具体建议和方案，以确保交互系统的可用性[212-213]。所以，自动化与 HMDs 编码设计的核心是：通过 HMDs 界面信息编码设计，确保无论航电系统自动化“黑箱”如何工作，界面都能在正确的时间，以正确的方式，提供正确的信息；确保战场信息态势链的完整性，使飞行员始终在合理的认知负荷程度下，保持高效的态势感知能力。这也是 HMDs 界面信息编码的核心所在。

根据态势感知模型，要想通过优化 HMDs 界面信息编码来提高飞行员态势感知能力，必须研究用户"人"的因素，如表 3-1 所示。首先，基于认知机理，综合态势感知信息处理的 3 个不同阶段，分析用户的主要认知活动，以及与认知机理相关的要素，这是 HMDs 界面信息编码与态势感知相关联的直接人因要素。分析这类要素，提出科学的设计认知手段，解决态势感知的信息编码设计问题，使界面提供最优的、与飞行员心理图式最匹配的可视化信息，提高飞行员对信息的识别、认知和处理效率，达到合理认知负荷和支持高效决策态势感知的 HMDs 界面信息编码设计目标。其次，结合飞行员自身能力、经验因素，在培训过程中让飞行员通过界面的学习，熟悉和识别特定界面区域内的重要特征及其知识内涵，产生记忆和反馈机制；而且还应考虑飞行员的情绪因素，通过界面信息的情感化设计提升飞行员的积极体验和正面情绪，有利于飞行员态势感知能力的提升。情绪、能力和经验都属于 HMDs 界面信息编码与态势感知相关联的间接人因要素。

表 3-1　HMDs 界面信息编码设计-态势感知相关联的人因要素表

类别	人因要素
直接因素	第一阶段：对界面元素的感知
	视觉感知——感觉组织、空间视觉及深度知觉、颜色知觉
	对象识别——模式的检测、辨别、识别
	知识认知——"Top-Down"及"Bottom-Up"处理过程运用
	注　　意——集中注意、注意分配、注意保持、自动处理
	环境感知——选择、偏差
	第二阶段：对信息的综合理解
	记　　忆——工作记忆、长时记忆、回忆与遗忘
	图　　式——知识经验的组织和综合
	认知偏差——认知不一致的偏差
	第三阶段：对未来状态的预测
	推　　理——通过线索的诊断认知
	记　　忆——使用心理图式搜索
	认识偏差——形成反馈调节机制
间接因素	能　　力——视觉灵敏度、感知与模式识别、记忆技能
	经　　验——判断与正确性的关系
	情　　绪——情绪与记忆/识别/控制、焦虑与注意的关系

3.4 信息编码与选择性注意

人的信息加工离不开注意，它是信息的来源和导向。心理学将注意定义为心理活动或意识指向并集中于特定的对象。系统界面的交互是一项非常复杂的任务，高度依赖视觉信息的有效获取和注意力的合理分配[214]。因为大脑的神经资源是有限的，所以需要选择性地处理外界任务信息，筛选出关键信息进行深度加工和处理，这就是选择性注意。

3.4.1 注意的知觉选择模型

知觉选择模型认为，用户会时刻获取方方面面的信息，但是经过加工处理到达感觉记忆中的信息容量很有限，所以尽管用户感受到了某些信息，但不会进一步加工，只有少量信息能够受到注意而被进一步加工。由于这种选择行为是发生在对信息深入加工之前，所以也被称为早期选择模型。比较典型的是布劳德本特的过滤器模型和特瑞斯曼的衰减器模型。

如图 3-12 所示，在布劳德本特过滤器模型中，注意是基于感觉特征的，对感觉登记的多源信息进行筛选，从各种有物理性差别的同时性信息中获取刺激，产生知觉，与滤波器十分类似。这种注意的选择性可以有效防止知觉通道信息量超负荷。而且，在布劳德本特的过滤器模型中，注意选择的原则是“全或无”，当刺激信息通过某一通道时，其他通道是被阻断的，而其余信息也不能通过本通道，具有典型的排他性。

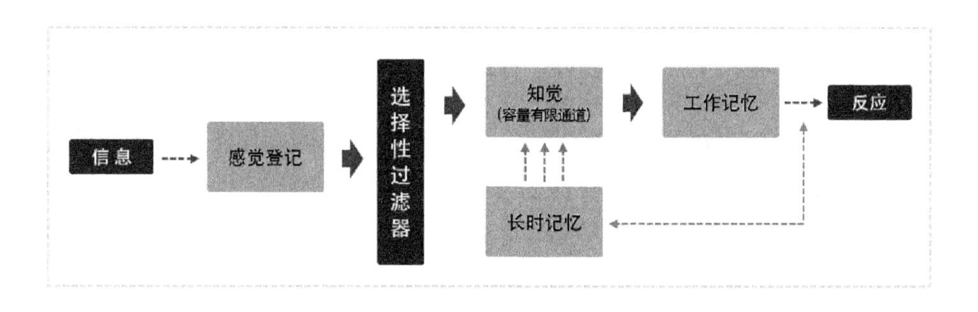

图 3-12　布劳德本特的过滤器模型示意图

如图 3-13 所示，特瑞斯曼提出衰减模型，采用双耳分听实验范式，总结发现过滤器的工作原则不是“全或无”。实验中，双耳(通道)获取的信息允许同时通过过滤器，其中通过耳通道的信息由于经过选择,信号强度没有减弱;而没有跟随耳通道的信息不是选择对象,信息强度减弱了,但是这些衰减的信息仍然可以进行高级加工。用户大脑中已经储存的信息,如文字、词语等在高级分析水平上有不一样的兴奋阈值,没有衰减变弱的信息可以有效地激活有关的文字、词语,没有跟随耳通道的信息由于衰减通常无法激活有关的字词,但是如果是阈值比较低的对象,比如名字、生日等,可以顺利激活从而被识别。

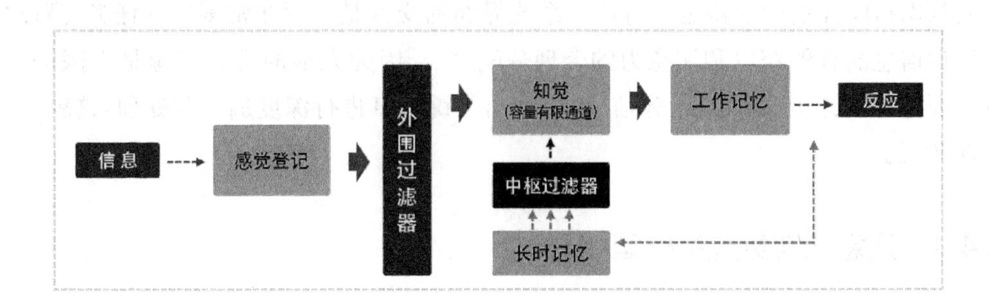

图 3-13 特瑞斯曼的衰减器模型示意图

特瑞斯曼的研究提出注意的过滤器形式应该分为两类:一类处于语义分析之前,叫外围过滤器,它的作用是结合信息的特点对刺激进行不同程度的衰减;另一类称为中枢过滤器,发生在语义分析之后,根据语义的特征进行信息选择。

外围过滤器的工作原则不是“全或无”,它对刺激信息进行初级选择性加工,然后对刺激信息的语义进行分析加工。在刺激信息没有被完全阻断的情况下,通过中枢过滤器的调控,分析加工对感觉特征进行不同程度的加强或减弱。影响中枢过滤器调控的因素主要是熟练程度、个性特征倾向、信息项目意义等个体因素和上下文关系、情境因素提示语等客观因素。

在模型的工作方式、信息通道理论、选择性加工过程等方面,注意过滤器模型和衰减器模型均有所不同。但两类模型也有共同之处:① 都提出用户在认知过程中的高级分析容量有限,信息要经过过滤器的筛选。② 两类模型中的过滤器位置一样,都位于感觉登记的初级分析和知觉的高级分析之间。③ 过滤器的作用在两类模型中基本一致,都是筛选进入高级知觉分析的刺激信息,其中物理特征最突出的少量关键信息到达知觉水平,从而进行更深入的认知分析加工。所以两个模型的本质是相同的,大部分专家学者将它们归类为注意的知觉选择模型。

3.4.2 注意的反应选择模型

反应选择模型最早是由 Deutsch 提出的,Norman 在其基础上进行了改善。如图

3-14所示，知觉分析后才进行注意的选择，通过感觉登记的多源输入信息都可以被识别，而后进入高级知觉分析，进行深入的认知分析和加工，其中刺激的重要程度决定了知觉反应的结果，关键的刺激反应会组织和输出，不重要的将被忽略。所以，模型强调的是注意不是针对刺激进行选择，而是选择刺激反应。

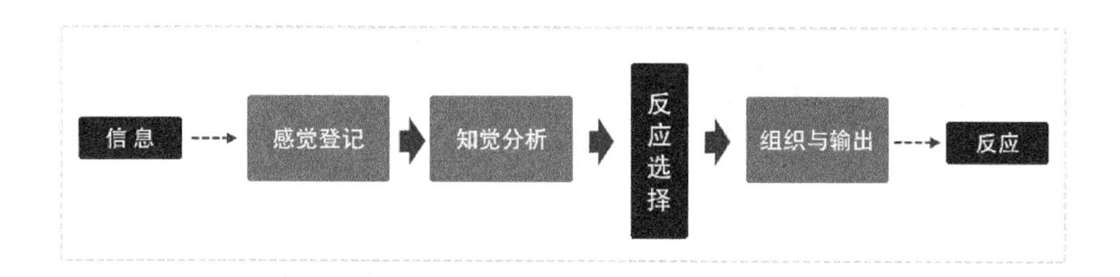

图 3-14 注意的反应选择模型示意图

注意的反应选择模型和知觉选择模型不同，它认为知觉通道的容量没有限制，外界的一切刺激信息都可以通过并且得到深入的高级分析和识别。这就意味着反应选择模型中注意的选择功能处于识别（知觉分析）和反应（输出反应）之间，如图3-15所示，其位置和知觉选择模型中的注意的选择功能有着本质的区别。

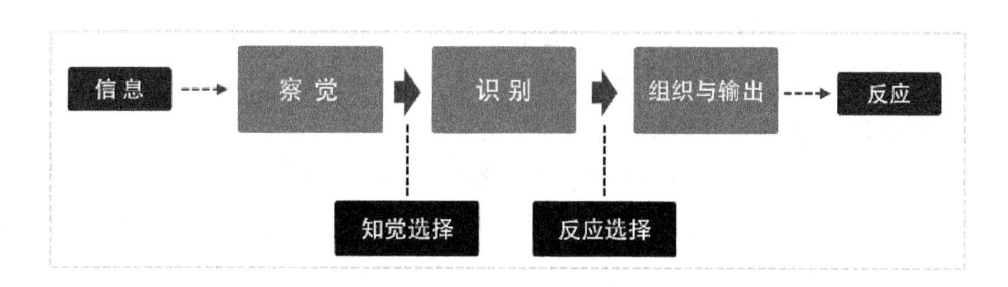

图 3-15 注意模型比较示意图

3.4.3 HMDs界面编码中的选择性注意问题

HMDs操控是一项复杂任务，高度依赖飞行员视觉信息的有效获取和注意力的合理分配。飞行员用于计算的大脑神经资源不是无限的，需要选择性地处理外界信息任务，根据战场态势，筛选重点关键信息进行深度加工和处理，也就是选择性注意。

(1) 选择性注意状态能被记忆，并影响下次注意力的分配

2008年Sun通过认知实验发现，用户的总体记忆中有80%是以视觉感受为记忆媒介，其中视觉记忆的分配状态对用户长期感知影响最大[215]。如图3-16所示，为视觉记忆类型示意图。

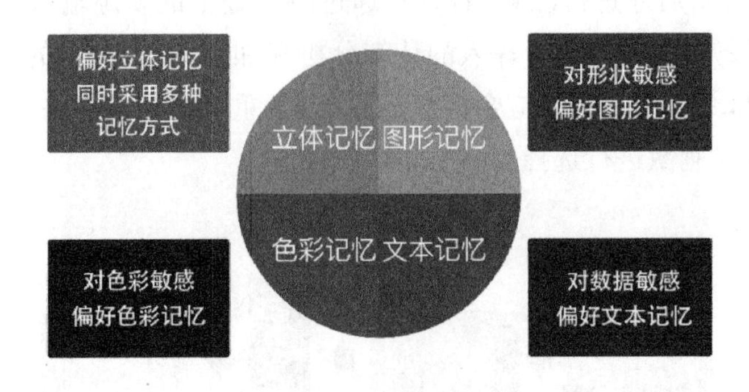

图 3-16　视觉记忆类型示意图

不同记忆类型的飞行员根据各自的记忆特点，选择性注意也有所差异。飞行员经过训练熟悉界面信息构成，在不同飞行任务的积累下，状态中枢的强化程度随熟练程度不断减弱。可以看出飞行员对航电界面的选择性注意随着培训不断增强，直接影响后续的界面使用。随着飞行员对任务熟悉程度的增强，选择性注意的分配趋势也渐渐一致。

根据视觉记忆的类型和特征，HMDs 界面信息要素编码所需的共性有：

① 界面内所有图形、文本、色彩信息的空间位置具有一致性，不可随意更改。

② 选择适合飞行员的视觉记忆类型作为界面信息编码的主体。

③ 界面同时支持多种记忆类型的交互方式，具有一定的容错率。

(2) 选择性注意中枢与其他中枢建立记忆联系

反应熟练程度的中枢会与选择性注意中枢的相应结构建立起相应的记忆联系[216]，如图 3-17 所示，各中枢神经的反馈也有所不同，将直接影响飞行员最终的预测和决策。所以选择性注意对 HMDs 界面的长期使用产生直接影响，决定整体系统效能。

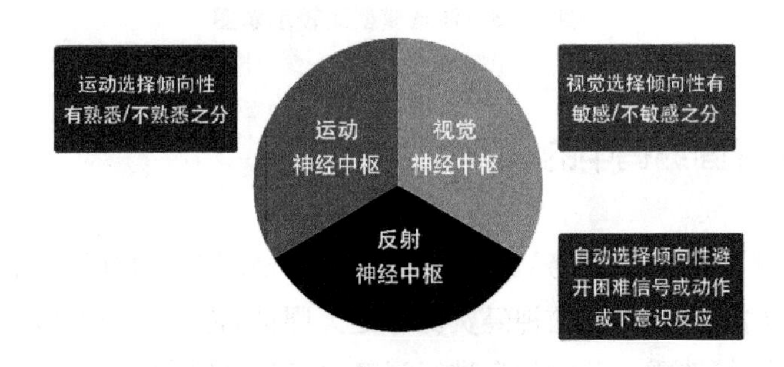

图 3-17　注意力中枢与其他中枢的联系及反馈特征

根据选择性注意中枢的联系和反馈特征，HMDs 界面信息要素编码所需的共性有：

① 确保 HMDs 界面中图标、符号、字符等同类元素编码形式的一致性。

② 确保 HMDs 界面中需要操控的选项和按键等在空间位置和外观形式的一致性特征。

③ 确保界面具有一定自动应急机制,以应对突发情况。

(3) 选择性注意的分配限制

首先,HMDs 界面中的图形、符号、字符编码如果设计不合理,不易产生回忆,那么将占用飞行员的主要注意力。其次,如果界面编码不科学,飞行员不熟悉,将导致注意力有限时的信息描述不准确,易于造成飞行员认知负荷增加。

根据选择性注意的分配限制,HMDs 界面信息要素编码所需的共性有:

① HMDs 界面设计时使用符合军用标准的信息和图形语言对系统功能进行编码。

② 选择飞行员视觉熟悉的形式编码,使其分配适当的注意力,便可完成回忆。

③ 确保字符和图形等元素编码符合飞行员习惯,尤其是色彩和整体航电系统统一。

(4) 颜色知觉影响用户注意力的分配

Hutto 对显示屏幕色彩认知的研究发现,色彩知觉对人机系统的整体效率产生很大影响[217]。用户对于色彩的辨识速度相较符号、字符要快得多。所以 HMDs 界面中具有明显色彩形式差异的信息,能够快速直接地产生强烈视觉吸引力,影响飞行员的选择性注意,如图 3-18 所示。

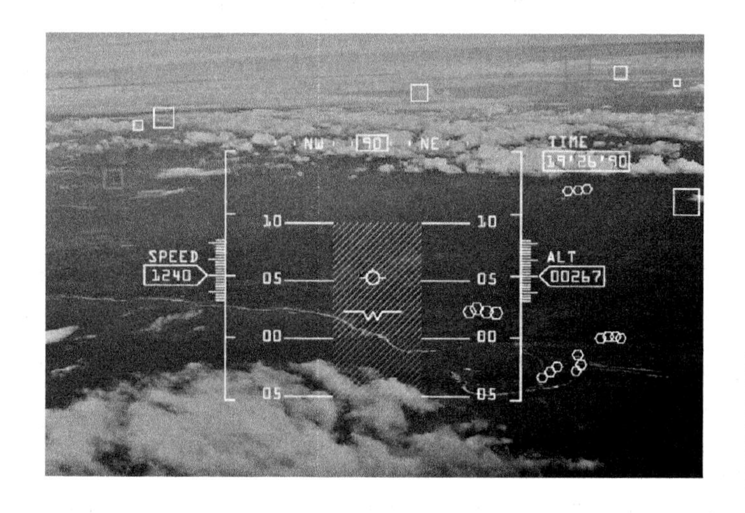

图 3-18 具有色彩区分度的 HMDs 界面示意图

根据色彩对注意力分配的影响,HMDs 界面信息要素编码所需的共性有:

① HMDs 界面中前景目标信息与背景色有明显差别,符合认知规律。

② HMDs 界面中警示信息与其他信息色彩有明显的区别。

③ 对 HMDs 界面的色彩数量、明度和饱和度进行控制,防止注意力分散。

3.5 信息编码与认知负荷

3.5.1 认知负荷概念

1988年，Sweller结合阿特金森和谢弗林的记忆贮存模型(图3-19)，提出感觉等级和短记忆的容量都是有限的，当用户直接或者间接接收的信息多于记忆容量时，便会造成认知系统的负担，形成认知负荷[218]。

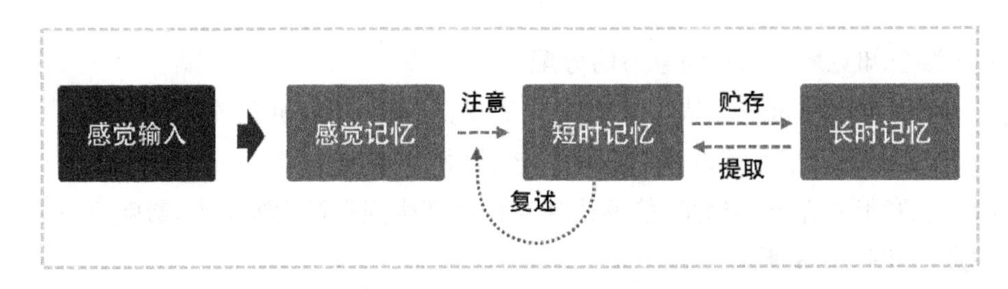

图3-19 记忆贮存模型示意图

Sweller在20世纪80年代末和90年代初提出认知负荷，他认为用户的认知是一种资源消耗。用户在学习知识和解决问题等情况时需要进行认知加工的行为需要消耗认知资源，当行为的需求超过用户个体拥有的资源总量时，会引起认知资源分配不足，引起认知负荷过载现象。

随后，国外学者Cooper，国内学者辛自强、林崇德、赖日生、杨心德等都对认知负荷概念进行了深入阐述[219]。在HMDs界面中，认知负荷就是飞行员为顺利完成某项飞行任务，投入到注意认知和工作记忆中的认知资源占大脑中固有认知资源总量的比例。结合图3-12，其中认知资源不仅局限于工作记忆资源，还包括对记忆起作用的部分注意资源。认知负荷的理论基础主要是资源有限理论和图式理论[218]。其中资源有限理论认为用户认知资源是有限的，用户进行多项认知行为，有限的资源将会在多项认知行为之间分配，分配遵循此多彼少原则。图式理论则认为知识是以图形存储在长时记忆当中，当加工处理新的信息时，这部分图形会以规则自动化的形式来补偿认知资源的不足。

HMDs系统界面中，飞行任务种类多、任务工作量巨大、多源信息融合显示繁杂，飞行员有时需要长时间监控雷达信息，有时又需要对突发情况做出迅速反应。在动态多变的空中作业环境下，不同任务所消耗的认知资源是完全不同的，极易造成飞行员认知负荷失衡。在HMDs界面信息编码过程中，用户大脑需要对信息进行解码处理，这个过程中信息加工的有限性主要体现在注意认知资源同时分配给多信息的有限性以及工作记忆资源同时处理多个信息的有限性[220]。正是因为大脑信息解码能力的有限性，为了降低飞行员的认知负荷，保证飞行任务的顺利完成和提高系统的效率，HMDs界面的信息编码要尽可能地科学、准确、有效，以减少大脑解码的负担。这正是本书研究的重点。

3.5.2 认知负荷影响因素

1994年Pass等提出了认知负荷结构模型，如图3-20所示，将认知负荷的影响来源分为任务（环境）、用户特征，以及任务与用户之间的交互等方面[218]。其中，任务因素包括任务类别、任务时间等；环境因素包括温度、湿度、噪声环境等；用户特征包括认知水平、认知习惯、认知风格等；交互因素包括交互能力、反馈水平、响应唤醒等。

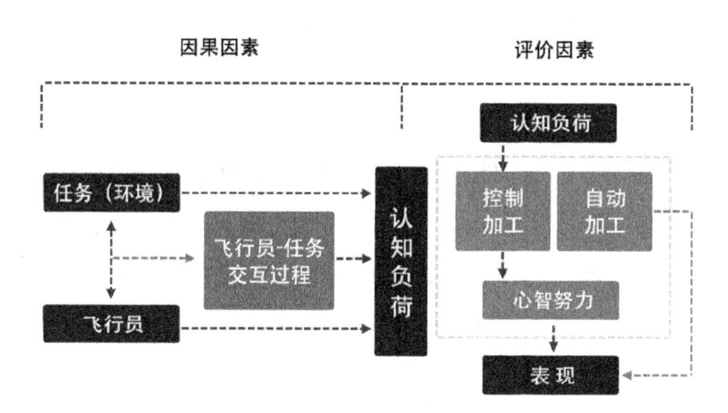

图3-20 认知负荷结构模型示意图

构建HMDs界面认知负荷形成的因素模型，如图3-21所示。飞行员通过知觉捕获的多源信息经过感知进入大脑的深入加工，界面任务及材料特征、飞行员自身素质，以及两者之间的交互共同构成了HMDs界面认知负荷影响因素。其中影响认知负荷的内因是飞行员自身素质，包括认知水平、认知习惯、认知风格等，以及自身认知资源容量，对于某一飞行员，这类能力是短时间范围内相对稳定、不易变化的。所以将飞行员自身素质视为HMDs界面中的不变量。相反，影响认知负荷的外部因素是界面任务困难程度以及界面信息呈现的复杂度，可以将它们视为HMDs界面中关键的可控变量。这一维度的主要问题是供分配的认知资源是否充足、认知资源分配方式、认知资源分配效率等。另外，影响认知负荷的第三个因素是任务与飞行员之间的交互行为，即信息与长时记忆中图式的关联度、符合度。结合用户大脑信息解码的特性，飞行员对HMDs

界面信息的获取、抽象和分析推理能力，取决于新获取的刺激信息与飞行员记忆中图式内容的匹配激活程度。

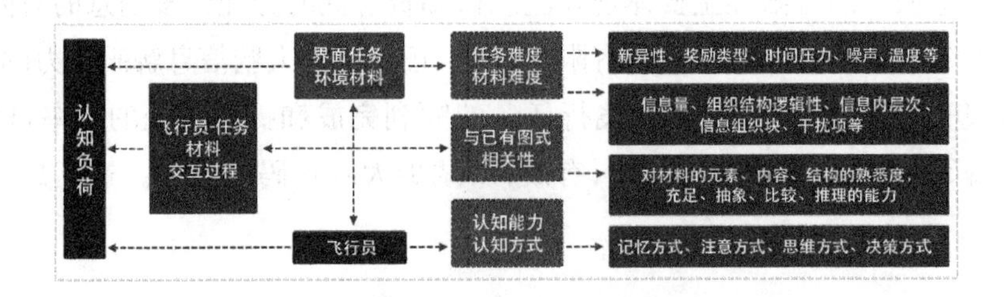

图 3-21　HMDs 界面认知负荷形成的因素模型示意图

3.5.3　认知负荷分类及特征

认知负荷分为 3 类，即外在认知负荷（Extraneous Cognitive Load，ECL）、内在认知负荷（Intrinsic Cognitive Load，ICL）和相关认知负荷（Germane Cognitive Load，GCL）[221]。

ECL 主要是由材料呈现方式引起，对认知绩效没有促进作用，反而阻碍感知加工。ICL 主要是由认知行为中被同时处理加工的元素数目引起，材料复杂度和用户的认知图式可得性对 ICL 会产生影响。GCL 是指用户将余下的认知资源使用到知识储备等相关加工活动中，比如推理、对比、抽象、信息重组等。用户利用剩余资源加工处理虽然增加了负荷，但对于当前信息的处理没有阻碍作用，相反会促进认知绩效。

影响 HMDs 界面认知负荷的主要因素来源有 3 个：① HMDs 界面任务信息的组织形式和呈现方式；② 飞行员的认知能力与过程；③ 飞行员的记忆图式生成及经验。

如图 3-22 所示，将 HMDs 界面认知负荷主要来源归纳为之前 3 类认知负荷类型。飞行员的认知能力和过程引发的认知负荷归属 ICL，其特征是不能被改变的。影响 ICL 的主要内容有：大脑信息解码过程（感觉—知觉—思维）、注意的调整控制能力和分配工作记忆的能力。ECL 主要有界面任务内容、材料呈现方式和特征，通过界面信息的编码设计对 ECL 可以进行调整控制。影响 ECL 的主要内容有：设计负荷、信息负荷和任务负荷。GCL 主要包括 HMDs 界面交互行为中记忆图式生成和经验，主要与飞行员认知模式和图式构建的习惯有关。

在 HMDs 界面的信息编码过程中，需要结合大脑信息解码的认知资源分配能力和认知经验行为特性，对界面信息编码过程中的外在认知负荷进行科学有效的控制，以均衡整个过程中的认知负荷。

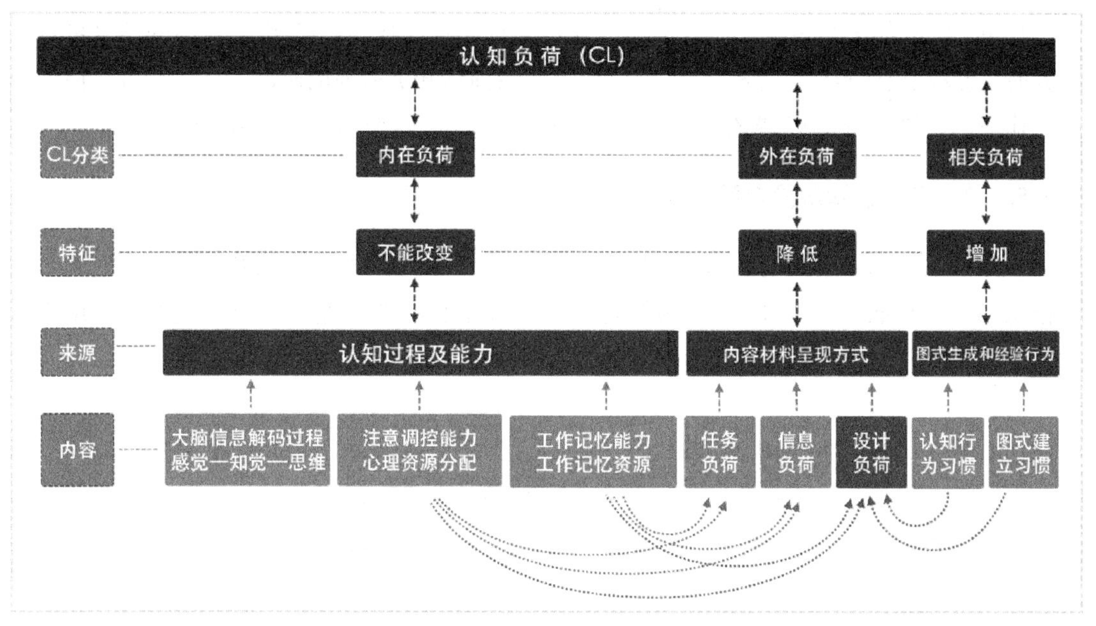

图3-22 HMDs界面中认知负荷的分类示意图

3.5.4 HMDs界面编码中的认知负荷问题

3.5.4.1 注意和记忆与认知负荷的关系

如前图3-5所示，在用户大脑信息解码过程中注意贯穿始终，尤其是在信息的选择、控制和维持功能中。Anderso等区分了感觉记忆和短时记忆，验证了用户短时记忆编码需要注意资源分配；随着注意水平的降低，短时记忆绩效也会降低[222]。Johnston等研究发现用户短时记忆的提取、编码、保持都需要注意资源，其中提取占用的最多[223]。在认知行为的初期阶段，注意影响用户感知信息和选择信息是显性的；在晚期阶段，注意以隐性的方式影响认知对信息的维持。多种认知活动（例如学习、理解、推理等）中都有工作记忆参与，主要涉及信息加工和存储方式。一方面，工作记忆是理解力的一个很好的预测者，即工作记忆容量与用户的理解能力呈正相关[224]。另一方面，工作记忆在推理中的作用得到了许多理论的研究和证实[225]。Oberauer等[226]通过对相关研究的数据总结发现，用户推理能力与工作记忆之间的相关性比例高达85%。Buehner等[227]研究发现高水平工作记忆可以加工和保持更多的记忆内容，从而使用户更好地推理决策。所以，工作记忆会影响用户获取信息的质量，主要体现在工作记忆的有限性。

综上所述，认知负荷的大小受注意与记忆的有限性影响。通过Sweller的研究发现，虽然注意和工作记忆是两个不同的概念，但是两者在控制性加工过程中有共生关系。当用户集中注意加工某些信息时，工作记忆中的目标会相应减少；当工作记忆中的信息量过大时，会反映出注意资源分配不足的问题[228]。目前认知负荷理论通常用“认知容量”描述工作记忆，用“认知资源”描述注意。可见，控制认知负荷需要两者之间相互协调。

3.5.4.2 基于认知阶段资源消耗的认知负荷

用户大脑信息解码的输入、初级加工、深入加工和输出整个过程中贯穿着注意，而信息加工的获取、识别、理解、预测等阶段都涉及记忆。所以基于认知负荷中“认知资源”的描述，建立用户认知阶段模型，如图 3-23 所示。

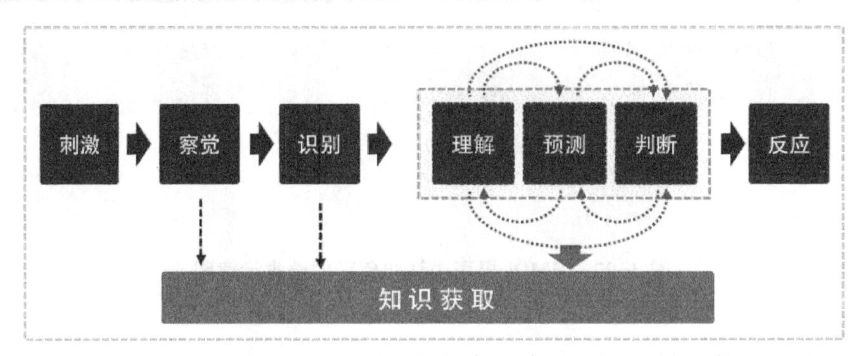

图 3-23 用户认知阶段模型示意图

结合各阶段信息处理时序和加工类型的不同，认知资源可以看作用户在时间压力下完成界面任务的各阶段所拥有的资源总量。所以，用户在对界面信息进行大脑加工时，认知总资源是有限制的。

3.5.4.3 HMDs 界面认知负荷的层次结构

结合图 3-5 和图 3-23，可以将认知负荷结构划分为界面层、大脑层和用户层，如图 3-24 所示。

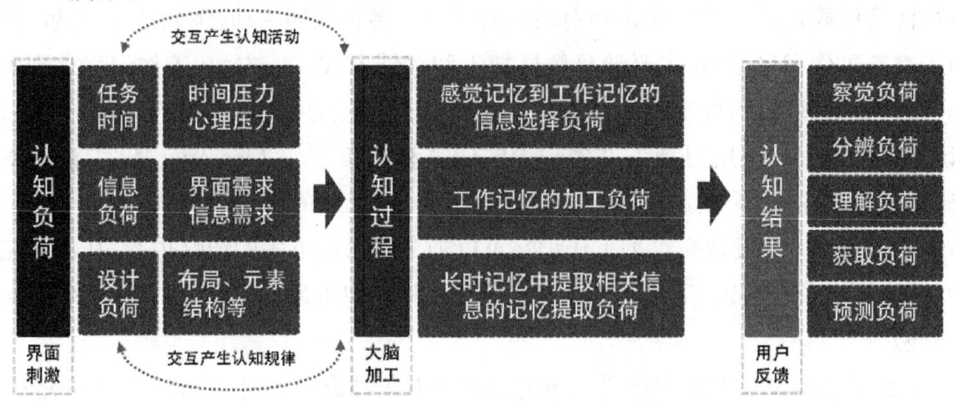

图 3-24 HMDs 界面认知负荷的层次结构示意图

界面层处于用户大脑信息解码过程中刺激呈现的信源阶段，该层认知负荷属于ECL。大脑层在各认知阶段，即信道的层面上对信息进行加工处理，该层认知负荷属于ICL和GCL，主要包含经验的调配、记忆图式习惯建立、认知资源分配等行为。用户层即在信宿层面上阐述认知信息加工处理结果，该层关键是从用户大脑认知各阶段信息解码的结果分析用户的反馈。结合HMDs界面信息加工的复杂程度，在大脑层中认知负荷被分为多种阶段负荷，其中有工作记忆的加工负荷、长时记忆中提取相关信息的记忆提取负荷等。

用户层反馈所涉及的认知负荷主要有：察觉负荷、获取负荷、分辨负荷、理解负荷和预测负荷。察觉负荷主要是指对界面信息内容的发现性，关键是注意捕获的能力。获取负荷是指记忆资源的有限性，当进入记忆系统的信息量过大时，只有部分信息能够进行深入加工并长久贮存。分辨负荷指的是用户对界面信息的辨别性，即可以识别信息的种类、特征属性等要素。理解负荷处于大脑信息解码更深层次阶段，属于工作记忆加工类型，主要针对信息内部关联结构梳理和长时记忆里相近信息的匹配和提取。预测负荷也处于大脑信息解码更深层次，主要是在对信息理解之后，结合相关长时记忆展开联想。通过整个HMDs界面认知负荷层次结构能够看出，设计师可以根据界面层任务负荷与大脑层认知过程的交互作用，分析飞行员认知活动以及大脑信息解码过程，为HMDs界面信息编码提供科学的分析环境。另外，通过对界面层设计负荷和大脑层认知过程的交互分析，总结影响认知负荷的元素编码原则，为HMDs界面信息编码提供量化认知规律。

3.5.4.4　HMDs界面认知负荷与设计元素的关系

HMDs界面是由许多设计元素按照内在逻辑结构和科学的编码原则组合而成的，而且从提高飞行员认知绩效的角度，研究HMDs界面元素编码也是控制ECL的关键。

(1) HMDs界面信息呈现大部分是视觉通道的刺激，主要有字符、图标、符号、色彩、可视化结构和布局等。同一界面中，不同的任务信息对飞行员的认知需求不同。简单的界面任务有监控、搜索和识别目标信息等；复杂的界面任务有多目标监控搜索、逻辑推理、思维转换等。不同界面任务设计的设计元素有所不同，如图3-25所示。

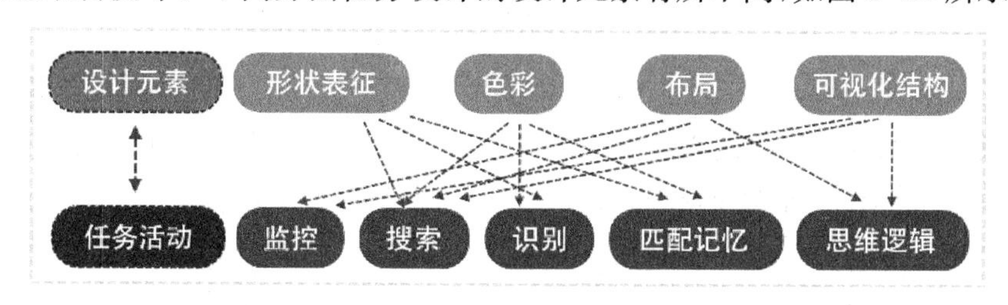

图3-25　设计元素和任务活动的关系示意图

① 形状(图标、符号、字符)与界面任务。形状因为其本身的辨别性、直接性,很易于实现信息的传递,有着便捷高效的信息交互功能,尤其在减少记忆负担方面有着不可替代的优势。

② 色彩与界面任务。色彩具有很强的情感性和识别性,在通用界面信息编码中应用很广泛,不同的色彩可以区分、特指信息。尤其是色彩对比度,它是区分关键信息和次要信息的有效元素,HMDs 中科学的色彩应用可以影响飞行员注意,提高系统整体绩效。

③ 布局与任务活动。界面布局是大量信息的组合排列,布局简明扼要有利于飞行员迅速获取关键信息。散乱的页面内容通过信息的内在联系进行科学的分组,可以使用户在一定的空间范围内迅速搜索查找到相关信息。人的眼睛具有一定的视觉搜索规则,如果界面布局设计得科学合理、紧凑有效,用户在进行任务操作的时候会有非常流畅的视觉体验,可以显著提高用户信息加工的逻辑性和连贯性。

④ 可视化结构与任务活动。界面可视化是采用科学的逻辑方法对原始界面信息进行分类和组合,可以显著提高用户对信息的感知度。可视化结构本身就是对大量复杂信息的层次梳理和结构构件,这种方式有利于关联信息的搜索。科学有效的界面可视化,通常是对原始信息的高度组织构件,所呈现的信息具有清晰的逻辑性和结构性,有利于用户对后续工作的理解、预测和决策。

(2) 任务活动与认知活动的关系。HMDs 界面中,飞行员进行的复杂飞行任务通常包含几个简化的任务活动:监控(浏览)、搜索、识别、匹配记忆、思维逻辑等。每种单一的任务活动都是飞行员特定的认知神经单元或认知形式对信息加工处理的过程,如图 3-26 所示。

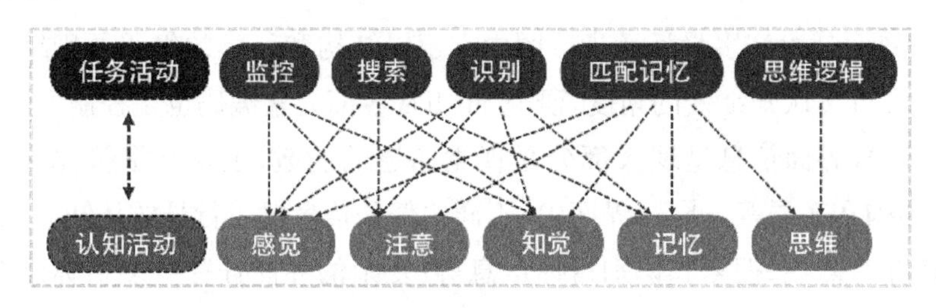

图 3-26 任务活动与认知活动的关系示意图

① 监控任务与认知活动。监控任务一般涉及用户的感觉、知觉和注意的 3 个认知阶段,是没有确切搜索策略的无意图观察性行为。一般的监控任务,用户不需要对观察到的信息进行辨别(即进入知觉阶段)便开始眼跳运动,这个过程主要依靠用户的感觉和注意活动进行认知加工。但是在有向监控中,用户需要依靠知觉和注意对看到的信息进行"辨识",有时候甚至会启动记忆中的存储信息与当前内容进行匹配,建立空间认知路径[229]。

② 搜索任务与认知活动。在界面任务中，搜索是指用户根据任务要求搜寻关键信息的行为，这种行为的目的性和主动性都非常强。结合 David Ellis 提出的信息查寻行为模型，用户在信息查寻过程中的主要行为活动可以归纳为 6 种：a. 用户确定线索来源；b. 通过跟踪和联系等方式，从最初的来源中找到线索；c. 眼睛扫视已经确定的线索，并获取与目标相关的信息；d. 筛选和评估线索的有用性；e. 随时跟进特定的主题领域线索的扩展；f. 基于系统的特定线索，提取信息[230]。该模型认为用户的活动是不断循环的，并非单向进行。可以看出，界面搜索任务主要包括感觉、知觉、注意和记忆等认知活动。注意定位兴趣区域，从一定范围内搜寻线索并控制眼跳；记忆对输入信息进行筛选和匹配评估。两者之间不断进行交互行为。

③ 识别任务与认知活动。识别是指用户对界面信息的辨别和区分。很多专家学者对识别的认知加工极值进行了研究，主流观点有 2 种：交互加工和自上而下的认知加工。交互加工是指信息的多样性本身在信源的识别过程就具有增益作用。后者认为识别就是将输入的信息与记忆存储的信息进行匹配再认的过程。可以看出，识别任务一般包括感觉、知觉、注意和记忆等认知活动。

④ 记忆任务与认知活动。HMDs 界面中，飞行员的记忆任务有很多，包括识记、回忆、匹配等。其中含有的认知活动涉及感觉、注意、知觉、记忆、思维等。工作记忆的加工和存储是最常用的认知活动。

⑤ 思维逻辑与认知活动。跟记忆任务类似，思维逻辑任务同样涉及认知过程的全部活动，但侧重点有所不同。思维逻辑特征在于，界面任务涉及用户工作记忆或者思维深度加工的心理活动，主要有心理计算、比较判断、逻辑推理和信息整合等。

(3) 认知活动与认知负荷的关系。通过上文对认知活动和任务活动的深入分析，搜索、识别、匹配记忆、思维逻辑都与用户的工作记忆密切相关。此外，监控任务中的定向任务同样也会涉及工作记忆。所以认知负荷中的注意资源和工作记忆容量加工问题在这些认知活动中都有所涉及。认知活动和认知负荷之间是相互影响的关系，用户在完成任务过程中产生认知负荷，认知负荷反过来限制用户的认知行为。如图 3-27 所示，为认知活动与认知负荷的关系示意图。

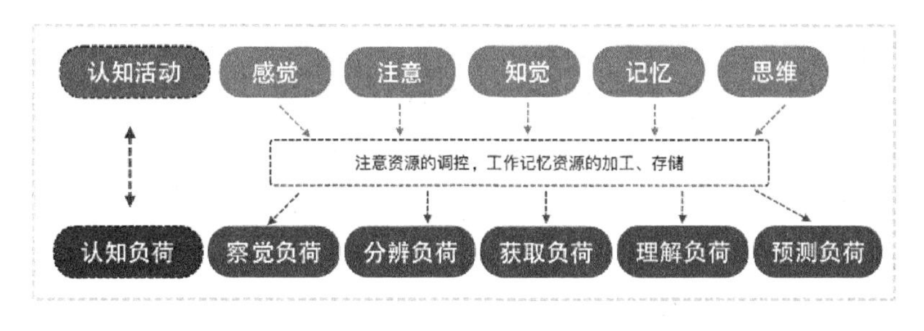

图 3-27 认知活动与认知负荷的关系示意图

(4) 认知负荷与界面设计元素的关系。1988 年 Sweller 提出，认知负荷与教学材料或者界面布局、教学质量和策略等 ECL 相关[218]。综上所述，可以总结出 HMDs 界面设计元素与认知负荷之间的关系，如图 3-28 所示。

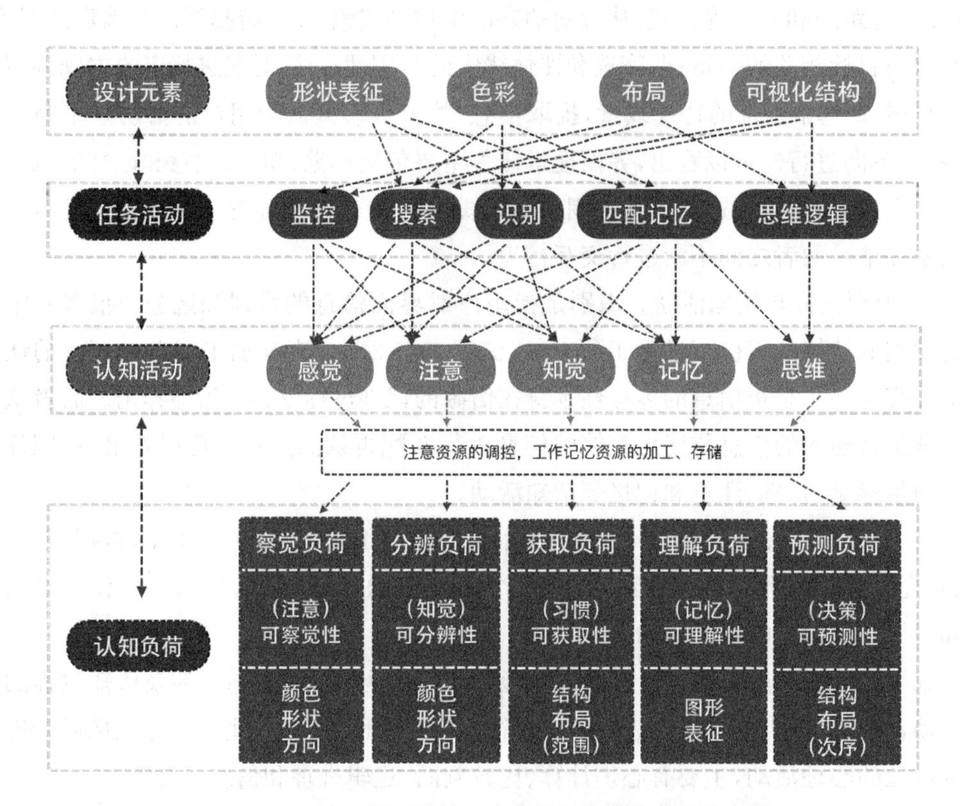

图 3-28　HMDs 界面设计元素与认知负荷的关系示意图

① 形状和认知负荷。在 HMDs 界面设计过程中，形状是飞行员识别信息的特征属性。形状编码相比文字编码，更容易引起飞行员工作记忆中的视觉表象加工。很多研究发现，相比抽象文字和具象图形认知，用户更加易于识别图形图像信息，并且具备并列处理能力，可以同时处理多个形状编码。所以在 HMDs 界面设计中科学运用形状编码，可以调节飞行员察觉、分辨和理解负荷的能力。

② 色彩和认知负荷。色彩具有捕获和凸显注意的作用，可以降低无关信息的凸显程度，避免界面信息冗余，从而减少外在认知负荷。即色彩编码的“降冗性”。色彩本身具有一定的情感性，不同的色彩可以使用户有不同的感受，有利于构建输入信息与用户记忆图式的隐喻和关联，增强 GCL。所以色彩在 HMDs 界面设计中，可以用于调节飞行员察觉和分辨负荷的能力。

③ 界面布局和认知负荷。HMDs 界面布局是影响飞行员视觉复杂性的重要因素之一。飞行员在布局结构中搜寻关键信息时，往往是根据经验或记忆惯性。科学合理

的界面布局可以调控飞行员理解、获取和预测负荷的能力。

④ 可视化结构和认知负荷。通过一定的界面可视化原则，用户可以更高效地建立图式记忆和心智模型，提高飞行员与HMDs界面之间的交互效率。通过隐喻化效果和使用经验，可视化结构同样可以调控飞行员理解、获取和预测负荷的能力。

本章小结

(1) 本章首先对HMDs界面信息编码进行了详细阐述，分析了设计信息编码和大脑信息解码两个重要阶段，并对HMDs界面设计信息进行了界定。剖析了HMDs界面信息编码流程。

(2) 讨论了信息编码过程中与态势感知相关的问题。基于前人的SA理论模型构建了HMDs界面复杂任务结构模型、HMDs界面环境结构模型。详细论证了在态势感知的3个层次中，影响HMDs界面信息编码设计与态势感知相关联的人因要素。

(3) 基于认知理论中的选择性注意研究基础，总结了HMDs界面信息编码所需的共性。阐述了认知负荷的影响因素、分类及特征，从HMDs界面设计元素、任务活动、认知活动、认知负荷等4个层次，推导了HMDs界面设计元素与认知负荷的关系模型。

(4) 基于本章对HMDs界面信息编码过程中的设计认知机理的分析，总结了下一步界面信息编码过程中的重点问题和对象，将从图标特征编码、界面布局编码、界面色彩编码等3个重要方面进行实验设计研究，提出科学的HMDs界面信息编码原则和设计方法。

第 4 章

基于认知的 HMDs 界面图标特征编码研究

4.1 引言

HMDs 界面属于透视型界面，飞行员不仅要观察界面中的态势信息，还要透过界面观察外界目标，所以 HMDs 的图标符号设计不同于传统雷达界面，空心图标和具有透明度的图标更具有实用价值。空战的态势信息一般具有持续性、动态性、复杂性等特点，对飞行员的态势感知能力要求极高。飞行员必须获得清晰、真实和全面的作战态势信息，才能掌握战场的主动权。飞行员的信息处理和行为决策能力与其认知水平、注意力、记忆力、压力等心理特性密切相关。本章将首先对 HMDs 界面中的现实层和增强显示层进行划分，并对现实层影响飞行员视觉认知的要素进行全面分析。其次对 HMDs 界面中的增强显示层进行系统的分析，归纳总结战机飞行任务各阶段必要的显示信息要素，并提出现实层和增强显示层叠加的基本原则。傅亚强等[93]综合近年来 HMDs 符号评价研究，分析了 HMDs 符号使用效果的影响因素。Liu 等[94-95]通过比较四种态势符号系统，为非分布式飞行参考（NDFR）提供了实际而有效的设计参考。可以看出，国内外学者虽然开展了 HMDs 字符编码的研究，但缺乏针对 HMDs 界面中不同特征图标的研究。所以本章重点考察空心、40％透明度和实心三种特征的图标对 HMDs 界面认知绩效的影响，并开展实验研究，将正确率和反应时作为重要考察指标，详细分析实验数据，为 HMDs 界面图标特征编码提供实验依据。

4.2　HMDs 界面中现实层和增强显示层的要素划分

4.2.1　HMDs 界面中现实层的环境分析

HMDs 界面中的现实层就是指飞行员透过 HMDs 界面观察到的外界真实状况。不同任务阶段、飞行时段、亮度环境等，战机的外界信息环境是不同的，飞行员所要获取的态势信息也不同。

根据不同的飞行任务状态阶段，可以划分为：起飞阶段、降落阶段、巡航阶段等。如图 4-1 所示。

起飞阶段
(来源：http://www.quanjing.com)

降落阶段
(来源：http://www.mil.huanqiu.com)

巡航阶段
(来源：http://bbs.jysq-ent)

图 4-1　不同飞行任务状态阶段示意图

根据战机飞行的不同时段，可以划分为：高亮度环境和低亮度环境。如图 4-2 所示。

高亮度环境
(来源：http://www.votovo.com)

低亮度环境
(来源：http://www.quanjing.com)

图 4-2　不同飞行时段示意图

根据飞行员观察信息来源位置，可以划分为：空中信息环境、地面信息环境。如图4-3所示。

空中信息环境
(来源：http://bbs.mala.cn)

地面信息环境
(来源：http://bbs.5imx.com)

图 4-3　空中信息环境和地面信息环境示意图

无论是固定翼战机还是非固定翼战机，基本都是高空、高速等飞行环境，在这种环境下，会对飞行员的视觉认知功能造成巨大影响，进而影响到 HMDs 界面中的现实层（即飞行员观察到的外界真实环境）。其主要影响因素有：高空环境因素、力学环境因素、座舱环境因素等[231]。如图 4-4 所示。

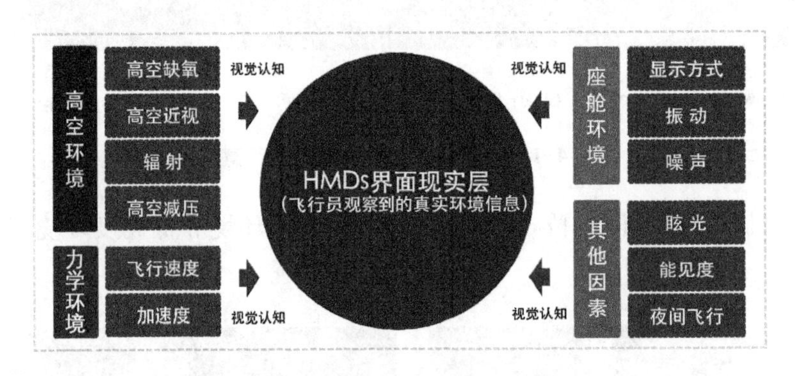

图 4-4　HMDs 界面现实层的影响因素

(1) 高空环境对视觉认知功能的影响因素

① 高空缺氧。在航天医学研究领域，缺氧是航空安全的重要影响因素之一。缺氧对飞行员感觉机能的影响以视觉最为敏感。轻度缺氧就会造成夜间视力下降[232]，延长暗适应时间[233]，降低中心凹以外区域的敏感性[234]和飞行员在暮视条件下的视觉跟踪辨认能力[235-236]。此外，缺氧会导致在色觉测试时错误率上升，以黄-蓝范围最为显著[237]。目前绝大多数飞机虽然具有完善的增压座舱系统，但是也有部分飞机，如直升机没有氧气供应系统。所以在飞行中，特别是在高原上空飞行时就可能因为缺氧产生

视觉问题而危及飞行安全[238-239]。因此缺氧问题是高空环境中影响飞行员视觉认知的重要因素。

② 高空近视。在高空巡航状态时，飞行员透过 HMDs 界面观察舱外环境，由于缺乏参照物，这种视野状态在航空医学中称为“空虚视野”。这种状态给飞行员带来的最大生理问题是高空近视。由于视线中缺乏目标刺激，睫状肌易处于不自主的收缩状态，从而产生约 1 个屈光度的调节，使眼的远点位于眼前 1 m 左右，造成视距缩短[240]。目前克服这种问题的方法是要求飞行员观察尽可能远的视线目标，比如翼尖等。

③ 辐射。高空飞行中的辐射来源主要是非电离辐射，主要有红外线、微波、紫外线等。高强度微波可导致飞行员眼白内障发病概率增加，该原因与其热效应有关。

④ 高空减压。高空减压所造成的视觉认知改变是航空中的普遍现象。Wirjosemito 等分析发现 133 例Ⅱ型高空减压病的症状表现中视觉异常占 30.1%[241]。Fitzpatrick 分析发现 38 例出现视觉功能改变病例中视力模糊为首发症状的占 24%[242]。

(2) 力学环境对视觉认知功能的影响

① 飞行速度。战机飞行速度越快，对视觉认知的刺激越大，飞行员需要不断地将视线在舱外环境和仪表内频繁切换，使眼球转动和眼肌调节的力度加大，读取界面信息的时间极短，容易造成视疲劳，尤其是在战机缠斗状态或紧急情况下。飞行速度的加快主要会造成 3 方面影响：首先是使飞行员空中盲距增大[240]；其次是随着情境要求增加，眼动的潜伏期和反应时间变长，有效视野缩小[243]；最后随着飞行速度的增加，动态视力问题就显得尤为突出。动态视力的好坏直接影响运动状态下工作任务的完成质量，所以在航空视觉领域中受到了较大的关注[244]。

② 加速度。歼击机飞行员大都遇到过加速度引起的视觉认知状况，一项航空统计调查中 331 名飞行员(其中 F-16 有 116 名，F-4 有 182 名，F-5 有 27 名)有 95.7%出现过灰视和黑视现象[245]。澳大利亚也做过类似的统计调查，65 名战机飞行员中 98%经历过灰视，29%出现过黑视[246]。刺激源主要是线性加速度和科里奥加速度[247-255]。

(3) 座舱环境对视觉认知功能的影响

① 显示方式。传统座舱航电系统布局从最初的“T”字形发展到“一”字形，尤其是 HUD 和 HMDs 界面的出现，飞行员信息的认读习惯已经发生了巨大变化。新的视觉认知特点，尤其是 HUD 会造成双眼像差别，这种两眼的差别会导致两眼辐辏或外展，从而引起眼部的不适[256]。其次飞行员长时间监控界面，容易导致视觉疲劳，出现视觉模糊、精神懈怠、心理疲倦、警戒水平下降、肌肉疲劳等症状，脑力负荷加大，降低态势感知能力，增大认知负荷。显示方式对视觉的影响主要是在视觉工效方面，有研究结果表明，飞行员视域在水平面中存在最佳、较好、极限工效区，飞机信息显示区域必须限于飞行员视域，其显示布局及显示方式应符合人机工效学设计原则[257]。且显示方式应使飞行员在识别信息时处于最佳的获取速度，对不同等级、性质的告警信息采用不同的色彩

编码，以便飞行员迅速发现、了解故障部位和性质，并采取相应措施[258]。

② 振动。振动频率、量级和方向会严重干扰飞行员正常的视觉认知功能，研究表明随着振动频率的增大，视力表现出降低的趋势[259]。飞行员与监控目标之间的相对振动量级越大，影响也就越严重[260]。振动对视力的影响具体表现在视觉反应时间延长、数据判读错误率升高、眼肌调节力减弱[261]。

③ 噪声。噪声也是一个重要因素，有研究指出噪声的影响主要体现在三个方面：一是使人眼对光亮度的敏感性降低，二是使视力清晰度的稳定性下降，三是使色觉、色视野发生异常[262]。

(4) 其他因素

① 眩光。眩光分为失能眩光和不适眩光，前者使成像的对比度降低，影响飞行员分辨能力，后者主要会造成视疲劳等。眩光对于飞行员的认知视觉影响是实时的，而且眩光消失后，还需要短暂的恢复期。在亮环境（85 cd/m^2）下，眩光可以使用户眼睛对低、中空间频率物体的对比敏感度升高，但对高空间频率物体，眩光的作用不显著；在暗环境（3 cd/m^2）下，眩光的产生会对人眼的分辨能力产生不利影响[262]。

② 能见度。能见度是影响航空飞行的重要因素，能见度较低威胁战机的起飞和着陆安全，给目视飞行带来困难。据统计，在气象原因造成的航空事故中，低能见度因素占 49%[263]。

③ 夜间飞行。对非固定翼战机来说，夜间飞行一方面很难看清目标，另一方面弱光下瞳孔扩大而使球面像差更明显，引起暂时性近视，称为"夜间近视"。通常所使用的夜视仪主要有四方面局限：飞行员视野限制；视力下降；深径觉改变；造成视性疲劳[264]。

4.2.2 HMDs 界面中增强显示层的视觉要素细分

HMDs 界面中增强显示层根据飞机的起飞、着陆、导航、地形跟踪/地形回避、空空及空地武器投放等状态，会呈现不同的信息和字符格式，一般有定量信息、定性信息、状态信息和指令信息。李良明等把飞行分为 20 个阶段或状态，用量表法抽查了 72 名有经验的歼击机飞行员所需要的仪表信息，发现最重要的仪表是空速表、高度表、地平仪和罗盘。所以这四个部分的信息是需要固定显示在头瞄显示界面的[89]。郭小朝等将 614 条飞行信息分为八个等级类别，并用 A～H 来表示，同时通过实验得出每个信息的 Z 分数，并认为显示需求 Z 分数既可以用于显示信息的筛选，也可以用来表示显示信息的优先级[92]。A 类～D 类信息是飞行员"必需的""急需的""很需要的"和"需要的"信息，因此战术导航过程中 A 类信息为必需信息，B 类信息应该随时可见，C 类信息应该方便易得，D 类信息应当容易查询。在条件允许的情况下，也可将 E 类、F 类信息仔细筛选后以低优先序纳入分级显示设计[265]。通过因子分析表明，飞行员认为他们在导航、巡航、返航等子模块中的信息使用需求几乎是一样的。

郭小朝等为研究提出新型歼击机滑出/起飞阶段推荐显示的飞行信息及其显示优先级，以显示需求程度为指标，用 11 级数字评定法对 614 条飞行信息做使用调查[266-269]。飞行员将 614 条信息评定为八个等级类别。其中，显示需求程度“中等”以上的 A、B、C、D 类信息分别有 25 条、61 条、94 条和 76 条，推荐显示的共有 256 条信息。可依据信息显示需求分数值或等级类别确定其显示优先级。如图 4-5 所示，为飞行各阶段所必须显示的必要参数。

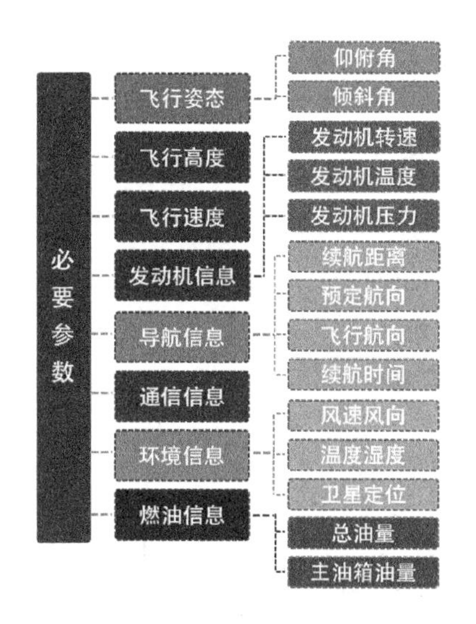

图4-5 飞行各阶段所必须显示的必要参数示意图

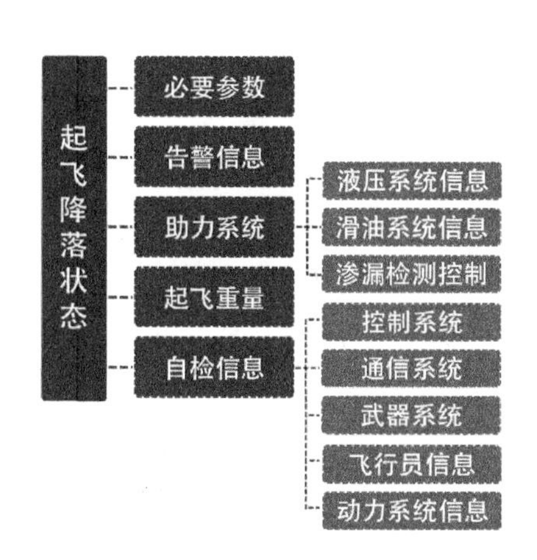

图 4-6 起飞/降落阶段必须显示的信息示意图

根据筛选总结得到 HMDs 各阶段必须显示的信息。如图 4-6 所示，为起飞/降落阶段必须显示的信息示意图。

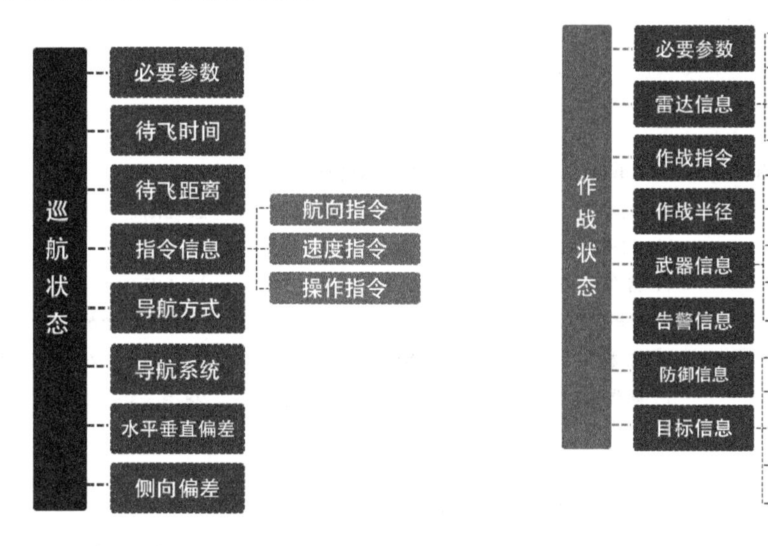

图 4-7 战机巡航阶段必须显示的信息示意图

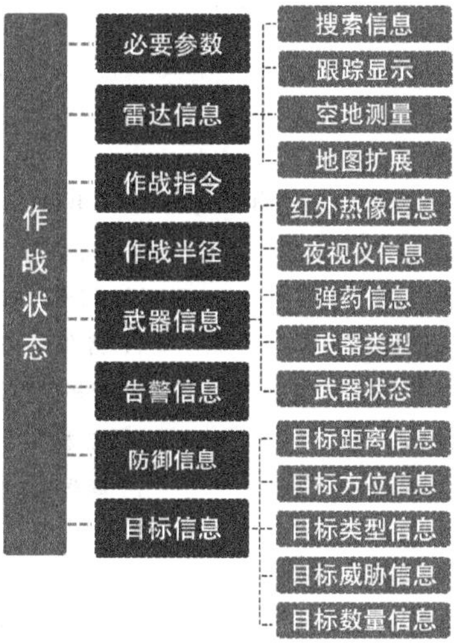

图 4-8 战机作战阶段必须显示的信息示意图

如图 4-7 所示，为战机巡航阶段必须显示的信息示意图。

如图 4-8 所示，为战机作战阶段必须显示的信息示意图。

一般情况下 HMDs 界面显示信息包括：飞机态势、火控状况、雷达信息、数据链接等，如图 4-9 所示。增强显示层上图标、符号数量越多，所能呈现的信息量就越大，但 HMDs 界面空间有限，过多的信息量会导致界面布局困难，飞行员获取关键信息受阻。在缠斗、起飞、降落等高负荷的任务中，拥挤的界面会导致飞行员误读、漏读图标符号，迅速获取关键信息的能力下降，搜索效率降低[270]。

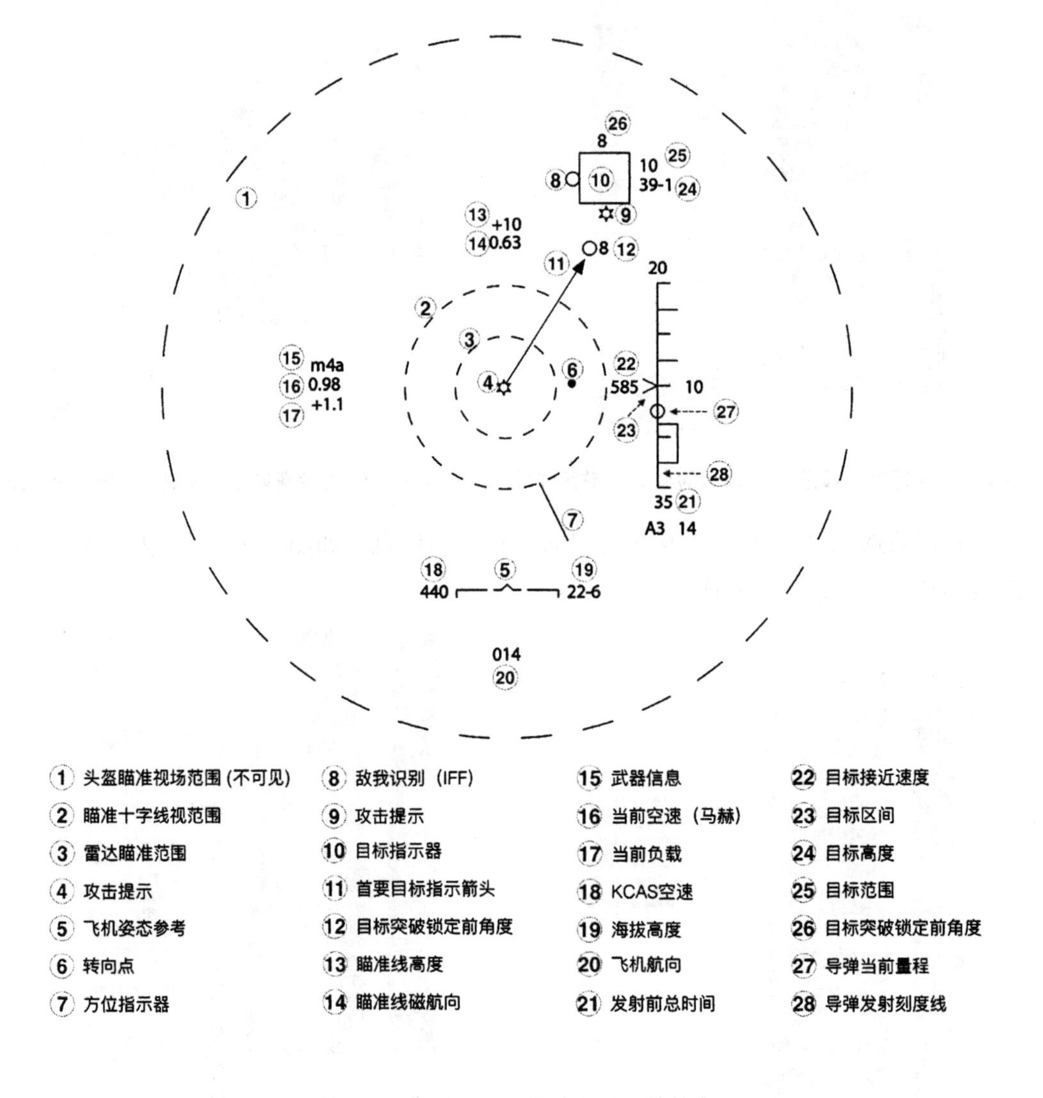

图 4-9　典型 HMDs 界面所显示的信息

4.2.3 HMDs 界面中增强显示层与现实层叠加的基本原则

HMDs 界面中增强显示层与现实层叠加即图像的虚实配准。利用附加的虚拟信息增强外界真实情况，是动态的、实时的，关键是实时监测飞行员头部位置、视线状况，并且综合雷达态势信息等绝对位置和姿态，标定头盔显示内部参数，然后根据这些信息将计算机生成的虚拟空间目标信息投射到 HMDs 显示屏中的正确位置。其叠加基本原理如图 4-10 所示。其优点是相比较传统航电显示器，允许飞行员直接观察真实环境；对比 HUD 设备，视场范围更加宽阔，并且支持武器的离轴发射，飞行员不易产生头晕等症状，设备舒适度较高[271]。其缺点是可能会产生画面畸变即主光线像差，而且由于真实环境与增强界面之间完全独立分离，可能会造成增强显示层信息界面元素绘制或刷新率较低而导致真实环境的变化与增强信息的变化不同步的问题，更为严重的是，由于双目竞争，会导致图像分裂，产生视觉疲劳，加重飞行员任务负担[272, 12, 75]。与下视显示器和 HUD 的固定画面不同，HMDs 界面信息会跟随飞行员头部转动而实时动态变化，现实增强显示层的各类符号、图标等信息会叠加在实景上。因此，HMDs 增强显示层必须用简洁、科学的方式表征飞行员需要的信息，最为重要的是画面不能与外在目标相冲突进而导致飞行员视觉认知的混乱。所以，针对这种情况，在信息编码过程中必须提出 HMDs 界面中增强显示层与现实层叠加的基本原则。

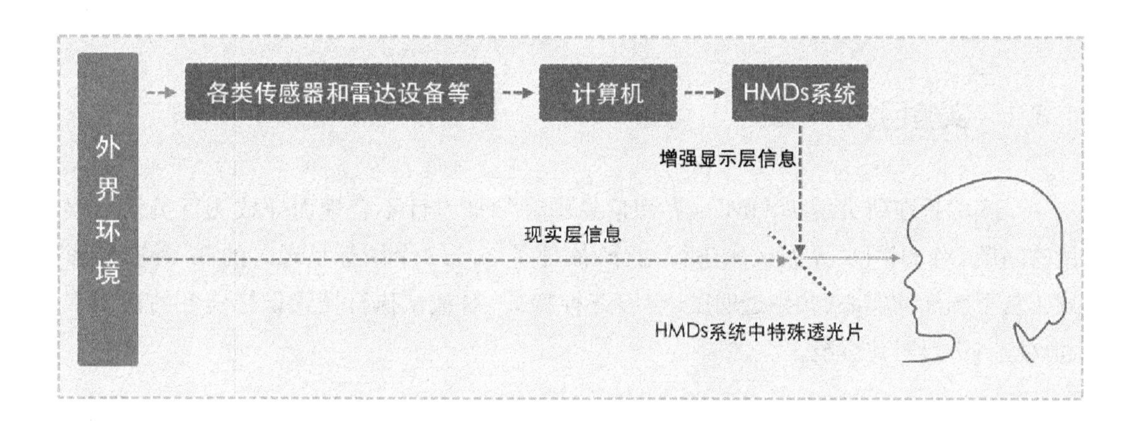

图 4-10　HMDs 界面中增强显示层与现实层叠加的基本原理示意图

（1）避免遮挡原则。HMDs 界面属于透视型界面，飞行员不仅要观察界面中的态势信息，还要透过界面观察外界目标，所以增强显示层的字符、图标不宜遮挡实景信息，尤其是在非固定翼战机的 HMDs 系统中，因为以直升机为主的非固定翼战机主要是中低空飞行，飞行任务大多以地面搜索为主，飞行员头部需要频繁地摆动，透过 HMDs 界面去搜索地面，如果增强显示层界面图标、符号设计不科学，当目标物过多的时候，会产生遮挡现象，严重影响飞行员搜索绩效，造成漏读、误判等事故。所以 HMDs 的图标、符号设计不同于传统雷达界面，空心图标和具有透明度的图标更具有实用价值。

(2) 重点信息、次要信息筛选原则。根据郭小朝等[268]对编队协同飞行中歼击机飞行员的信息使用需求分析，推荐显示的信息多达 300 多条，常态信息有 219 条，这些信息主要分布在 HUD、下视显示器等航电系统界面中。而且不同任务需要飞行员操作的顺序/动作也不同，信息量将更大、更复杂。HMDs 界面作为未来飞行员最为直观的观察界面和航电系统发展的终极形态，其界面上显示的信息必须经过筛选显示，结合飞行员当前任务、操作流程，科学、简洁地呈现重点信息，这也是增强显示层信息呈现的基本原则。

(3) 增强显示层界面科学编码原则。目前我国的 HMDs 系统界面信息基本是映射 HUD 界面，这种处理方式缺乏对飞行员视觉认知方式的考虑。由于增强显示层界面的信息编码方式与飞行员视觉认知习惯不符，导致飞行员对界面信息的误读或忽视，因此需要以科学合理的信息编码方法对界面信息进行组织和设计，确保界面信息的清晰易读，提高飞行员对界面信息的获取准确率和效率。

4.3 HMDs 界面图标特征编码方式实验研究

4.3.1 实验目的

本实验旨在研究解决 HMDs 界面信息图标特征设计不合理而导致飞行员信息误读的问题，对 HMDs 界面区域进行划分，梳理了 3、5、7 个图标呈现时的 67 种布局形式。基于图标的实心、40%透明度、空心三种特征，对被试执行搜索记忆任务的正确率和反应时进行对比分析。

4.3.2 实验方法

(1) 实验材料

实验图标颜色编码为绿色(波长 500～560 nm)[273]，形状编码采用人机界面中常见的 8 种几何图形，分为 3 种特征：实心、40%透明度和空心。图标相似度低、大小相近，如图 4-11 所示，大小充满 12 mm×12 mm 的方框，其中空心图标线宽 0.5 mm。

为了降低视觉搜索的干扰，所有刺激均呈现在屏幕中央的圆形范围内，小于一般

图 4-11 实验中采用的图标示意图

HMDs 的 FOV 范围(视角为距视线水平±15°内,垂直±10°内,视距 550~600 mm)。

(2) 布局方式

实验中分 3、5、7 个目标呈现,呈现区域为图 4-12 所示 A、B、C 三个区域。

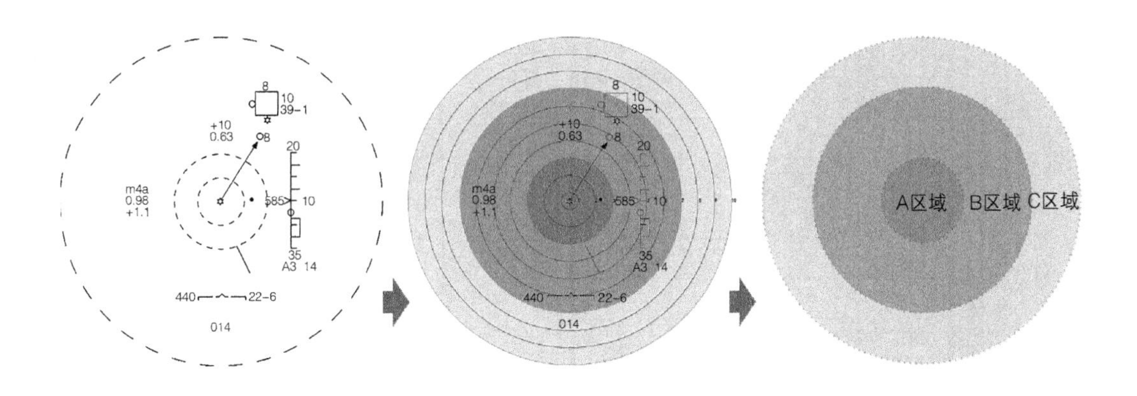

图 4-12 目标呈现区域划分

3 个目标界面呈现方式共 10 种,5 个目标界面呈现方式共 21 种,7 个图标界面呈现方式共 36 种,总计 67 种,如表 4-1 所示,为所有布局类别分布表。

例如,当 3 个图标呈现时,A 区域、B 区域和 C 区域各呈现 1 个,则编号为 111;A 区域呈现 2 个,B 区域呈现 1 个,C 区域不呈现,则编号为 210,以此类推。如图 4-13、图 4-14、图 4-15 分别为空心图标、40%透明度图标、实心图标的 124 布局形式实验用图。

表 4-1　实验所有布局类别分布表

	序号	A	B	C		序号	A	B	C
3 个图标符号呈现	1	3	0	0	7 个图标符号呈现	1	0	0	7
	2	0	0	3		2	7	0	0
	3	0	3	0		3	0	7	0
	4	1	1	1		4	1	6	0
	5	1	2	0		5	6	1	0
	6	1	0	2		6	0	1	6
	7	0	1	2		7	6	0	1
	8	0	2	1		8	1	0	6
	9	2	1	0		9	0	6	1
	10	2	0	1		10	0	5	2
5 个图标符号呈现	1	1	1	3		11	0	2	5
	2	1	3	1		12	5	2	0
	3	3	1	1		13	5	0	2
	4	3	2	0		14	2	5	0
	5	2	3	0		15	2	0	5
	6	0	2	3		16	3	4	0
	7	0	3	2		17	4	3	0
	8	3	0	2		18	0	3	4
	9	2	0	3		19	0	4	3
	10	1	0	4		20	4	3	0
	11	1	4	0		21	3	4	0
	12	4	1	0		22	1	1	5
	13	4	0	1		23	1	5	1
	14	0	1	4		24	5	1	1
	15	0	4	1		25	1	2	4
	16	5	0	0		26	1	4	2
	17	0	5	0		27	2	4	1
	18	0	0	5		28	4	2	1
	19	2	2	1		29	4	1	2
	20	1	2	2		30	2	1	4
	21	2	1	2		31	1	3	3
						32	3	1	3
						33	3	3	1
						34	2	2	3
						35	2	3	2
						36	3	2	2

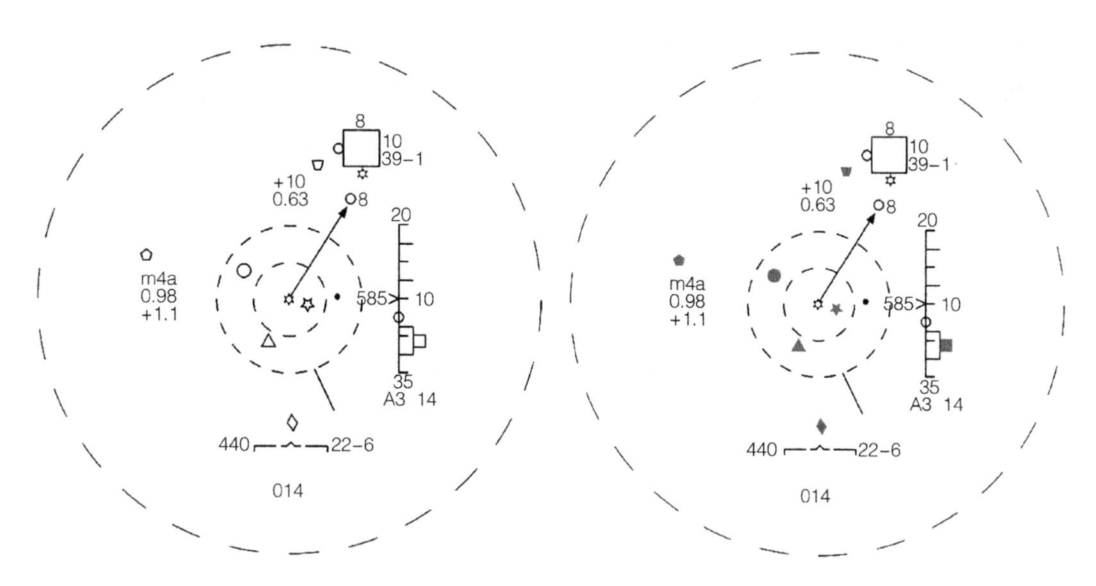

图 4-13　空心图标 124 布局形式实验用图　　**图 4-14　40%透明度图标 124 布局形式实验用图**

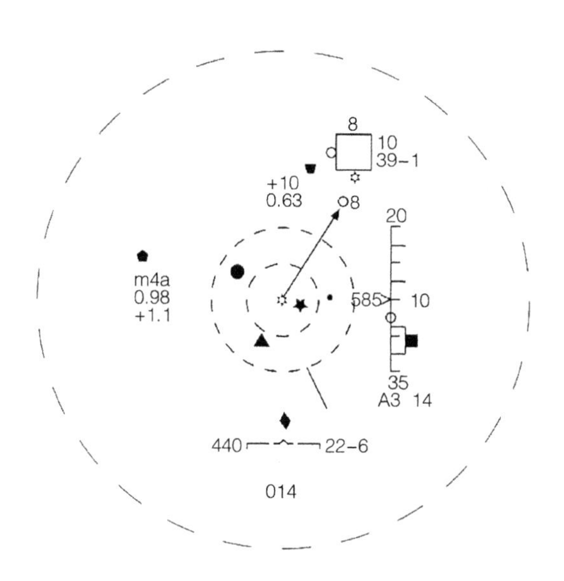

图 4-15　实心图标 124 布局形式实验用图

4.3.3　实验程序

实验中采用单探测变化检测范式、单任务实验，要求被试先记忆初始项，再进行检测再认反应。实验为 3×3 被试内设计，因素一为初始项特征的 3 个水平，分别为实心、40%透明度、空心；因素二为初始项数量，分别为 3、5、7 个。单一实验任务时，图标不会重复出现。在 50%的检测任务中，探测项不出现，根据初始项目的数量和特征，实验分为

3组,每组包含初始项目布局方式各一次,共计201次。通过呈现顺序的随机安排,保持被试的注意力集中。图4-16、图4-17分别为初始项呈现界面和探测项呈现界面。

图4-16 初始项呈现界面

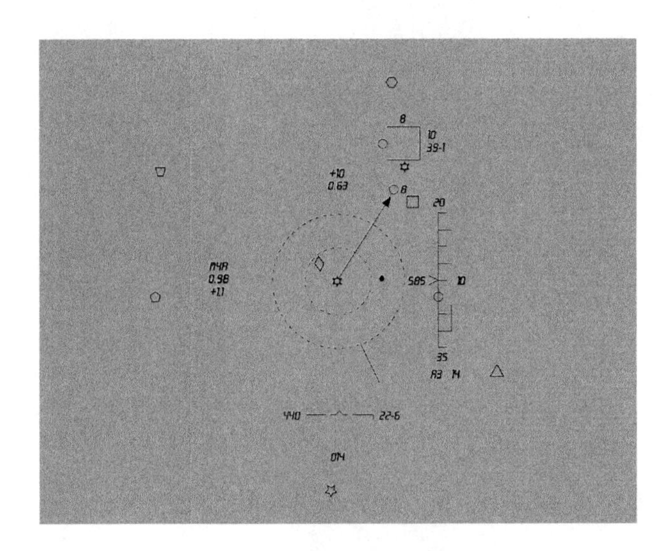

图4-17 探测项呈现界面

实验程序采用心理学实验开发软件E-Prime进行编写,目标呈现在17英寸显示器中央,屏幕分辨率为1 280×1 024像素,亮度为92 cd/m^2。实验室内照明条件正常(40 W日光灯);被试与屏幕中心的距离为550～600 mm;被试为20名在校研究生,10男、10女,年龄在22～28岁,视力或矫正视力正常,无色盲或色弱。实验之前,要求被试在登记表上填写相关信息,包括姓名、性别、年龄、专业、视力等,并使其熟悉实验规则。如图4-18所示,正式实验中,被试阅读完指导语,按键盘任意键开始实验。首先屏幕中央呈现注视点“+”500 ms，然后随机呈现初始项目数量(3、5、7 个)的某种水平。初始项为实心图标、40%透明度图标或者空心图标，呈现时间为 3 500 ms，延迟 100 ms 后呈现探测项。被试判断探测项是否在初始项中出现过，“是”按“A”键，“否”按“L”键。被试做出反应后自动进入下一实验。每组实验完成后有 1 min 的休息时间，每人完成全部实验大约 0.5 h。

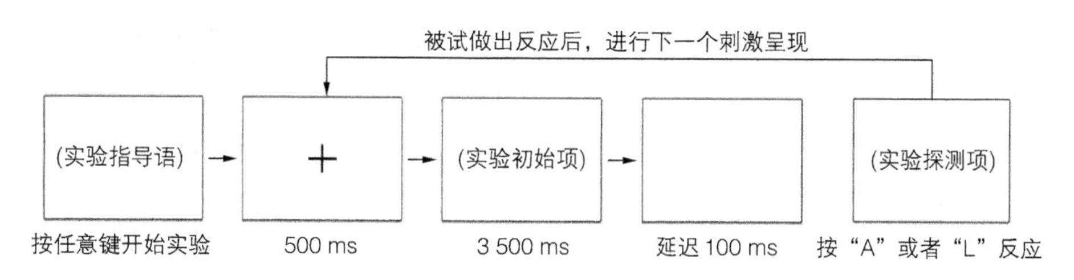

图 4-18　实验流程图

4.3.4　实验结论与分析

(1) 不同图标特征的正确率和反应时

对被试实验正确率和反应时数据进行统计分析，排除极端数据，被试对三种特征图标的正确率和反应时分别如图 4-19、图 4-20 所示。

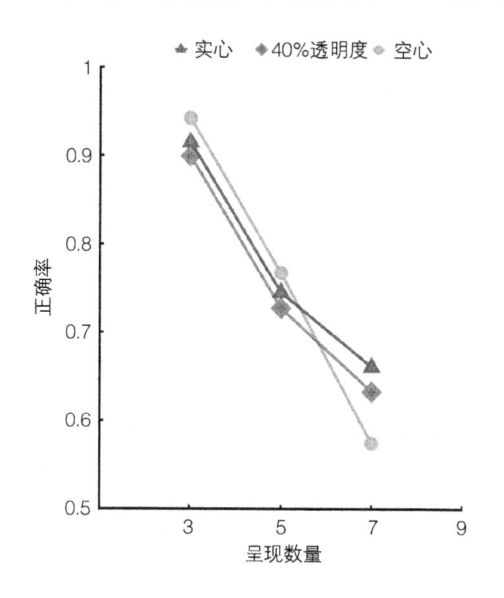

图 4-19　三种特征图标的正确率

注：正确率都在 50%以上，因此起点从 0.5 开始

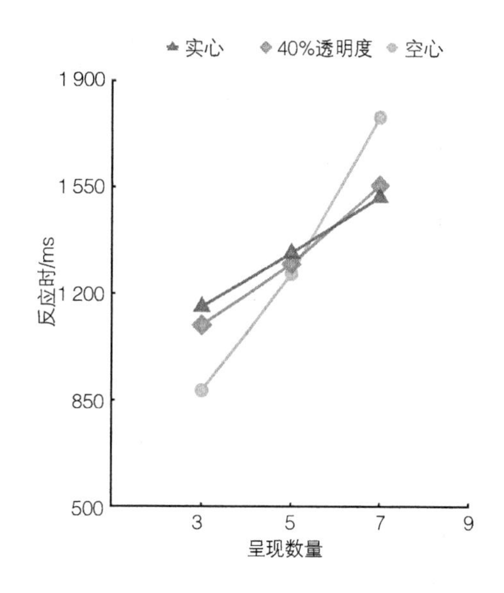

图 4-20　三种特征图标的反应时

注：反应时都在 500 ms 以上，因此起点从 500 ms 开始

对正确率进行方差分析(F 表示显著性差异水平，P 表示检验水平)表明，呈现数量为 3 个时图标特征的主效应($F=4.508$，$P=0.015<0.05$)和呈现数量为 7 个时图标

特征的主效应($F=4.929$，$P=0.011<0.05$)显著，呈现数量为 5 个时图标特征的主效应($F=1.281$，$P=0.286>0.05$)不显著；对反应时进行方差分析表明，呈现数量为 3 个时图标特征的主效应($F=3.838$，$P=0.028<0.05$)和呈现数量为 7 个时图标特征的主效应($F=4.02$，$P=0.024<0.05$)显著，呈现数量为 5 个时图标特征的主效应($F=0.335$，$P=0.717>0.05$)不显著。由此可见，当搜索目标为 3 个或者 7 个时，空心、40%透明度和实心特征对被试的视觉认知容量、认知速度都有显著性影响；当搜索目标为 5 个时，没有显著影响。

对 3 个图标和 7 个图标的反应时和正确率进行最小显著差异法的验后多重比较检验分析，结果如表 4-2 所示。

表 4-2　最小显著差异法的验后多重比较检验

评价指标	图标符号类型		3 个图标			7 个图标		
	I	J	平均误差(I-J)	标准误差	P	平均误差(I-J)	标准误差	P
正确率	实心	40%透明度	0.021 1	0.039	0.588	0.015 6	0.021	0.451
		空心	−0.088 158*	0.039	0.026	0.061 916*	0.021	0.004
	40%透明度	实心	−0.021 1	0.039	0.588	−0.015 6	0.021	0.451
		空心	−0.109 211*	0.039	0.007	0.046 345*	0.021	0.028
	空心	实心	0.088 158*	0.039	0.026	−0.061 916*	0.021	0.004
		40%透明度	0.109 211*	0.039	0.007	−0.046 345*	0.021	0.028
反应时	实心	40%透明度	60.263 2	102.219	0.558	−37.631 6	102.358	0.715
		空心	275.656 43*	102.219	0.009	−262.238 30*	102.358	0.013
	40%透明度	实心	−60.263 2	102.219	0.558	37.631 6	102.358	0.715
		空心	215.393 27*	102.219	0.040	−224.606 73*	102.358	0.033
	空心	实心	−275.656 43*	102.219	0.009	262.238 30*	102.358	0.013
		40%透明度	−215.393 27*	102.219	0.040	224.606 73*	102.358	0.033

注：I 和 J 代表 3 种图标特征中的任意 2 种；“*”代表显著性水平、平均误差在 0.05 级别上显著

实心图标和 40%透明度图标的反应时和正确率没有显著性差异；空心图标和另外两种特征图标之间的反应时和正确率有显著性差异。结合图 4-19、图 4-20 可以看出，当时间压力不变时，随着图标数目的增加，被试认知负荷增大，正确率下降，反应时增长。当图标数目为 3 个时，正确率的关系是空心>实心>40%透明度，反应时的关系是实心>40%透明度>空心；当目标数目为 5 个时，数据非常相近；当图标数目为 7 个时，正确率的关系是实心>40%透明度>空心，反应时的关系是空心>40%透明度>实心。因此，在 HMDs 界面设计中，当目标数量不多时，空心图标的搜索绩效更好，当目标数量较多时，实心图标的搜索绩效较好。

(2) 具体布局形式的错误率分析

当目标数量为3个时,实心图标、40%透明度图标和空心图标的错误率前5的布局形式如表4-3所示。

表4-3 目标数量为3个时错误率较高的布局形式

	布局形式编号				
	1	2	3	4	5
实心	012	300	030	120	021
40%透明度	021	003	120	012	300
空心	030	120	021	012	003

从表4-3中可以看出,当目标数量较少时,无论是实心、40%透明度还是空心,编号030、021、120布局形式的错误率都较高,可见B区域的图标记忆准确性最差。当3个图标都呈现在B区域时空心图标的错误率最高。实际应用中,B区域是主要呈现态势信息的字符区域,空心图标由于其线宽等因素容易和字符混淆,所以被试的记忆准确性比较低。

当目标数量为7个时,实心图标、40%透明度图标和空心图标的错误率前5的布局形式如表4-4所示。

表4-4 目标数量为7个时错误率较高的布局形式

	布局形式编号				
	1	2	3	4	5
实心	610	700	520	502	106
40%透明度	700	610	502	160	106
空心	241	070	160	250	043

从表4-4中可以看出,当目标数量较多时,无论是实心、40%透明度还是空心,编号610、700、502、106布局形式的错误率都较高,可见实心图标和40%透明度图标在A区域的记忆准确性最差。这说明在HMDs界面中,这两种图标不适宜呈现在A区域,从实际应用的角度分析,A区域为头盔显示系统的瞄准区域,这个区域范围比较小,飞行员关注度比较高,而实心和40%透明度图标会遮盖住瞄准信息,应避免在这个区域使用。

本实验从图标特征的角度,采用人机界面中常见的图标为实验材料,实验的结果说明在HMDs界面搜索任务中,随着搜索目标数量的增加(3、5、7),被试的正确率下降,反应时增加,空心图标的正确率下降得更快,反应时增加得也更快,不同特征图标的正确率、反应时达到显著性水平;无论搜索目标数量处于哪种水平,实心图标和40%透明度图标没有显著性差异。实验数据反映出当目标数量不多时,空心图标的搜索绩效更好；当目标数量较多时，实心图标的搜索绩效较好。HMDs 界面属于透视型界面，飞行员不仅要观察界面中的态势信息，还要透过界面观察外界目标，所以 40%透明度图标相对于实心图标在实际应用中更具有价值。

通过分析具体布局形式的正确率发现，当目标数量为 3 个时，空心图标在 B 区域的记忆准确性最低；当目标数量为 7 个时，实心图标和 40%透明度图标在 A 区域的记忆准确性比较低。在 HMDs 界面设计中，可以针对具体飞行任务采用不同特征的图标，比如低空飞行的直升机，飞行员主要是观察地面态势信息，应避免图标遮盖实景，当搜索目标不多时，可以采用空心图标作为主要的界面图标；高空飞行的战斗机，飞行员主要是观察雷达高空监测的态势信息，在不遮盖瞄准目标的情况下，采用 40%透明度图标能提高飞行员的搜索效率和记忆准确度；HMDs 界面的 B 区域是态势信息的字符显现区，为了降低飞行员误读的概率，应尽量避免采用空心图标。本实验不是在真实战机舱内进行，HMDs 界面为静态模拟，得到的数据为模拟仿真数据，结论可以作为 HMDs 界面图标布局设计的参考。

本章小结

(1) 本章对 HMDs 界面中的现实层和增强显示层进行了划分，对现实层影响飞行员视觉认知的要素进行了全面的分析，归纳了高空环境要素、力学环境要素、座舱环境要素等。

(2) 对 HMDs 界面中的增强显示层进行了系统的分析，归纳总结了战机飞行任务各阶段必要的显示信息要素，并提出了现实层和增强显示层叠加的基本原则：避免遮挡原则，重要信息、次要信息筛选原则，增强显示层界面信息科学编码原则。

(3) 基于前面章节有关视觉认知的理论分析，开展了 HMDs 界面图标特征编码实验。对空心、40%透明度、实心三种不同特征的图标在 HMDs 界面中的应用进行了实验对比，并详细分析了实验数据，为 HMDs 界面图标特征编码提供了实验依据。

第 5 章

基于飞行任务和视觉认知的 HMDs 信息布局研究

5.1 引言

随着航空技术和计算机技术的高速发展，战机航电系统越来越复杂，系统产生的数据信息爆炸上升，飞行员短时间接收的信息体量越来越大。进入 HMDs 阶段后，传统仪表控制系统向数字化显示界面映射时，界面的布局有本质区别，告警信息作为界面中最重要的通知类信息，其呈现区域和呈现方式也需要进行再设计。而布局编码的方式不仅与飞行员视觉认知因素有关，也要受到不同飞行阶段的信息呈现要求限制。本章首先对战机通用显示信息进行分类讨论，总结信息呈现的优先级，并对起飞、巡航、作战、着陆等典型飞行任务阶段的信息呈现需求进行总结。其次根据国军标中[273]对 HMDs 设备的显示区域划分的要求，结合本书第 2 章中从视知觉系统、视知觉参数、视知觉特征等角度的飞行员视知觉基础的分析，对飞行员视觉工效区进行划分。然后结合典型 HMDs 界面，针对本章后段实验需求，将 HMDs 界面信息布局划分为 4 个大区域和 19 个细分区域。最后通过基于飞行任务和视知觉认知的研究基础，结合 HMDs 信息布局区域的划分，开展 HMDs 界面告警信息布局实验研究，详细分析实验数据，为 HMDs 界面的信息布局编码提供实验研究基础。

5.2 战机通用显示信息分类和典型飞行任务分析

5.2.1 战机通用显示信息分类

随着航空技术和计算机技术的高速发展，战机航电系统越来越复杂，系统产生的数据信息爆炸上升，飞行员短时间接收的信息体量越来越大。机舱显示/控制系统占据航电系统的显著位置。显示控制系统是飞行员和战机之间传递信息的重要纽带，由显示和控制两部分组成。显示系统界面是飞行员获得信息的关键交互接口，所有可以直接控制战机安全飞行的系统都由显示界面将信息反馈给飞行员，再由飞行员直接进行控制[274]。战机航电系统界面是飞行员与战机进行信息交互的主要通道，所有传递给飞行员的态势信息及飞行员对战斗机做出决策指令都是通过该通道完成的。显示界面将战机起飞、进场、导航、巡航、返航、攻击、编队等一系列信息按照一定的编码呈现方式传达给飞行员，让飞行员对战机当前状态做出判断，根据已获取的信息进行决策，完成飞行任务。因此，界面信息合理有效的呈现前提是对航电系统显示信息类别和典型飞行任务进行系统的分析。通常战机航电系统界面宏观上分为 3 部分：导航、主界面层、子界面层。如美国 OIS 公司为 F/A-18E/F 战机设计的方式显示指示系统(MDI)[275]，其主界面共有 15 个模块：水平位置界面(HSI)、平视显示系统界面(HUD)、雷达显示界面(RDR)、飞机外挂管理界面(SMS)、前视红外热像界面(FLIR)、海用前视红外热像界面(NFLR)、自检与测试界面(BIT)、检查清单界面(CHK)、发动机参数界面(ENG)、态势感知界面(SA)、自动着陆界面(ACL)、姿态控制显示界面(ADI)、油箱界面(FUEL)、电子战界面(EW)、飞行性能咨询系统界面(FPAS)[276]。

飞行员通过 20 个控制按键对 15 个模块进行操控。系统界面结构逻辑梳理如图 5-1 所示。

(1) 平视显示系统界面(HUD)：该界面是利用光学原理将显示器显示的字符图像信息投射到飞行员正前方视场中形成的界面。该界面与驾驶舱外部环境融为一体，显示起飞、着陆、导航、地形跟踪/回避、空空及空地武器投放、自检等不同工作状态信息。

(2) 水平位置界面(HSI)：该界面为飞行员提供包括飞机航向指示、预选航向、航迹、航路点、指示、垂直偏差、横向偏差、仪表着陆方式等信息。

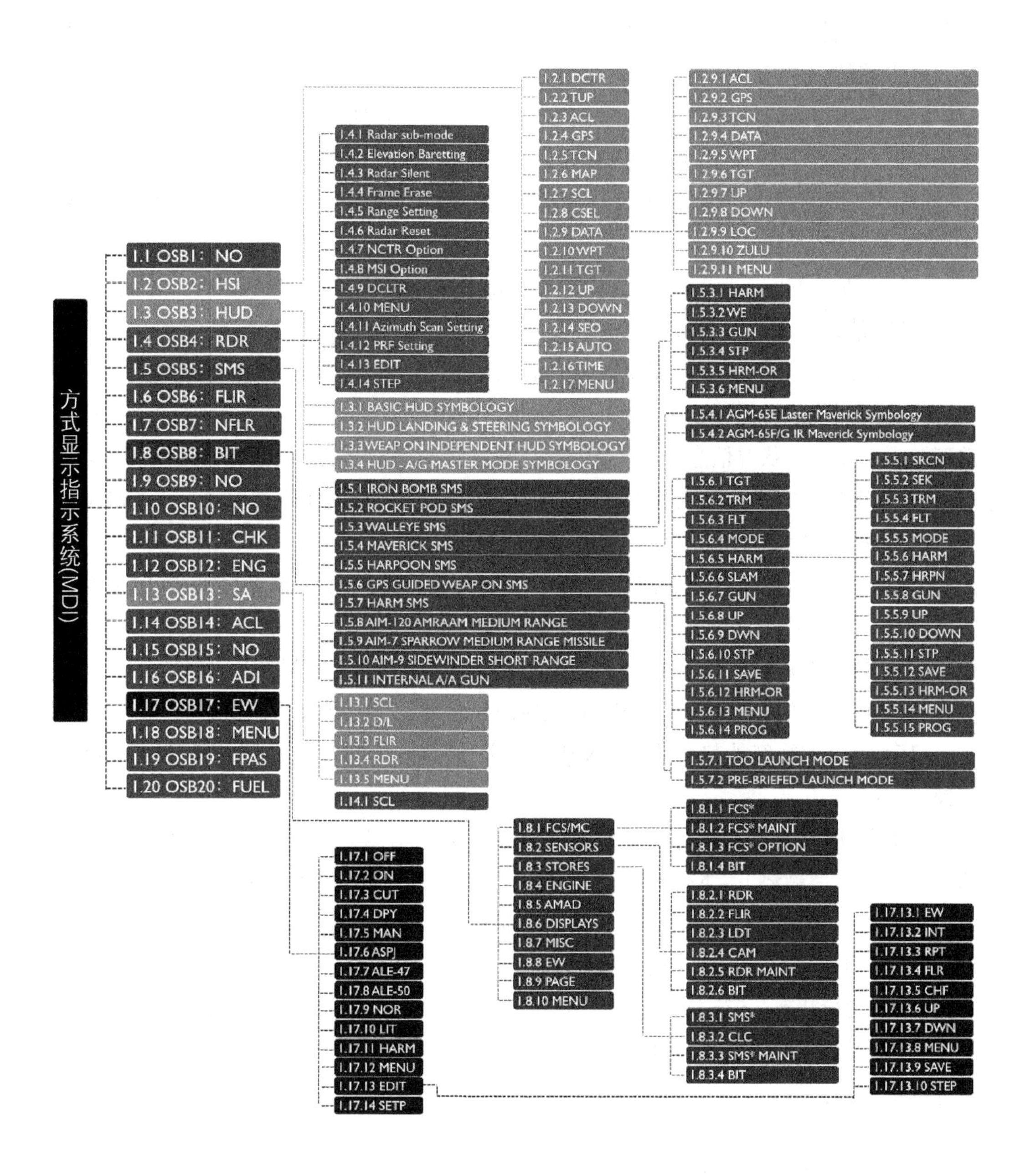

图 5-1　F/A-18E/F 战机方式显示指示系统(MDI)界面层次架构图[276]

(3) 态势感知界面(SA)：该界面显示的是飞机航向、指示航向和其他指令信息。

(4) 飞机外挂管理界面(SMS)：该界面显示的是飞机起落架、炸弹、火箭、导弹等外挂武器状态信息。

(5) 雷达显示界面(RDR)：该界面有三种模式：空对空、空对地、空对海战斗模式。空对空方式显示的是雷达对目标的搜索、跟踪和截获状态信息；空对地方式显示的是空地测距、图扩展、地图冻结和信标状态信息；空对海方式显示的是“低海情”“高海情”状态下的跟踪信息。

(6) 发动机参数界面(ENG)：该界面显示的是发动机的参数信息，如发动机转速、压力、排气温度、总温、燃油流量等。

(7) 自检与测试界面(BIT)：该界面是在飞机自检测系统的过程中，显示飞机各功能部件的状态信息。

(8) 检查清单界面(CHK)：该界面显示的是飞机起飞和着陆时，机轮、襟翼、防滑刹车系统、油箱等部件的状态信息。

(9) 姿态控制显示界面(ADI)：该界面显示的是飞机姿态和指令信号等信息。

(10) 电子战界面(EW)：该界面显示的是电子战设备探测到的威胁目标的位置、类型及干扰设备的状况信息。

(11) 飞行性能咨询系统界面(FPAS)：该界面显示的是在当前状态下，飞机系统计算出的相关飞行性能数据，如飞机重量、燃油流量等。

(12) 油箱界面(FUEL)：该界面显示的是飞机携带的所有油箱的数据，包括飞机内部、外部油箱的所有相关燃油信息。

(13) 自动着陆界面(ACL)：该界面显示的是飞机在自动着陆模式下的信息。

(14) 前视红外热像界面(FLIR)：该界面显示的是飞机正前方的红外图像。

(15) 海用前视红外热像界面(NFLR)：该界面显示的是飞机正前方海域的红外图像。

综上所述，飞行员在执行飞行任务时需要获取的信息量十分庞大。尤其是在当前的航电系统发展趋势下，飞行员未来与战机交互的界面日趋整体化、综合化。所以未来HMDs界面呈现的信息错综复杂，会给飞行员认知带来巨大负担。所以必须系统性地梳理、取舍HMDs界面所呈现的信息并设定优先级，HMDs界面信息的筛选，必须兼顾任务需要、飞行状态、飞行员习惯等。根据飞行员对各类信息的使用需求进行确定，解决战斗机HMDs界面显示信息选取和显示优先级设置问题，为HMDs界面信息显示设计提供参考依据。

5.2.2 战机典型飞行状态与飞行任务分析

郭小朝等[268,277]为了确定新型歼击机座舱通用显示信息的内容和优先级，调研统计了162位飞行员，要求他们根据16个飞行阶段或任务的使用需求对各类信息做优先级评定。如表5-1所示。

表 5-1 16 个飞行阶段或任务下建议分级显示的飞行信息数量[277]

编号 No.	飞行阶段或任务 Flight phase or mission	一级信息 First grade	二级信息 Second grade	三级信息 Third grade	四级信息 Forth grade	合计 Total
1	滑出/起飞 Taxiing/take off	25	61	94	76	256
2	进场/着陆 Approach/landing	23	64	92	68	247
3	战术导航-导航 Navigation flight	19	102	76	99	296
4	战术导航-巡航 Cruise flight	18	102	78	100	298
5	战术导航-返航 Return/bingo flight	18	106	79	89	292
6	空空攻击-引导接敌 Guided flight of air-air	18	160	93	104	375
7	空空攻击-中远程导弹 Air-air with long-range missile	18	128	92	108	346
8	空空攻击-近程导弹 Air-air with short-range missile	18	130	87	101	336
9	空空攻击-航炮 Air-air with gun	18	112	77	104	311
10	空面攻击-火箭 Air-surface with rocket	18	117	79	76	290
11	空面攻击-导弹 Air-surface with missile	18	130	83	75	306
12	空面攻击-炸弹 Air-surface with bomb	18	123	76	82	299
13	空面攻击-航炮 Air-surface with gun	18	110	81	81	290
14	电子对抗 Electronic warfare	18	105	83	72	278
15	协同编队 Formation flight	18	140	74	75	307
16	应急操纵 Emergency control	19	65	69	64	217

将战机16个飞行阶段或任务中都需求的通用显示信息分为4级，其中一级通用显示信息有3类，共计8条。如图5-2所示。

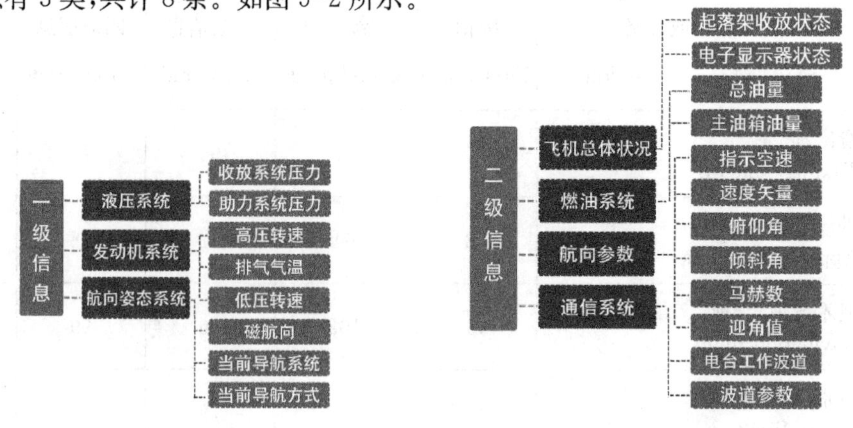

图5-2　一级通用显示信息　　**图5-3　二级通用显示信息(1)**

二级通用显示信息有5类，共计41条。如图5-3、图5-4所示。

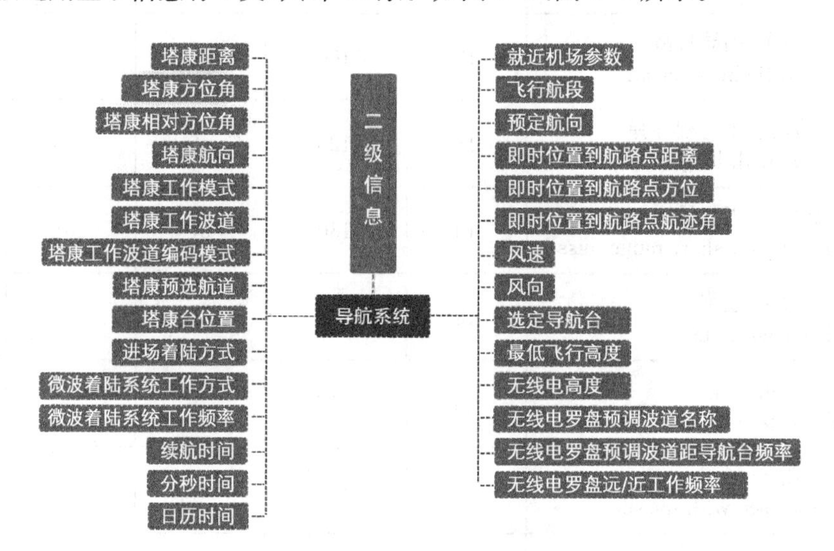

图5-4　二级通用显示信息(2)

三级通用显示信息有6类，共计33条。如图5-5、图5-6所示。

四级通用显示信息有7类，共计17条。如图5-7所示。

为了设计科学的、符合飞行任务的HMDs界面，需要分析典型飞行状态(起飞、着陆、巡航和作战)的飞行任务信息和飞行员操控流程。结合真实飞行环境、飞行任务并基于飞行员认知的

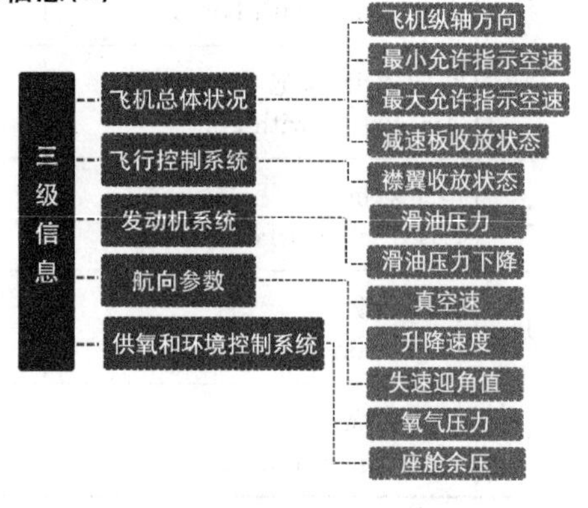

图5-5　三级通用显示信息(1)

角度设计后续的实验流程。

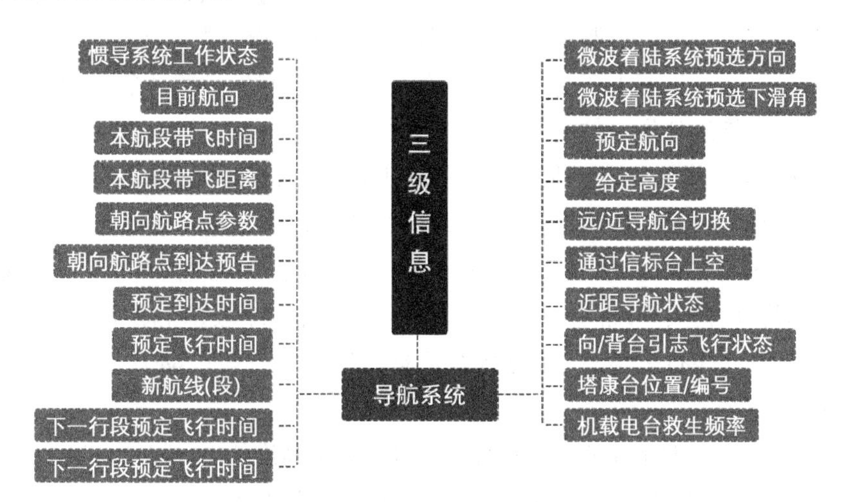

图 5-6 三级通用显示信息(2)

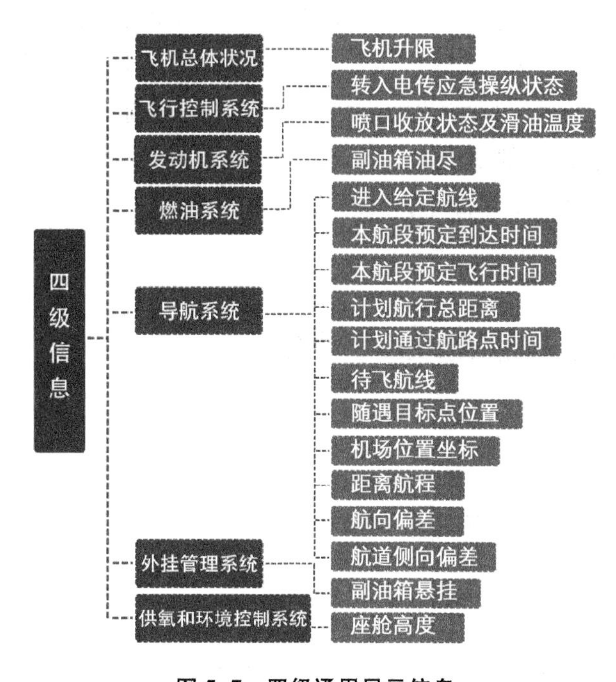

图 5-7 四级通用显示信息

① 起飞状态。战机在起飞时，飞行员需要重点关注航向仪、液压系统和发动机状态信息等。当速度大于 200 km/h 时起飞，判断离地高度，修正俯仰角，在高度 10～15 m 收起落架，高度 100～150 m 收襟翼。

② 巡航状态。根据表 5-1 的统计分析，战机巡航状态中除了显示必要信息外还需显示巡航指令、水平/垂直偏差、侧向偏差、航向信息、性能管理和导航信息等。指令信

息是指巡航目的地坐标、目标航向、预定高度、预定速度等。通过目的地坐标的确定可以显示预计飞行时间和飞行距离等。巡航界面结合不同指令需求选择并呈现合适的导航系统和导航方式。界面中还需显示飞机的航向偏差信息,使得飞行员可以依据偏差值进行调整从而恢复到指令航向。

③ 作战状态。作战状态下尤其是近身缠斗时,飞行员必须能够迅速从复杂的空战态势中发现敌机,并在极端状态下利用合理的视觉搜索策略发现敌机线索,来判断敌机的任务意图并做出有效的决策。一般情况下作战形式有空-空作战、空-地作战和防御性作战等。界面所需要呈现的信息有作战指令、告警信息、地图信息、目标信息(目标方位、距离、标记等)、飞行员信息、机身状态信息、武器系统信息、动力系统信息、作战半径、位置坐标等。

④ 着陆状态。一般在着陆状态中,当战机下降至高度 400～500 m 时,需要正对跑道,飞行员必须固定下滑点,调整下滑速度,减小飞行速度,在通过近距离导航台时速度控制在 350～360 km/h,高度控制在 100～120 m。下滑过程中,需要重点关注飞行速度和高度信息,操控油门杆和操纵杆,当高度为 8～10 m 时柔和拉杆,减小下滑角,并且关注着陆迎角,以使战机两个主轮轻触地面。降落状态显示信息基本与起飞状态一致,区别在于战机着陆时需要对方位坐标有精确显示,明确当前坐标与目的地坐标偏差。

本章后续的实验设计都基于对战机通用显示信息的总结和对典型飞行任务与状态的分析,目的是使实验设计更加科学、实验数据更加有效。

5.3 HMDs 界面信息布局划分

5.3.1 飞行员视觉工效区分析

前文 2.4 章节中已经从视知觉系统、视知觉参数、视知觉特征等角度对飞行员视知觉基础进行了系统分析,本章节基于此将对飞行员视觉工效区进行划分。视角是计算机辅助人机工程视野分析中的重要概念,视角是确定被看物体尺寸范围的两端点光线射入眼球的相交角度,如图 5-8 所示。

视角的大小与观察距离及被看物体上两端点的直线距离有关,可用下式表示:

$$\alpha = 2\arctan \frac{D}{2L} \tag{5.1}$$

其中,α ——视角;

D——被看物体上两端点的直线距离；

L——眼睛到被看物体的距离。

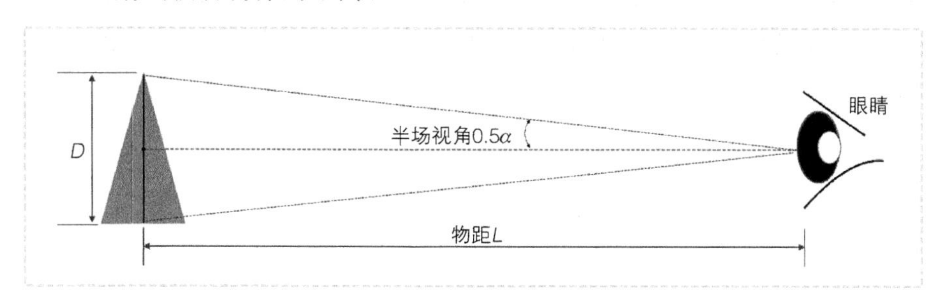

图 5-8 飞行员观察视角示意图

视野是指用户的头部和眼球固定不动的情况下，眼睛观看正前方物体时所能看得见的空间范围，通常用角度来表示。视距是用户在界面交互中正常的观察距离。一般飞行员操作的视距范围在 380～760 mm 之间。视距过远或过近都会影响飞行员认读的速度和准确性，并且观察距离与飞行任务的精确度密切相关，所以应根据具体任务的要求来选择最佳的视距[278]。

目前在军用、商用中比较流行并具有代表性的 HMDs 设备，图像源大多数为 LCD 或 CPT，输出图像为宽高比为 4∶3 的传统 TV 图像，所以水平视场与垂直视场的比值都约为 4∶3(实际比值应为角度的正切的比值)。所以本章后面的实验设计模拟界面长宽比例定为 4∶3。

如前文 2.4.2 中的分析，左右视野区域和参数情况示意图如前文图 2-25、图 2-26 所示。水平方向视区：10°内是最佳视觉区域，是飞行员辨识目标的最清晰有效的区域；30°内是良好视区，飞行员需要集中注意力才可以准确辨识；120°内是最大视区，在 120°边缘附近的目标，飞行员除非高度集中注意力，否则很难辨识。

垂直方向视区：10°内是最佳视觉区域；水平线上 10°和水平线下 30°内是良好区域；水平线上 60°和水平线下 70°内是最大视区。

结合第 2 章 HMDs 系统界面的飞行员视知觉基础研究，由于本章后面的实验材料采用分辨率为 1 280×1 024 像素的显示器，可以推算出当被试眼睛到屏幕距离为 600 mm时，屏幕视角为水平 20°内，垂直 20°内，均属于飞行员正常读取目标信息的范围内。告警内容编码采用英文。参考目前 HMDs 系统技术水平，并且国军标 GJB 1062A—2008 军用视觉显示器人机工程设计通用要求[279]中明确规定了报警信息的颜色为红色、黄色。选取 RGB(255, 0, 0)红色作为告警信息呈现颜色。

5.3.2 HMDs 界面信息布局划分

HMDs 系统由于其特殊性，界面布局必须符合飞行员视觉认知规律。航电系统界面的发展已经使飞行员形成了一定模式的视觉习惯,界面布局也有一定的原则。根据国军标 GJB 4052—2000 机载头盔瞄准/显示系统通用规范[273]中对我国目前头盔显示器显示格式做出的规定,如图 5-9 所示,为头盔瞄准/显示系统笔画法显示画面的基本显示格式。

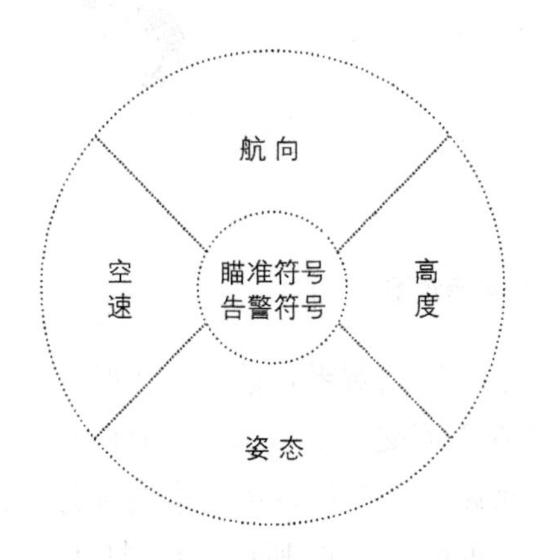

图 5-9　头盔瞄准/显示系统笔画法显示画面的基本显示格式

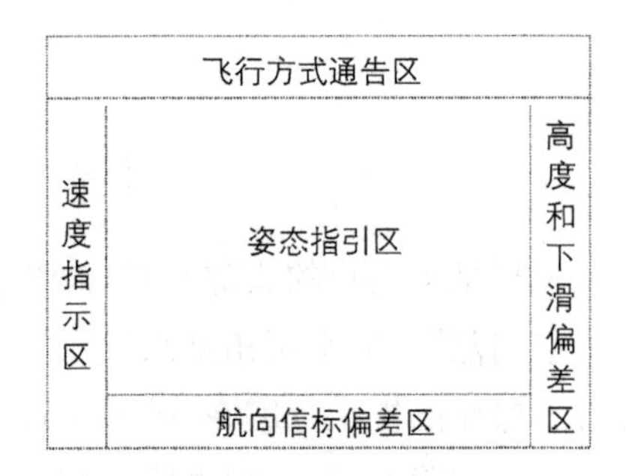

图 5-10　飞机下视显示器主飞行器显示格式

传统航电显示系统的平视显示系统和下视显示系统也有对显示器显示格式的规定。国军标 GJB 301—87 飞机下视显示器字符[175]附录 B 中主飞行器显示格式,如图 5-10所示。

综合国军标 GJB 4052—2000 机载头盔瞄准/显示系统通用规范[273]、国军标 GJB 300—87 飞机平视显示器字符[280]、国军标 GJB 1016—90 机载电光显示系统通用规范[281]、国军标 GJB 301—87 飞机下视显示器字符[175]、国军标 GJB 302—87 飞机电/光

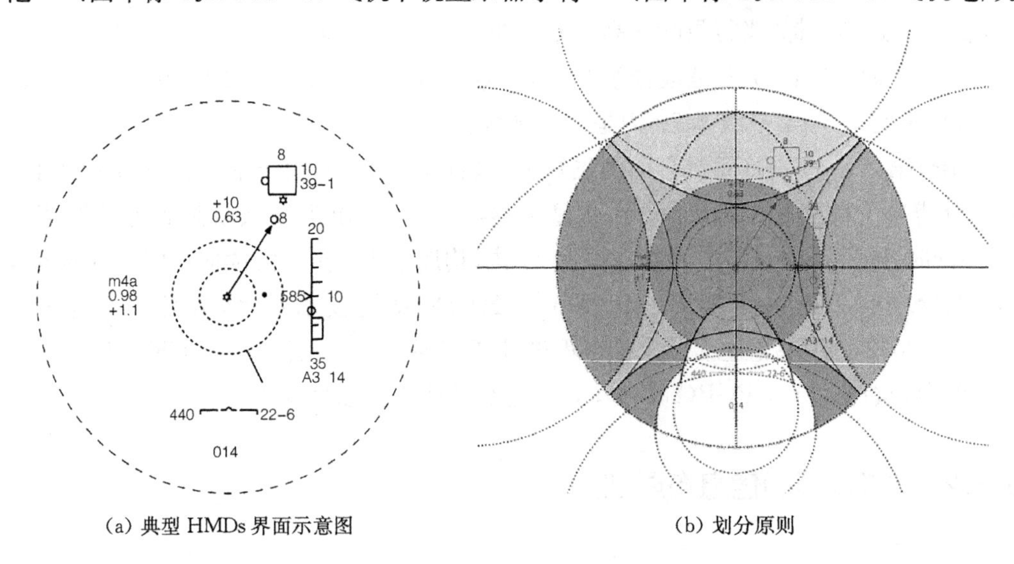

(a) 典型 HMDs 界面示意图　　(b) 划分原则

图 5-11　HMDs 显示界面划分示意图

显示器汉字和用语[282]、国军标 GJB 1062A—2008 军用视觉显示器人机工程设计通用要求[279]、国军标 GJB 2025—94 飞行员夜视成像系统通用规范[283]、航标 HB 7393—96 机载头盔瞄准/显示系统通用规范[284]、美国军标 MIL-STD-1787B Aircraft Display Symbology[49]等标准将 HMDs 界面划分为若干个主要区域。如图 5-11 所示，以中心向外扩展，中间核心区域为瞄准显示区，这部分区域原则上不显示符号、图标，以免遮盖瞄准目标；界面上侧划分为航向指示区域，这部分区域比较直观，飞行员直接观察界面时，就能判断当前航向和目标航向信息；界面左侧划分为速度指示区域；界面右侧划分为高度指示区域；界面下侧划分为姿态指示信息区域。结合本书第 4 章中对图标布局的划分，综合国军标中对布局方面的指导原则，将 HMDs 界面信息布局划分为 5 部分。

其中区域 1 是航向信标偏差区，区域 2 是速度指示区，区域 3 是姿态和指引区，区域 4 是高度指示区，区域 5 是瞄准显示区，界面上边缘和中下部分为白色余留区（飞行方式通告区放置在航向信标偏差区上部，位于整个界面的上边缘，下部留白区域为姿态仪呈现区域，如图 5-12 所示）。

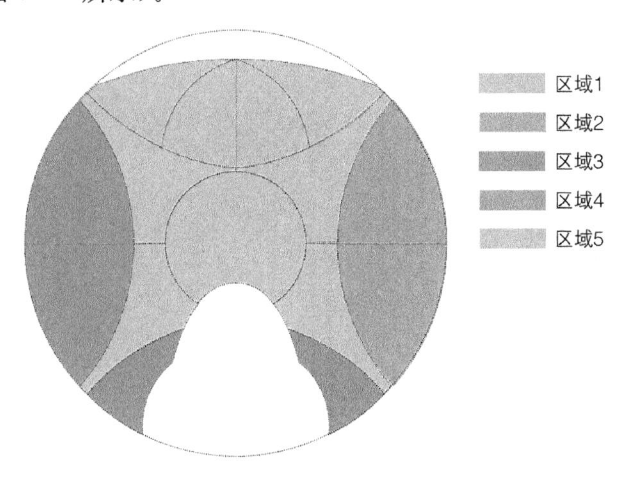

图 5-12 HMDs 界面信息布局划分示意图

5.4 HMDs 界面告警信息显示布局实验研究

5.4.1 实验目的

本实验旨在研究解决 HMDs 界面告警信息提示位置不合理，导致飞行员无法及时采取反应决策的问题，对 HMDs 告警信息呈现区域进行了详细的划分，基于飞行员视觉认知机理，设计行为实验，对被试执行任务的正确率和反应时进行对比分析，统计分析不同区域位置告警信息的优先级，为 HMDs 告警信息布局编码提供实验依据和科学准则。

5.4.2 实验方法

（1）实验材料

实验中各任务阶段 HMDs 增强显示层信息颜色编码为绿色（波长 500～560 nm）[285]。为了降低视觉搜索的干扰，所有刺激均呈现在屏幕中央的圆形范围内，小于一般 HMDs 的 FOV 范围（视角为距视线水平±15°内，垂直±10°内，视距 550～600 mm）。

（2）告警信息呈现区域细分

对 HMDs 界面区域进行划分，划分为区域 A、B、C、D，共计 4 个大区域，划分依据结合本书第 4 章分析，如图 5-13 所示，为了便于实验数据统计分析，进行了编号。

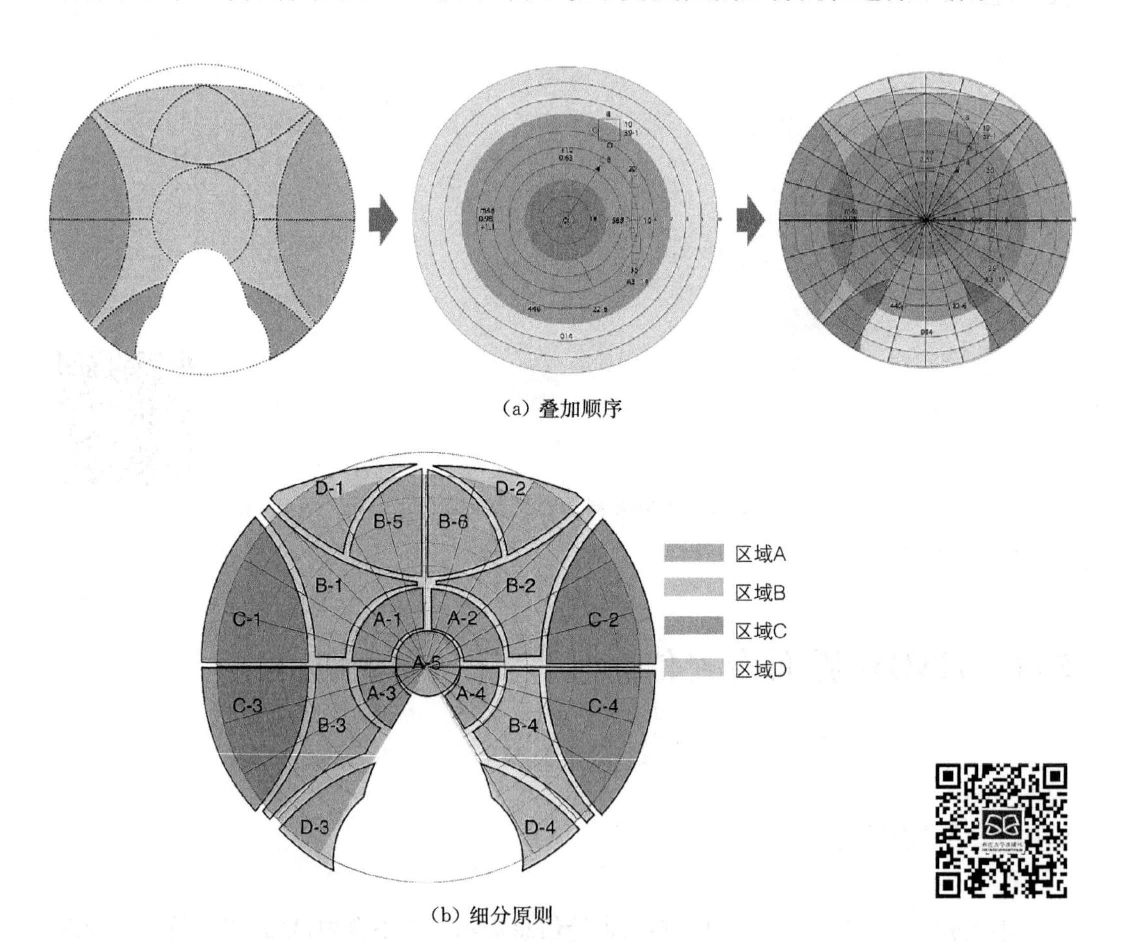

（a）叠加顺序

（b）细分原则

图 5-13　HMDs 告警信息呈现区域细分示意图

结合第 4 章中的布局划分和本章 5.3.2 对 HMDs 告警信息呈现位置的分析，在 4 个大区域中进行细分。其中 A 区域细分为 5 部分，主要是对界面瞄准区域的细分；B 区域细分为 6 部分，主要是针对战机航向提示区域和次中心区域的划分；C 区域细分为 4 部分，划分主要考虑速度仪表和高度仪表的呈现位置；D 区域细分为 4 部分，主要是针对 HMDs 显示的边缘区域和上视野的次中心区域的划分。

5.4.3　实验程序

实验分为 4 组，分别为战机 4 种飞行任务状态模拟，为实验因素一；每种状态有 A、B、C、D 4 个大区域变量，为实验因素二。每组实验中，告警信息在区域变量内随机呈现。为检验各因素内不同水平间有无差异，实验采用析因实验设计。每组实验开始后，给予被试各阶段的观察任务，比如起飞阶段，要求被试不断观察速度、高度、载重等信息，如图 5-14 所示。然后在不定的时间突然呈现告警信息，呈现位置随机，要求被试准确找到告警信息的同时按下反应键，进入检测界面，被试需要对刚才所观察到的告警信息进行匹配判断，正确按 A 键，错误按 L 键。4 组实验，每组 19 个小区域，每个小区域重复 3 次，共计 228 次。通过呈现顺序的随机安排，保持被试的注意力集中。

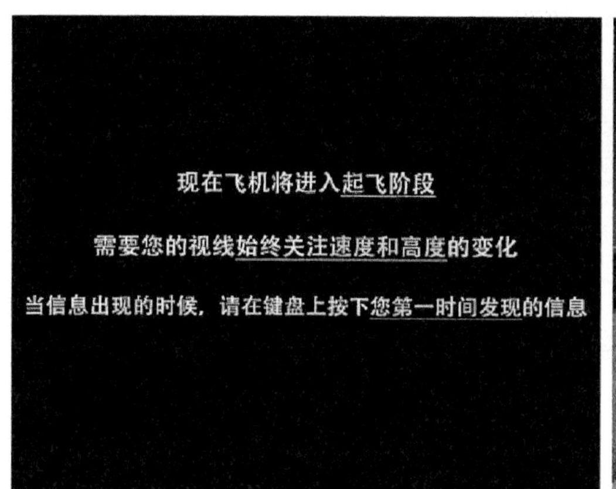

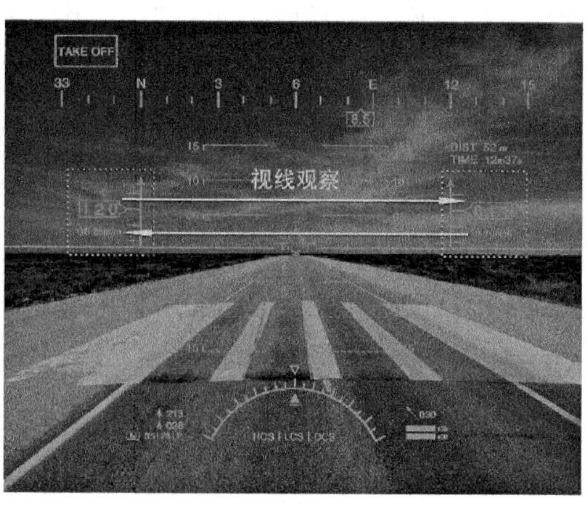

图 5-14　实验任务说明示意图

实验程序采用心理学实验开发软件 E-Prime 进行编写，目标呈现在 17 英寸显示器中央，屏幕分辨率为 1 280×1 024 像素，亮度为 92 cd/m^2。实验室内照明条件正常(40 W 日光灯)；被试与屏幕中心的距离为 550～600 mm。被试为 20 名在校研究生，10 男、10 女，年龄在 22～28 岁，视力或矫正视力正常，无色盲或色弱。实验之前，要求被试在登记表上填写相关信息，包括姓名、性别、年龄、专业、视力等，并使其熟悉实验规则。实验基于战机典型飞行状态和任务，总共分为 4 个部分，分别是战机典型的 4 个飞行阶段，按照飞行顺序依次进行。如图 5-15 所示，每部分实验中，被试阅读完指导语，按键盘任意键开始实验。首先屏幕中央呈现注视点“+”500 ms，然后随机呈现无告警信息界面，被试按照任务要求进行观察。不定时呈现告警信息界面，同时被试做出反应，记录反应时间，延迟 300 ms 后进入匹配判断界面，被试判断后按“A”或者“L”反应，统计正确率。每部分实验完成后有 2 min 的休息时间，每人完成全部实验大约 0.5 h。

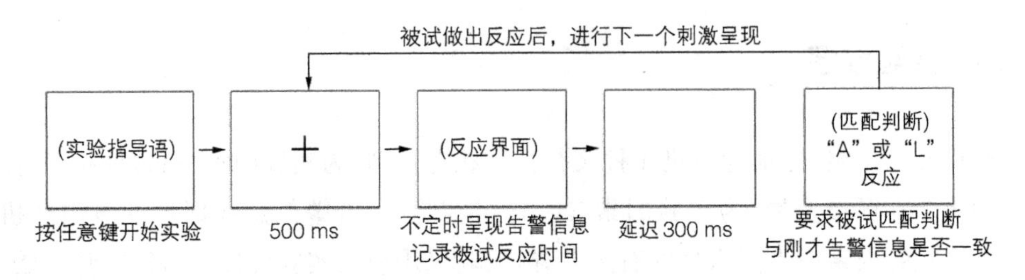

图 5-15　HMDs 界面告警信息布局研究实验流程示意图

5.4.4　实验数据讨论与分析

对被试实验正确率和反应时数据进行统计分析，排除极端数据，被试对不同区域告警信息的正确率和反应时如图 5-16、图 5-17 所示。

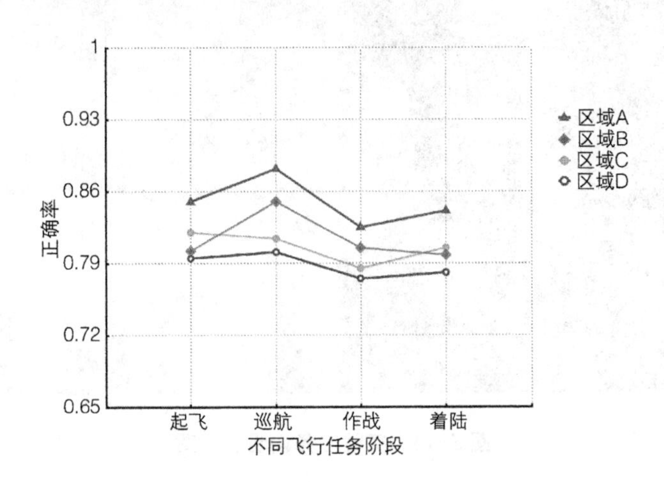

图 5-16　被试正确率统计图

对正确率进行方差分析（F 表示显著性差异水平，P 表示检验水平）表明，告警信息呈现不同区域的主效应（$F=0.722$，$P=0.203>0.05$）不显著。

如图 5-17 所示，对反应时进行方差分析表明，告警信息呈现不同区域的主效应（$F=18.857$，$P=0.001<0.05$）显著。由此可见，在战机 4 个飞行阶段任务下，告警信息不同呈现区域对被试的认知速度有显著性影响；对被试的视觉认知容量和准确性没

有显著性影响。

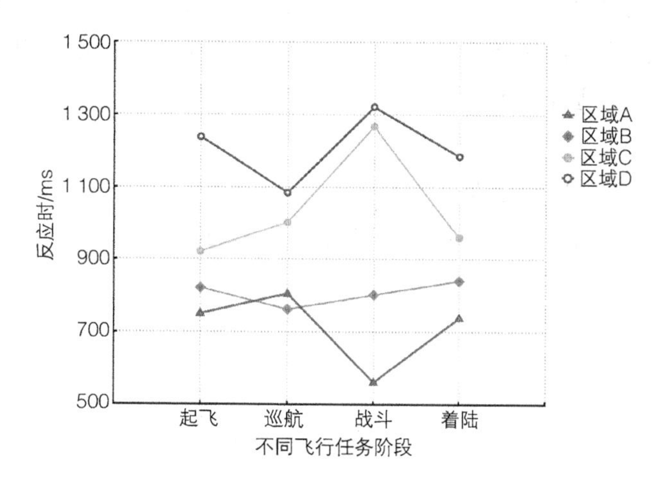

图 5-17　被试反应时统计图

告警信息不同呈现位置主效应对被试反应时间的最小显著差异法的验后多重比较检验分析，结果如表 5-2 所示。

表 5-2　最小显著差异法的验后多重比较检验

评价指标	区域划分		起飞阶段		
	I	*J*	平均误差(*I*-*J*)	标准误差	*P*
反应时	区域 A	区域 B	−46.215	30.275	0.078
		区域 C	−113.317*	30.275	0.007
		区域 D	−135.209*	30.275	0.004
	区域 B	区域 A	46.215	30.275	0.078
		区域 C	−67.102*	30.275	0.031
		区域 D	−88.994*	30.275	0.011
	区域 C	区域 A	113.317*	30.275	0.007
		区域 B	67.102*	30.275	0.031
		区域 D	−21.892	30.275	0.306
	区域 D	区域 A	135.209*	30.275	0.004
		区域 B	88.994*	30.275	0.011
		区域 C	21.892	30.275	0.306

注：*I* 和 *J* 代表 4 种区域中的任意 2 种；“ * ”代表显著性水平、平均误差在 0.05 级别上显著

区域 A 和区域 B 的反应时没有显著性差异；区域 C 和区域 D 的反应时没有显著性差异；区域 A 和区域 C、D 之间有显著性差异；区域 B 和区域 C、D 之间有显著性差异。4 个区域反应时的关系为 D>C>B>A；正确率的关系为 A>C>B>D。因此，在

HMDs 界面告警信息呈现设计中，A 区域更易引起被试的注意，D 区域不易引起被试的反应。但是不同的飞行任务中，飞行员需要关注的 HMDs 界面信息不同，部分区域作为关键区域可能不适宜呈现告警信息，所以将结合具体飞行任务的信息呈现要求进行深入分析。

(1) 起飞阶段实验结果分析

起飞阶段被试正确率和反应时统计如图 5-18 所示。

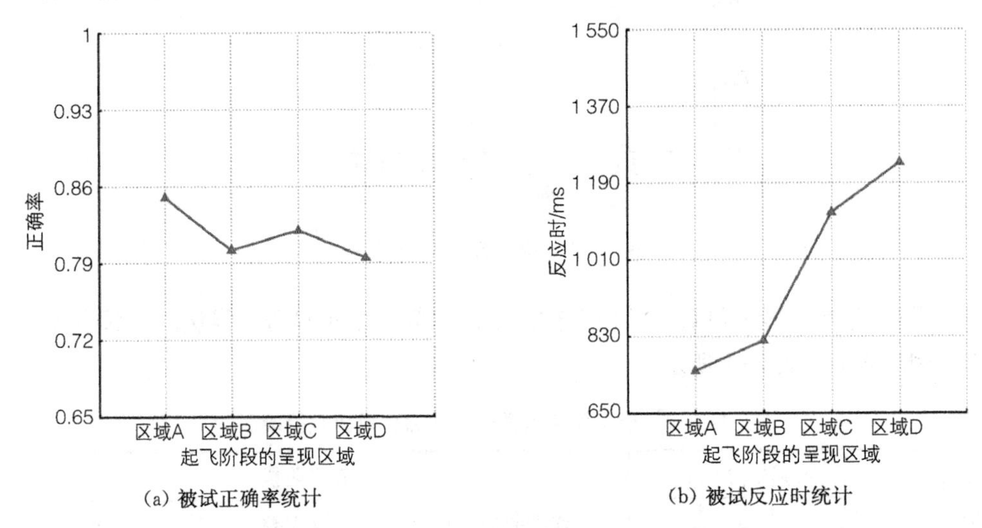

(a) 被试正确率统计 (b) 被试反应时统计

图 5-18 起飞阶段被试正确率和反应时统计图

从图 5-18 可以看出，起飞阶段中 4 个区域正确率的关系为 A＞C＞B＞D；反应时的关系为 D＞C＞B＞A。根据第 5 章 5.2.2 节中的战机通用显示信息分类和典型飞行任务分析，飞行员在战机起飞阶段必须重点观察速度和高度的变化。为保证战机顺利起飞，飞行员需要在规定高度收起落架和襟翼，调整好俯仰角并关注战机载重。所以排除这些必要信息呈现区域，战机在起飞阶段，告警信息可呈现的主要区域如图 5-19 所

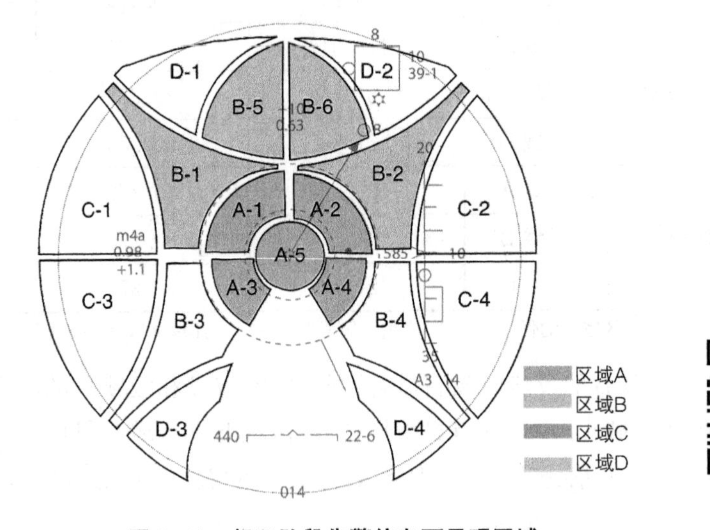

图 5-19 起飞阶段告警信息可呈现区域

示(编号为 A-1、A-2、A-3、A-4、A-5、B-1、B-2、B-5、B-6)。

对该 9 个细分区域被试的反应时进行统计分析,如图 5-20 所示。

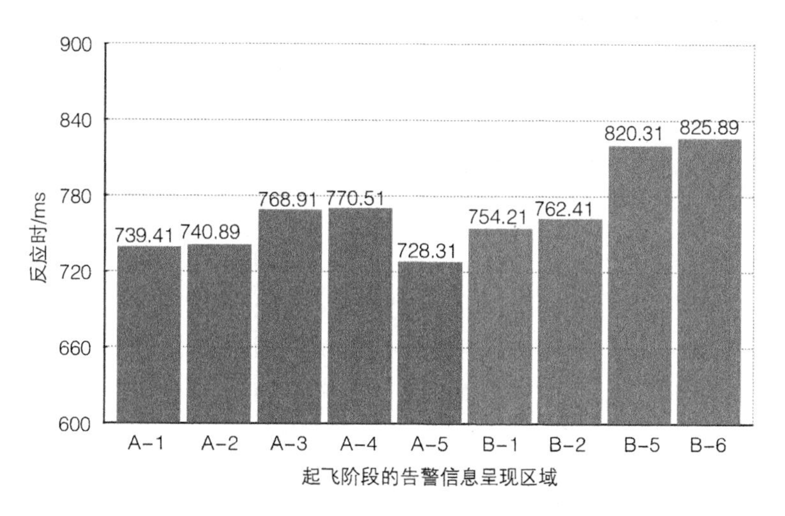

图 5-20 起飞阶段可呈现区域被试反应时分析图

从图 5-20 中的统计分析可以看出,在战机起飞阶段飞行任务中,告警信息在区域 A-5 呈现时,被试反应时最短,在区域 B-6 呈现时反应时最长。从整体来看,被试对在界面中心区域呈现告警信息反应时普遍比较短,说明被试对中心视野区域的视觉认知反应最为敏感,相对来说对上区域视野反应偏弱。在起飞阶段不同位置区域告警信息呈现选择的优先级排序依次为:区域 A-5、区域 A-1、区域 A-2、区域 B-1、区域 B-2、区域 A-3、区域 A-4、区域 B-5、区域 B-6。

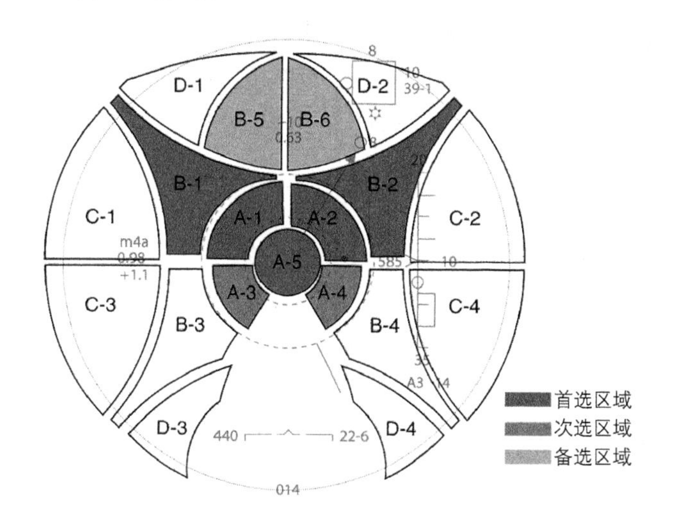

图 5-21 起飞阶段告警信息呈现区域优先级划分示意图

综上,如图 5-21 所示,为起飞阶段被试对不同位置区域信息选择优先级的可视化呈现。首选区域用红色系表示，次选区域用橙色系表示，备选区域用黄色系表示。可以明显发现，在起飞阶段，被试最易发现信息呈现的位置区域倾向于 HMDs 界面中上部。故在进行战机起飞阶段重要告警信息的呈现位置选择上应优先考虑界面中上部分，特别是区域 A-5 处。

（2）巡航阶段实验结果分析

巡航阶段被试正确率和反应时统计如图 5-22 所示。

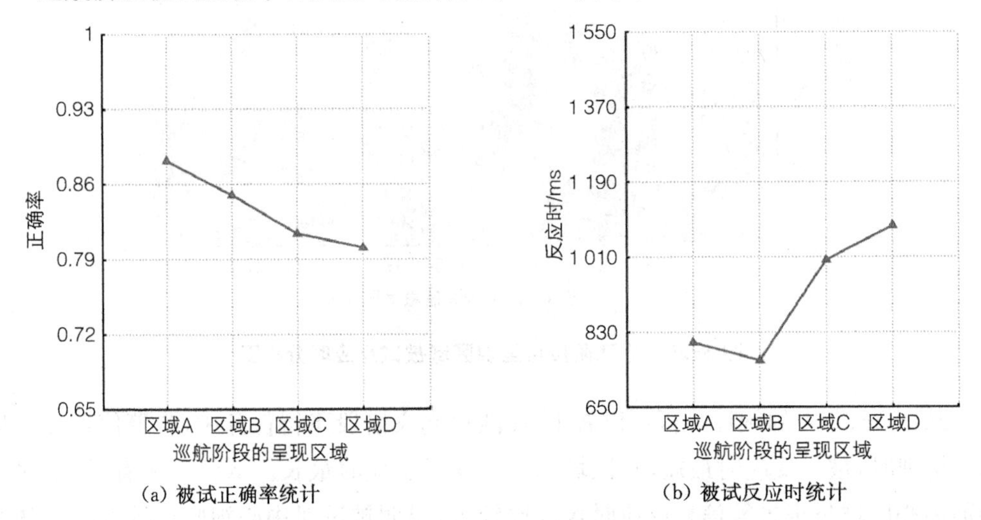

图 5-22　巡航阶段被试正确率和反应时统计图

从图 5-22 可以看出，巡航阶段中 4 个区域正确率的关系为 A>B>C>D；反应时的关系为 D>C>A>B。根据第 5 章 5.2.2 节中的战机通用显示信息分类和典型飞行任务分析，飞行员在巡航阶段除了需要密切关注飞机的飞行速度、高度、姿态之外，还需要根据指定信息对飞机的航向、高度等信息进行调整，以达到规定的巡航目的地位置。所以排除这些必要信息呈现区域，战机在巡航阶段，告警信息可呈现的主要区域如图 5-23 所

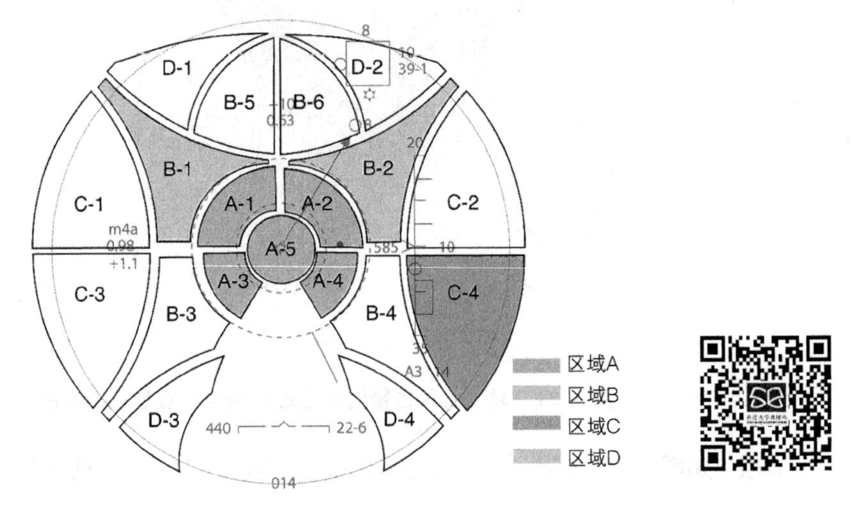

图 5-23　巡航阶段告警信息可呈现区域

示(编号为 A-1、A-2、A-3、A-4、A-5、B-1、B-2、C-4)。

对该 8 个细分区域被试的反应时进行统计分析,如图 5-24 所示。

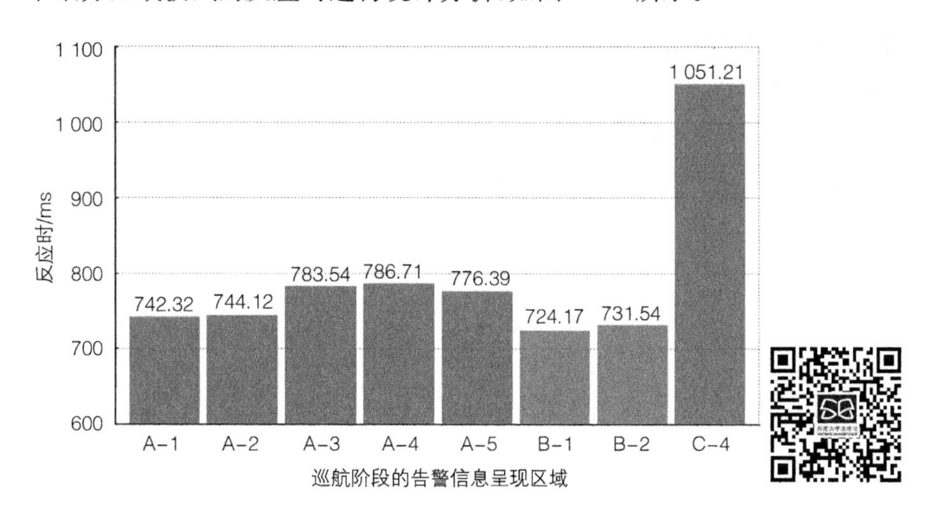

图 5-24 巡航阶段可呈现区域被试反应时分析图

从图 5-24 中的统计分析可以看出,在战机巡航阶段飞行任务中,告警信息在区域 B-1 呈现时,被试反应时最短,在区域 C-4 呈现时反应时最长。从整体来看,被试对在界面中心偏上和中心偏左上区域呈现告警信息反应时普遍比较短,说明被试在该区域的视觉认知反应最为敏感,相对来说对下区域视野反应偏弱。在巡航阶段不同位置区域告警信息呈现选择的优先级排序依次为:区域 B-1、区域 B-2、区域 A-1、区域 A-2、区域 A-5、区域 A-3、区域 A-4、区域 C-4。

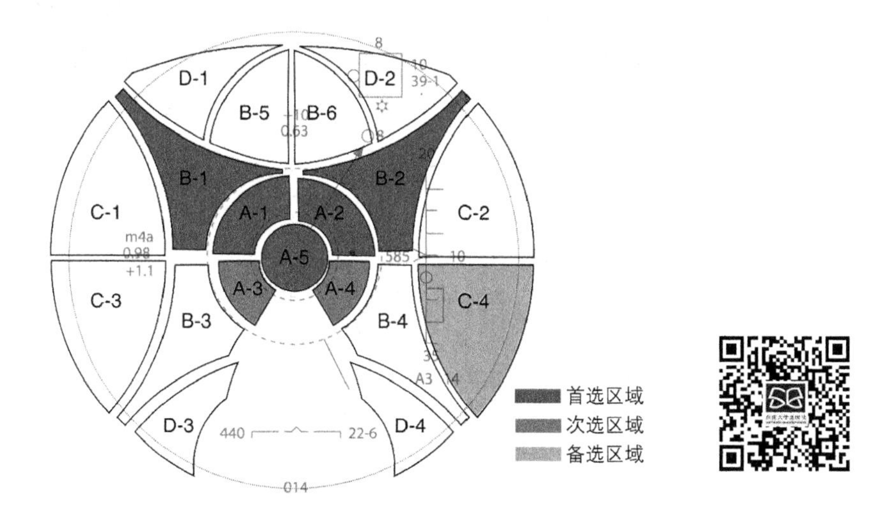

图 5-25 巡航阶段告警信息呈现区域优先级划分示意图

综上,如图 5-25 所示,为巡航阶段被试对不同位置区域信息选择优先级的可视化呈现。首选区域用红色系表示,次选区域用橙色系表示,备选区域用黄色系表示。可以明显发现,在巡航阶段,被试最易发现信息呈现的位置区域倾向于 HMDs 界面左上部。故在进行战机巡航阶段重要告警信息的呈现位置选择上应优先考虑界面左上部分,特别是区域 B-1 处。

(3) 作战阶段实验结果分析

作战阶段被试正确率和反应时统计如图 5-26 所示。

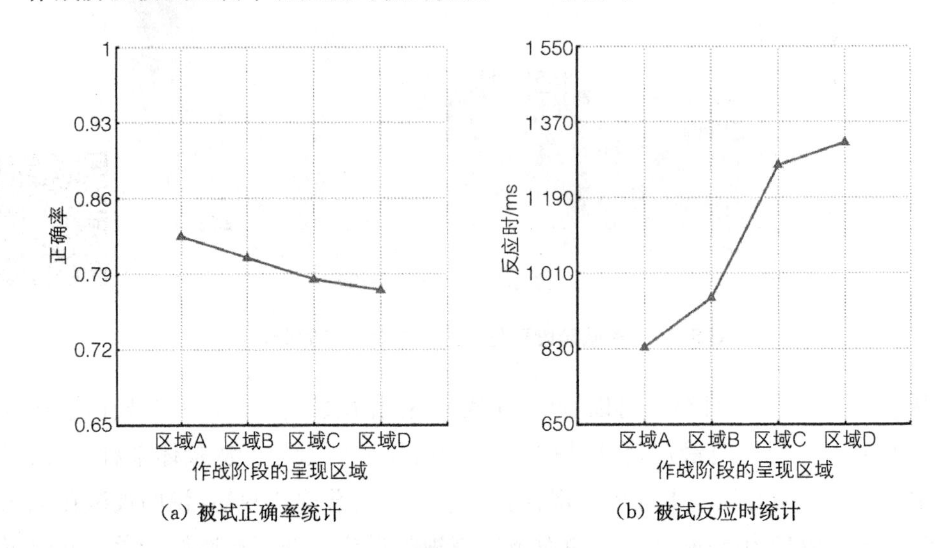

(a) 被试正确率统计　　(b) 被试反应时统计

图 5-26　作战阶段被试正确率和反应时统计图

从图 5-26 可以看出,作战阶段中 4 个区域正确率的关系为 A>B>C>D;反应时的关系为 D>C>B>A。根据第 5 章 5.2.2 节中的战机通用显示信息分类和典型飞行任务分析,对于作战状态的 HMDs 界面,相比较于其他飞行阶段略显不同。因为在作战阶段,如何尽早发现敌机并准确预判其行动意图,最终将其击毁是飞行员的主要任务。

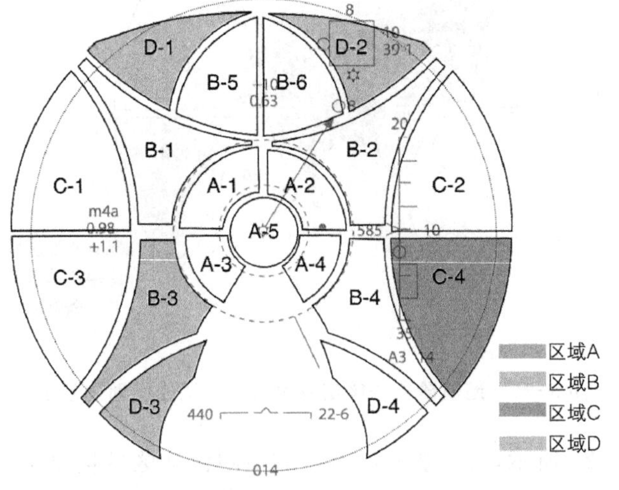

图 5-27　作战阶段告警信息可呈现区域

所以在该阶段HMDs界面的主要信息显示包括作战指令、武器状态、目标信息以及本机信息，但飞行速度、高度、飞机姿态仍属于基本参数，需要飞行员实时掌控。所以排除这些必要信息呈现区域，战机在作战阶段，告警信息可呈现的主要区域如图5-27所示（编号为B-3、C-4、D-1、D-2、D-3）。

对该5个细分区域被试的反应时进行统计分析，如图5-28所示。

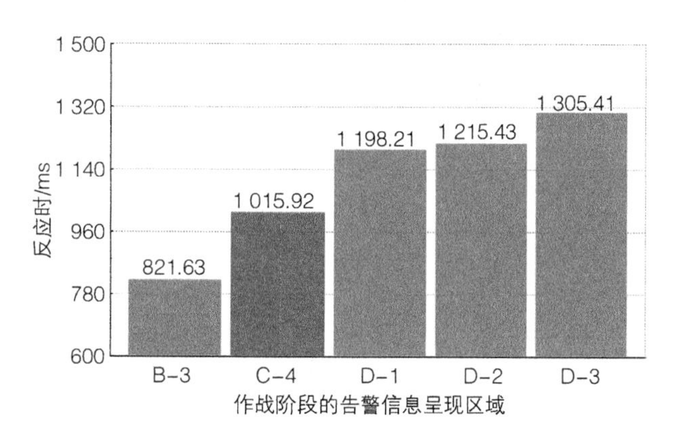

图5-28　作战阶段可呈现区域被试反应时分析图

从图5-28中的统计分析可以看出，在战机作战阶段飞行任务中，告警信息在区域B-3呈现时，被试反应时最短，在区域D-3呈现时反应时最长。从整体来看，被试对在界面中心偏左和中心偏左下区域呈现告警信息反应时普遍比较短，说明被试在该区域的视觉认知反应最为敏感，相对来说对边缘区域视野反应偏弱。在作战阶段不同位置区域告警信息呈现选择的优先级排序依次为：区域B-3、区域C-4、区域D-1、区域D-2、区域D-3（其余位置区域建议不予以考虑）。

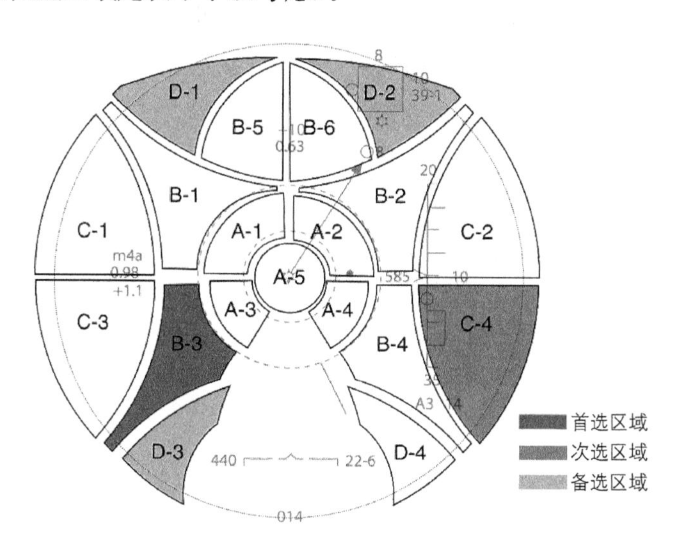

图5-29　作战阶段告警信息呈现区域优先级划分示意图

综上，如图 5-29 所示，为作战阶段被试对不同位置区域信息选择优先级的可视化呈现。首选区域用红色系表示，次选区域用橙色系表示，备选区域用黄色系表示。可以明显发现，在作战阶段，考虑到飞行员需要瞄准和观察武器信息，被试最易发现信息呈现的位置区域倾向于 HMDs 界面左下部。故在进行战机作战阶段重要告警信息的呈现位置选择上应优先考虑界面中下部分，特别是区域 B-3 处。

(4) 着陆阶段实验结果分析

着陆阶段被试正确率和反应时统计如图 5-30 所示。

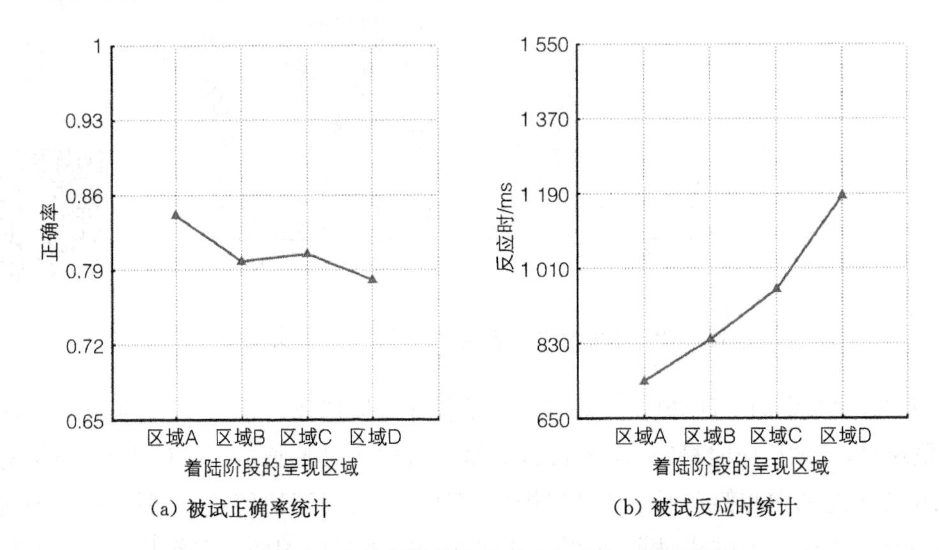

(a) 被试正确率统计　　(b) 被试反应时统计

图 5-30　着陆阶段被试正确率和反应时统计图

从图 5-30 可以看出，着陆阶段中 4 个区域正确率的关系为 A>C>B>D；反应时的关系为 D>C>B>A。根据第 5 章 5.2.2 节中的战机通用显示信息分类和典型飞行任务分析，在着陆阶段，飞行员的主要任务就是在规定时间内安全着陆，此阶段必要的

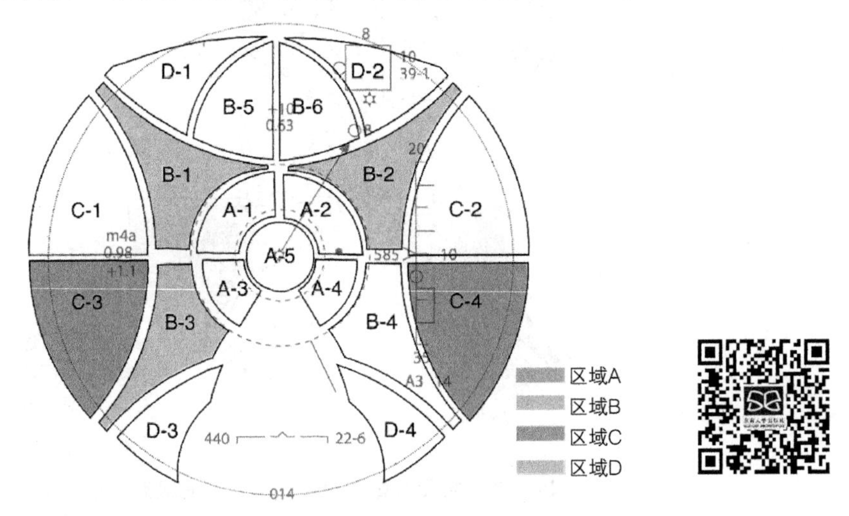

图 5-31　着陆阶段告警信息可呈现区域

显示信息除了飞行速度、高度和飞机姿态之外，还需要显示跑道基准。根据中华人民共和国国家军用标准 GJB 300—87 飞机平视显示器字符[280] 5.4.26 中规定跑道基准用于进场着陆工作方式，在使用仪表着陆系统时显示，表示跑道的瞄准点和接地点。符号的长度、宽度和角度与实际跑道形成对应的透视关系。所以排除这些必要信息呈现区域，战机在着陆阶段，告警信息可呈现的主要区域如图 5-31 所示（编号为 B-1、B-2、B-3、C-3、C-4）。

对该 5 个细分区域被试的反应时进行统计分析，如图 5-32 所示。

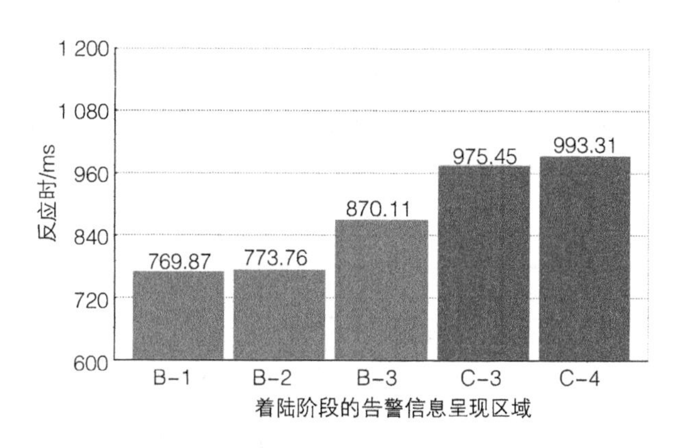

图 5-32　着陆阶段可呈现区域被试反应时分析图

从图 5-32 中的统计分析可以看出，在战机着陆阶段飞行任务中，告警信息在区域 B-1 呈现时，被试反应时最短，在区域 C-4 呈现时反应时最长。从整体来看，被试对在界面中心偏左和中心偏上区域呈现告警信息反应时普遍比较短，说明被试在该区域的视觉认知反应最为敏感，相对来说对左右边缘区域视野反应偏弱。在着陆阶段不同位置区域告警信息呈现选择的优先级排序依次为：区域 B-1、区域 B-2、区域 B-3、区域 C-3、区域 C-4(其余位置区域建议不予以考虑)。

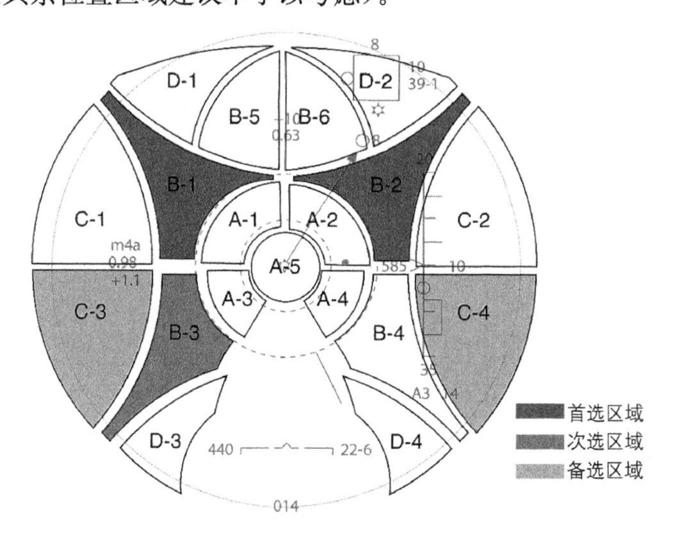

图 5-33　着陆阶段告警信息呈现区域优先级划分示意图

综上，如图 5-33 所示，为着陆阶段被试对不同位置区域信息选择优先级的可视化呈现。首选区域用红色系表示，次选区域用橙色系表示，备选区域用黄色系表示。可以明显发现，在着陆阶段，被试最易发现信息呈现的位置区域倾向于 HMDs 界面左上部。故在进行战机着陆阶段重要告警信息的呈现位置选择上应优先考虑界面左上部分，特别是区域 B-1 处。

5.4.5 实验结论

通过对战机 4 个阶段实验数据统计分析，总结了具体细分区域的视知觉优先级排序，并且结合了不同飞行阶段信息呈现需求讨论，归纳了告警信息在起飞、巡航、作战、着陆 4 个阶段呈现的首选区域、次选区域和备选区域。实验结论如表 5-3 所示。

表 5-3 实验结论统计表

<table>
<tr><th>飞行阶段</th><th>优先级</th><th>呈现区域</th><th>讨论备注</th></tr>
<tr><td rowspan="3">起飞阶段</td><td>首选</td><td>A-5、A-1、A-2、B-1、B-2</td><td rowspan="3">起飞阶段需要重点关注载重、速度、姿态、跑道状态等，所以部分区域虽然反应时很短，仍不能呈现告警信息，防止影响飞行员观察 HMDs 信息</td></tr>
<tr><td>次选</td><td>A-3、A-4</td></tr>
<tr><td>备选</td><td>B-5、B-6</td></tr>
<tr><td rowspan="3">巡航阶段</td><td>首选</td><td>A-5、A-1、A-2、B-1、B-2</td><td rowspan="3">巡航阶段需要重点观察航向的相关信息以及速度、高度情况，所以 C-1、C-2、B-5、B-6 虽然被试反应时很短，仍不能呈现告警信息，防止影响飞行员观察 HMDs 信息</td></tr>
<tr><td>次选</td><td>A-3、A-4</td></tr>
<tr><td>备选</td><td>C-4</td></tr>
<tr><td rowspan="3">作战阶段</td><td>首选</td><td>B-3</td><td rowspan="3">作战阶段飞行员的注视核心在瞄准区域，也需要观察姿态信息，所以 A 区域虽然被试反应时很短，仍不宜呈现告警信息</td></tr>
<tr><td>次选</td><td>C-4</td></tr>
<tr><td>备选</td><td>D-1、D-2、D-3</td></tr>
<tr><td rowspan="3">着陆阶段</td><td>首选</td><td>B-1、B-2</td><td rowspan="3">着陆阶段飞行员需要重点观察跑道和导航信息，以及速度、高度状态等，所以 A 区域和 C-1、C-2 虽然反应时不长，仍不宜呈现告警信息</td></tr>
<tr><td>次选</td><td>B-3</td></tr>
<tr><td>备选</td><td>C-3、C-4</td></tr>
</table>

本章小结

(1) 本章首先对战机通用显示信息进行了分类讨论，总结了航电系统信息呈现的优先级，并对起飞、巡航、作战、着陆等典型飞行任务阶段的信息呈现需求进行了总结。

(2) 根据国军标中对HMDs设备的显示区域划分的要求，结合本书第2章中从视知觉系统、视知觉参数、视知觉特征等角度的飞行员视知觉基础的分析，对飞行员视觉工效区进行划分。

(3) 结合典型HMDs界面，针对实验需求，将HMDs界面信息布局划分为4个大区域和19个细分区域。最后，通过基于飞行任务和视知觉认知的研究基础，结合HMDs信息布局区域的划分，开展HMDs界面告警信息布局实验研究。并详细分析了实验数据，总结出了战机起飞阶段、巡航阶段、作战阶段和着陆阶段告警信息呈现的首选区域、次选区域和备选区域，为HMDs界面信息布局编码提供实验研究基础。

第 6 章

基于认知的 HMDs 界面色彩编码研究

6.1 引言

本章主要针对 HMDs 界面色彩编码问题开展实验研究。首先梳理通用界面色彩设计理论方法，主要从色彩的色相、明度、纯度三方面对用户视觉认知的影响角度，研究相互之间的认知关系。然后结合前面章节对航电系统发展趋势的分析和未来 HMDs 界面应用情境的展望，列举在 HMDs 界面信息色彩编码方面的要求、特点、限制和规则。进而根据战机在飞行任务中所处的环境照片进行色彩提取，开展 HMDs 界面视敏度测量级数实验和 HMDs 界面色彩编码和显示元素辨识度实验研究。统计分析实验数据，探讨并总结，为全天候型 HMDs 和夜视型 HMDs 界面信息色彩编码提供实验依据。

6.2 HMDs 界面色彩编码研究基础

6.2.1 界面色彩设计理论基础

6.2.1.1 色彩属性与认知之间的关系研究

(1) 色相与认知关系研究

可见光谱中，用户可以感受到红、橙、黄、绿、蓝、紫等颜色不同的特点，给彼此区分开来的色彩命名，用户对任一色彩有固定的色彩感觉，称为色相[286]。色相可以看作是色彩的外表肌肤，是区别色彩的主要依据。光的波长决定了色彩，色相指的是不同波长的色彩，红色的波长最长，而紫色的波长最短。在色彩体系中，通常用色相环来表示色相，目前普遍采用的色相环有十二环。十二环由12种基本色彩构成，最先包括红、绿、蓝三原色。原色混合产生了二次色，二次色混合产生了三次色。原色可以混合产生别的色彩，但是原色不能由其他色彩混合而成，三原色在色环中的位置两两互相相差120°，如图6-1所示。

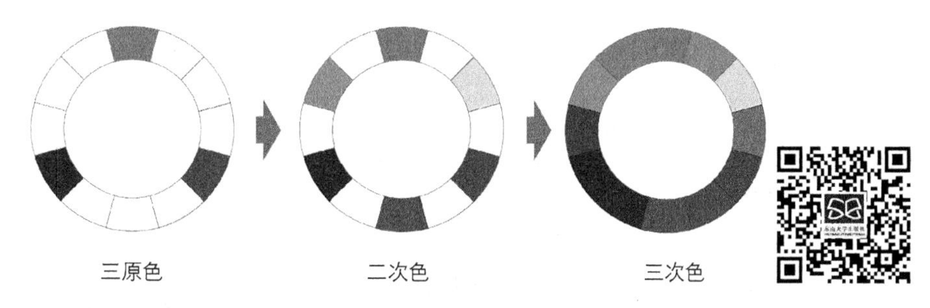

图6-1　色相环示意图

色相环中相隔180°的两个颜色叫做互补色。互补色相组合，对比最强，使用户产生刺激性和不安定性。在色相环上相隔15°的两个颜色叫做类比色，类比色拥有共同的色彩，是低对比度的色彩，色相感单纯、柔和、统一，趋于调和，可以使用户心平气和、赏心悦目。色相环中相隔60°的两个颜色叫做邻近色[286]。邻近色组合，色相感统一、谐调、单纯、雅致、柔和。在实际的界面设计中，设计师对色相的把握关系到整个系统界面的使用效率，科学合理的色彩编码手段一直是提高用户认知绩效的研究核心。

波长不一样的光颜色会刺激人的视觉生理器官，视神经将光刺激传入大脑，思维根据以前的记忆及经历会产生心理联想，最终的联想就属于色彩心理反应[285,286]。心理学家研究发现，色彩在对人的心理产生影响的同时也会对生理有所影响，进而影响工作效率。在应用心理学方面，很多专家学者已经展开了色彩编码与工业生产的绩效研究。如表6-1所示。

表6-1　色彩编码规则在一般工业生产中的应用

色彩	心理联想		对用户的影响	工业生产意义
	积极	消极		
红	兴奋、活泼、积极	暴躁、头晕	易使用户疲劳、工作效率降低	运行失常、错误、危险、故障、失效、禁止
橙	华丽、跃动、炽热	疑惑、嫉妒、伪诈	使用户产生活力，利于恢复、保持健康	警戒色
黄	轻快、光明、希望	轻薄、不稳定、冷淡	加强逻辑思维	安全色、临界状态、提示注意、重新检查、危险警告

（续表）

色彩	心理联想		对用户的影响	工业生产意义
	积极	消极		
绿	和平、安详、清爽	幻想	提高用户视觉舒适性、利于集中思考、提高工作效率、消除疲劳	启动、运转良好、电源接通、允许、许可
蓝	沉静、冷淡、理智	刻板、冷漠、悲哀、恐惧	消除紧张情绪，使用户感到优雅宁静	科技、互联网、品质
紫	神秘、高贵、庄重	孤寂、消极、不祥、腐朽、死亡	使用户感到幽静	放射性、腐蚀性气体液体
黑	严肃、沉静、神秘	悲哀、恐怖、不祥、沉默、消亡、罪恶	小面积使用效果良好，大面积使用易产生压抑、阴沉、恐怖	现代产品用色、科技用色
白	洁净、光明、纯真	单调、空虚、缺乏力量、虚弱	单调轻薄、平淡无味	修饰用色

（2）明度与认知关系研究

明度即为亮度，是指色彩的明暗程度，明度可以用灰度测试卡测量。在灰度测试卡上，0 代表黑色，10 代表白色，在 0～10 之间平均分为 9 等份，代表不同明暗的灰色。临近白色一端的是明度高的色彩，临近黑色一端的是明度低的色彩，中间的灰色属于明度中等的色彩。色彩中加黑明度变低，且加入黑色越多明度越低直到这种色彩变为黑色。色彩中加白明度变高，且加入白色越多明度越高。灰度测试卡把黑色与白色之间的灰色分为 9 个等级，把距离黑色轴最近的 3 级色彩叫做低明度色；4 级至 6 级的色彩称为中明度色；7 级至白色轴的色彩称为高明度色，如图 6-2 所示。

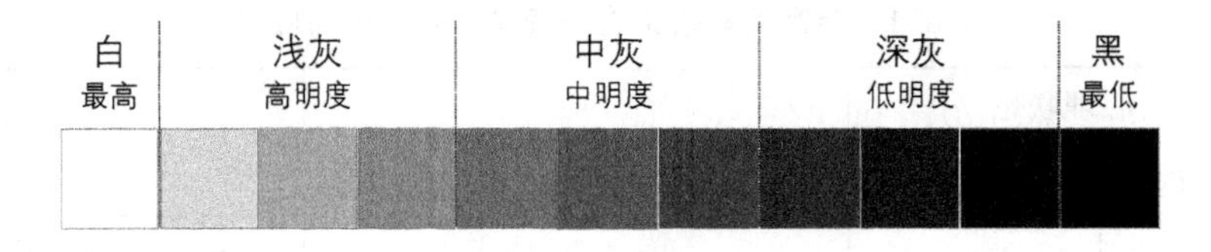

图 6-2　色彩明度变化示意图

明度可以看作是色彩的内部骨骼，它撑起了色彩结构。相比色相和纯度，明度可以独立存在，也就是说即使没有色相，明度也可以通过无彩色呈现出来。自然界中的任何色彩都具有明度，无彩色提高明度和降低明度的方法同样适用于有彩色，即加黑降低明度，加白提高明度，如图 6-3 所示。

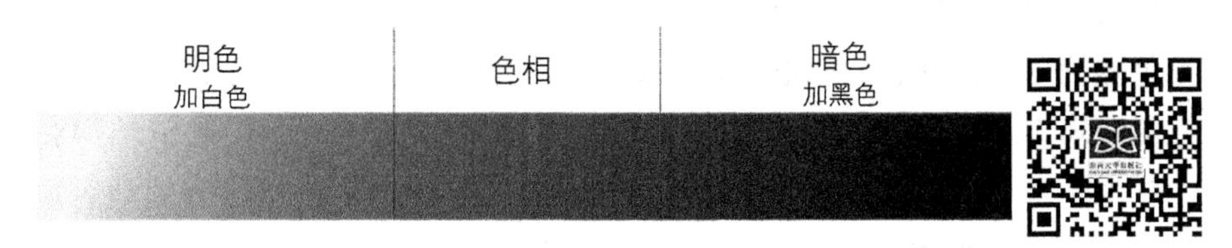

图 6-3　红色明度变化示意图

色彩明度在界面设计中容易引起用户的情感变化，明度低的色彩枯燥、乏味、沉重、低调朴素，容易给用户造成孤独感；明度中等的色彩温和、稳定、丰富，容易使用户感受到稳定；明度高的色彩明亮、活泼、柔和，易使用户产生轻盈、优雅的感觉。在界面设计中恰当使用，可以显著提高用户对界面的熟悉度。

(3) 纯度与认知关系研究

纯度是指色彩的鲜艳度，又称彩度或者饱和度。无彩色的彩度值为 0，没有色相即纯度为零。有彩色的纯度高低是根据含灰色多少来计量的，如果有彩色与白色不断混合，色彩纯度不断变低，色彩明度不断变高；如果有彩色不断混合黑色，色彩纯度就会越来越低，色彩明度越来越低，如图 6-4 所示。

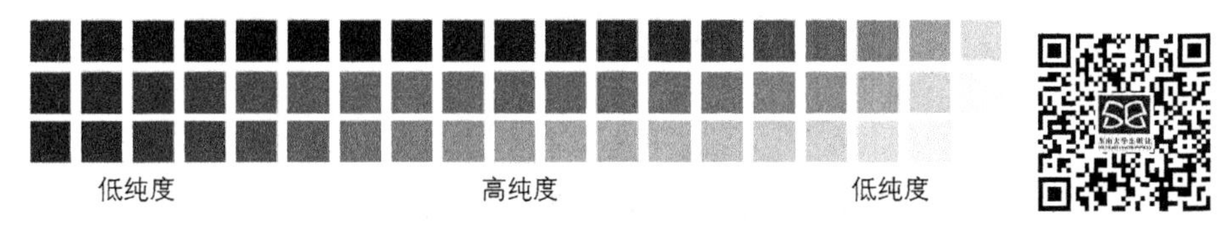

图 6-4　有彩色纯度变化示意图

界面设计中涉及纯度的编码方法有 4 种：① 混合白色，在纯色中加入白色可以使其纯度变低，明度变高，色调变冷。各种混合白色以后的色彩会偏色，色彩感觉轻柔和明亮。② 混合黑色，在纯色中加入黑色可以使其纯度变低，明度也变低，色调变暖。各种混合黑色以后的色彩会失去光泽，色彩感觉稳定和平静。③ 混合灰色，在纯色中加入灰色会使其颜色变得纯朴和柔和。④ 混合互补色，在纯色中加入互补色就等于混合灰色，可以降低色彩纯度，因为比例不同的互补色混合会产生各种系列的灰色[287]。纯度比较高的颜色比较明亮、鲜艳、有力、生动，对用户的视觉冲击力强，容易引起视觉注意，但是长久的注视容易使用户视觉疲劳以及心理疲倦，增加用户的认知负荷。而纯度比较低的颜色比较低沉、含蓄、无力，对用户的视觉冲击力弱，适合长久的注视，但是不太能够引起用户的视觉注意。所以在具体的界面设计中，科学运用色彩纯度编码可以更有针对性地引起用户视觉注意。

6.2.1.2　航电系统中的色彩编码

在传统航电系统界面设计中，色彩是最基本的要素之一。色彩编码主要有两方面作用。一方面在复杂的航电系统界面中凸显重点信息，引导飞行员迅速锁定目标，提高系统使用效率;另一方面用户对不同的色彩有不同的心理感受和体验,红色、黄色、绿色等色彩的使用在现有的航电系统界面中有相关的标准要求。在航电系统界面设计中,色彩编码方式除了简单的色彩分类使用,它还可以表达信息的逻辑结构和子系统。运用色彩便可对界面信息架构进行功能、层级的整合和归类,可以有效地表达信息元间的异类性和相似性,方便飞行员获取界面信息、理解和学习航电界面。

航电系统界面发展趋势是系统化、复杂化、一体化,HMDs将是未来战机人机交互的代表性界面,随着战争方式的转变、武器性能的革命性进步,大数据背景下的战场信息态势也具有多维、动态、复杂等特征。色相、明度、纯度以及对比度可以作为色彩编码的多个特征使用,用于表达信息不同维度的属性,提高飞行员的信息理解、辨识效率。如图6-5所示,为新一代监控界面信息联络网结点设计,运用科学的色彩编码,大幅提高监控界面的使用效率。

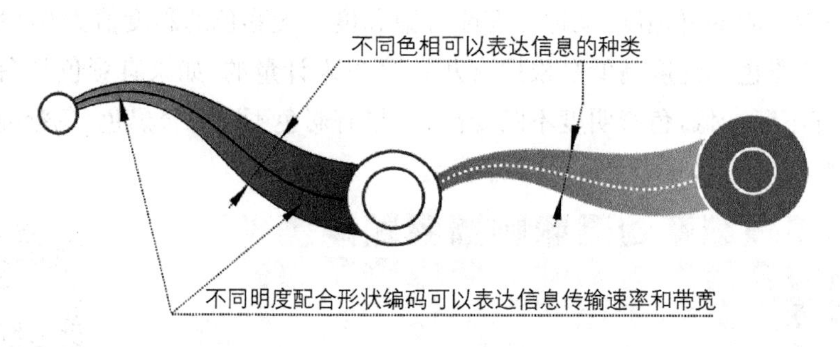

图6-5 监控界面中信息结点编码设计

在HMDs界面设计中,为了强调和凸显重要信息,采用增强该信息色彩的亮度来吸引飞行员注意,用户可以感受到刺激的强度,快速搜索和定位到该信息区域。同样,色彩编码与图标字符的大小、形状、布局等编码方法协调使用,可以显著提高飞行员信息搜索绩效和界面信息认知程度。

6.2.2 HMDs界面色彩元素分析与编码

6.2.2.1 用户对不同色彩的认知特性研究

用户的视觉曲线会跟随光亮度的波长进行变化。如本书第2章中图2-30所示,图中左侧曲线实验环境为0.001 nit亮度,是暗视觉曲线;右侧曲线实验环境为5 nit亮度,是明视觉曲线。从图中可以看出,明视觉曲线中,用户对波长为555 nm的绿色感受光敏程度最高;暗视觉曲线中,用户对波长为507 nm的蓝绿色感受光敏程度最高。

影响HMDs界面色彩设计的因素主要有背景色因素和增强显示层的字符、图标、符号等色彩因素。目前国内外HMDs界面色彩编码主要采用单色或者双色，部分概念类产品已经在探索全彩色显示。单色显示模式显然已经很难跟上空战形式的转变和信息化武器的进步速度，这种HMDs界面态势感知能力较低，不能给予飞行员足够的目标视觉提示，也不利于区分正常、告警、异常等各种信息状态；全彩色显示是未来的发展趋势，不同色彩编码手段可以给予飞行员足够的显示增强支持，但是色彩编码如果运用得过于复杂，长时间使用容易引起飞行员视觉疲劳，而且界面色彩过多，会干扰飞行员的目标搜索，进而降低系统使用效率。所以双色或者色彩种类不多的模式最适宜目前战场使用，不仅视场简洁明了，而且能够采用色彩编码引导飞行员注意力，区分不同目标，提高飞行员态势感知能力，迅速做出决策。

一般情况下，通用界面的色彩使用不宜超过5种，航电系统常用的是绿、红、黄、橙黄、白色等，一般在黑色背景下不选用蓝色，因为蓝色的视锐度比较低。白色和黄色具有较高的辨识度，而绿色在长时间使用时，舒适度最佳。所以在航电系统国军标中，绿色作为主要的符号、字符编码色，它可以提高用户的听觉感受性和视觉舒适性，有利于飞行员精神集中，对信息快速做出预判，降低飞行员作业压力，缓解疲劳，保障飞行安全。

HMDs系统界面是透视型显示界面，外界环境的背景色是影响飞行员认知可靠性和舒适性的关键因素之一。所以HMDs界面色彩编码需要考虑飞行员对多种色彩组合的认知特性。如表6-2所示，为不同色彩组合的易见度顺序。

表6-2 不同色彩组合的易见度顺序

背景色	目标色优先选择顺序
黑	白＞黄＞橙黄＞橙＞红＞绿＞蓝
白	黑＞红＞紫＞紫红＞蓝＞绿＞黄
蓝	白＞黄＞橙黄＞橙＞红＞黑＞绿
黄	黑＞红＞蓝＞蓝紫＞黄绿＞绿＞白
绿	白＞黄＞红＞黑＞橙黄＞蓝＞紫
紫	白＞黄＞橙黄＞橙＞绿＞蓝＞黑＞红
灰	黄＞黄绿＞橙＞紫＞蓝＞黑

所以本章节的研究重点是在确定目标色色相的前提下，探索不同纯度和明度的绿色在背景组合时，被试的辨识准确性和反应时间。避免使用明度或纯度过高的醒目色和荧光色，因为醒目色和荧光色对人眼刺激较大，易引起视觉疲劳，明度或纯度高的醒目色只适合作为告警等特殊信息，引起飞行员警觉；而且避免使用易受背景色干扰的色彩。

从6.2.1.1的色相与认知的分析可知，通用显示器上字符的色彩应该避免使用可见光谱两端(波长小于 475 nm 和波长大于 650 nm)的色彩,如图 6-6 所示,右上角分出的灰色扇区色彩不宜采用。

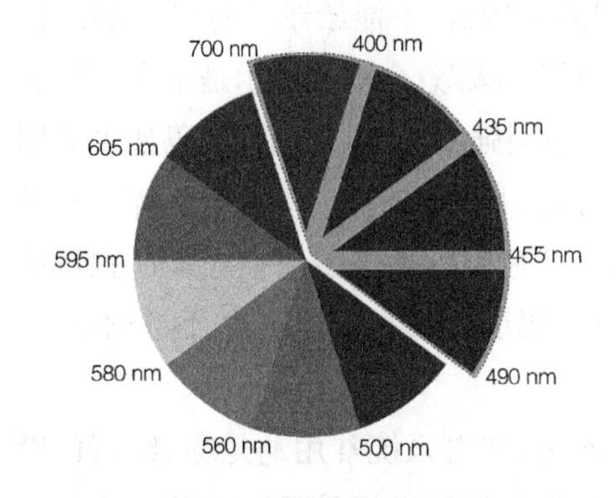

图 6-6　通用显示器字符编码色彩示意图

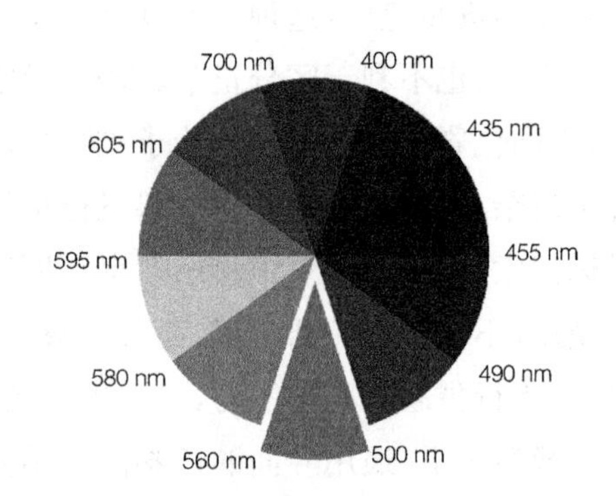

图 6-7　HMDs 相关国军标中规定的色彩波长示意图

国军标 GJB 4052—2000 机载头盔瞄准/显示系统通用规范[273]中规定,增强显示层符号色彩建议选用波长为 500～560 nm 的绿色,如图 6-7 所示。从应用心理学角度分析已经知道,绿色是最适宜用户长时间注视的色彩,具有舒适性高、便于用户集中精神等特点,而且还有助于消除视觉和心理疲劳,HMDs 界面增强显示层主要采用绿色是比较合理的。

孟塞尔色立体中心轴代表色彩的明度等级,顶端是白色,底端是黑色,中间分布明暗不同的灰色,规定白色值为 10,黑色值为 0,在 0～10 之间设置了 9 个等间隔的阶段,依次表示为 N1 至 N9,称为孟塞尔明度值[177]。对于绿色,影响它的因素有明度和纯度两个方面,所以在本章后面的实验材料设计中明度采用 33%、66%和 99%三个值,纯度采用 33%、66%和 99%三个值。绿色在 HSB 颜色系统中的角度是 120°。采用 HSB 颜色系统表示便是(120° 33% 33%)、(120° 33% 66%)、(120° 33% 99%)、(120° 66% 33%)、(120° 66% 66%)、(120° 66% 99%)、(120° 99% 33%)、(120° 99% 66%)、(120° 99% 99%)9 种颜色,如图 6-8 所示。

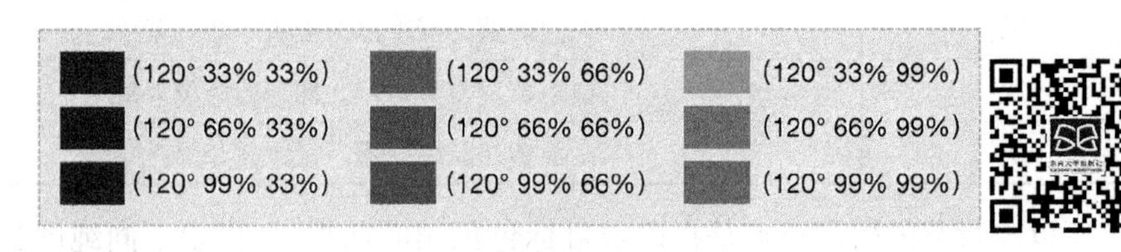

图 6-8　实验材料目标色设计

6.2.2.2　HMDs 界面背景色彩分析与提取

头盔显示器作为透视显示器,影响飞行员对头盔显示器界面字符认知准确性和反应快慢的因素不仅包括界面字符色彩,而且还包括天空背景色彩。本章节后面的实验中收集了大量典型时间段天空色彩照片，部分如图6-9所示。

图6-9 天空背景图集

（图集来自航空基金课题组）

战机在执行任务中，空中背景元素众多，尤其是处于低空飞行的非固定翼战机，云的变化都可能导致背景图的不同。若采用天空背景原图作为研究对象，则实验干扰因素太多，不适合控制变量研究，所以将天空原图进行了纯度化提取，从所有天空背景图中进行提取的色彩如图6-10所示，图中左下角分出去的灰色遮盖区不包含在提取的色相中。

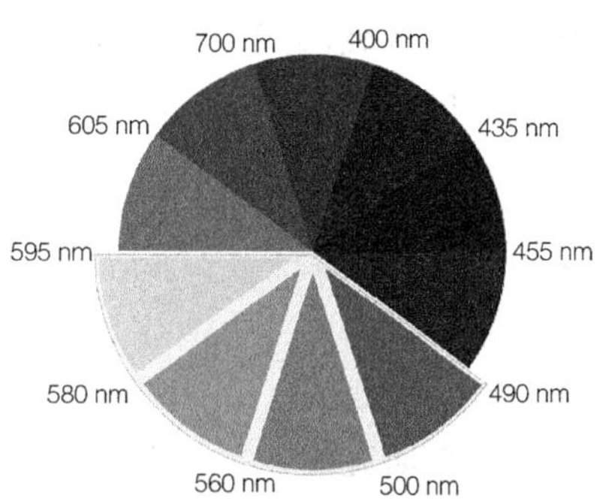

图6-10 天空背景色提取后色相范围示意图

天空背景纯度化提取之后，类比于前面的实验材料处理方法，明度采用33%、66%和99%三个值；纯度采用33%、66%和99%三个值；色相在HSB颜色系统中对应的角度是0°、30°、180°、210°、240°和270°，还包括两个无彩色黑和白。那么天空背景色彩一共有56种，但是考虑到HMDs系统使用环境多数为照度很高或者夜间的环境，所以实验中采用的背景图如图6-11所示。用HSB颜色系统表示便是(0° 33% 99%)、(0° 66% 99%)、(30° 33% 99%)、

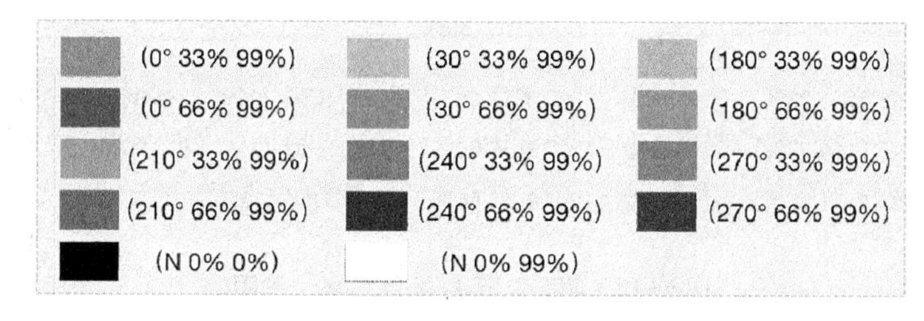

图6-11 天空背景色提取实验图

(30° 66% 99%)、(180° 33% 99%)、(180° 66% 99%)、(210° 33% 99%)、(210° 66% 99%)、(240° 33% 99%)、(240° 66% 99%)、(270° 33% 99%)、(270° 66% 99%)、(N 0% 0%)、(N 0% 99%)14 种颜色。

6.3 HMDs 界面视敏度测量级数实验研究

6.3.1 实验目的

在测量不同色彩组合的视敏度前,为了保证实验的准确性和有效性,首先展开对视敏度量级范围的检测。通过测量被试对强对比度和弱对比度色彩组合的最小视敏度和最大视敏度,划分 5 个量级,为章节后面的 HMDs 界面字符色彩在不同背景下的辨识能力研究提供实验基础。

6.3.2 实验方法

(1) 实验被试

被试为 18 名在校研究生或本科生,10 男、8 女,年龄在 22～28 岁,视力或矫正视力正常,无色盲或色弱,矫正视力均在 1.0 以上。实验之前,要求被试在登记表上填写相关信息,包括姓名、性别、年龄、专业、视力等,并使其熟悉实验规则。

(2) 实验材料

如 6.2.2.1 中分析,实验选择目标字符的色彩采用 HSB 颜色系统表示值为(120° 33% 33%)、(120° 33% 66%)、(120° 33% 99%)、(120° 66% 33%)、(120° 66% 66%)、(120° 66% 99%)、(120° 99% 33%)、(120° 99% 66%)、(120° 99% 99%)共 9 种颜色,为便于实验数据统计分析,现将目标色对应编号为 A 型、B 型、C 型、D 型、E 型、F 型、G 型、H 型、I 型等,编号示意如图 6-12 所示。

图 6-12 实验材料目标色编号示意图

如6.2.2.2中分析，背景色彩采用HSB颜色系统表示值为(0° 33% 99%)、(0° 66% 99%)、(30° 33% 99%)、(30° 66% 99%)、(180° 33% 99%)、(180° 66% 99%)、(210° 33% 99%)、(210° 66% 99%)、(240° 33% 99%)、(240° 66% 99%)、(270° 33% 99%)、(270° 66% 99%)、(N 0% 0%)、(N 0% 99%)共14种颜色，如图6-11所示。

9种目标色和14种天空背景提取色随机组合共计126种，选取典型的对比度强的组合和对比度弱的组合进行实验，分别为字符色彩HSB颜色值(120° 33% 33%)和背景色彩HSB颜色值(N 0% 99%)；字符色彩HSB颜色值(120° 33% 99%)和背景色彩HSB颜色值(180° 33% 99%)。如图6-13所示。

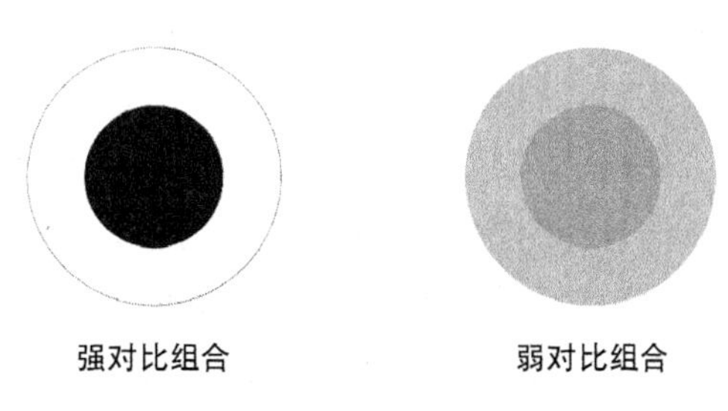

图6-13　实验材料示意图

在实验界面中呈现2条具有一定重合度的直线，要求被试判断是否重合为1条，即视敏度测量。不重合度用d(单位：mm)来表示，如图6-14所示。d的取值为0 mm、0.08 mm、0.11 mm、0.14 mm、0.17 mm、0.20 mm、0.23 mm、0.26 mm、0.30 mm、0.33 mm、0.36 mm、0.40 mm、0.43 mm、0.46 mm、0.50 mm、0.53 mm、0.56 mm、0.60 mm、0.70 mm、0.80 mm共20个量级。

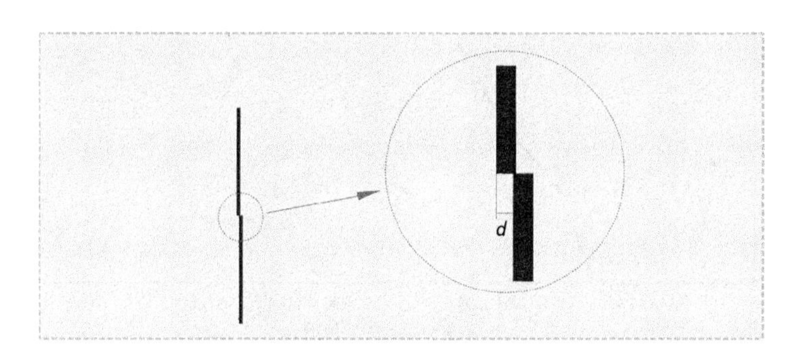

图6-14　视敏度测量示意图

6.3.3　实验程序

实验使用E-Prime软件对实验进行编程，实验做完后用Excel对实验数据进行整理总结，最后通过SPSS软件对整理所得的实验数据进行处理和分析。实验的整个过程都是在东南大学人机工程实验室内完成，亮度为130 cd/m^2，控制室内的照度为500 lx。实验图片均采用1 024×768像素的分辨率；被试与屏幕中心的距离均为550～

600 mm。实验前先给被试讲解实验规则，使其了解整个实验过程，然后被试根据电脑提示进行实验。实验流程如图 6-15 所示，在正式开始实验前首先有一个练习过程，被试“按任意键开始”先进行练习，练习完之后，按任意键开始实验，当被试分辨出两条直线完全重合就按“1”，不重合就按“2”。计算机程序会记录被试对实验中目标辨识的反应时和被试的选择结果。为消除练习效应和延续效应，防止实验顺序对实验结果有影响，色彩强对比图片和色彩弱对比图片要交叉出现，d 的取值随机分布。强对比组与弱对比组各 20 张图片，共计 40 张。实验中被试有 2 min 的休息时间，每个被试完成实验约 0.2 h。

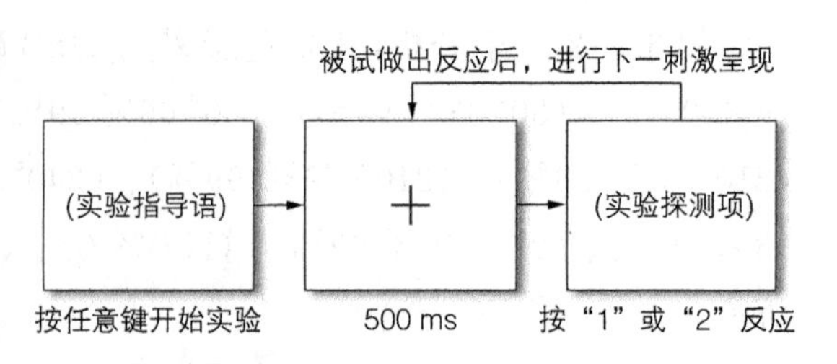

图 6-15　实验流程示意图

6.3.4　实验结论与分析

实验数据处理后，统计如图 6-16 所示。

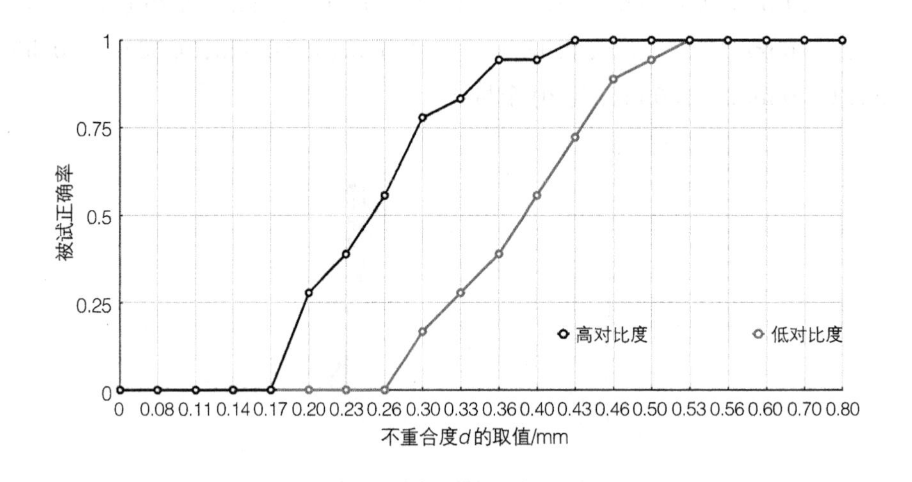

图 6-16　实验数据统计图

当背景色采用 HSB 颜色值(N 0% 99%)，字符色彩采用 HSB 颜色值(120° 33% 33%)时，色彩对比度比较高，当 $d<0.20$ mm 时，被试几乎不能辨识；当 $d=0.20$ mm 时，正确率为 27.78%；当 $d=0.23$ mm 时，正确率为 38.89%；当 $d=0.26$ mm 时，正确率为 55.56%；当 $d=0.30$ mm 时，正确率为 77.78%；当 $d=0.33$ mm 时，正确率为 83.33%；当 $d=0.36$ mm 和 $d=0.40$ mm 时，正确率为 94.44%；当 $d\geqslant0.43$ mm 时，正确率为 100%。

当背景色采用 HSB 颜色值(180° 33% 99%),字符色彩采用 HSB 颜色值(120° 33% 99%)时,色彩对比度比较低,当 $d<0.30$ mm 时,被试几乎不能辨识;当 $d=0.30$ mm 时,正确率为 16.67%;当 $d=0.33$ mm 时,正确率为 27.78%;当 $d=0.36$ mm 时,正确率为 38.89%;当 $d=0.40$ mm 时,正确率为 55.56%;当 $d=0.43$ mm 时,正确率为 72.22%;当 $d=0.46$ mm 时,正确率为 88.89%;当 $d=0.50$ mm 时,正确率为 94.44%;当 $d\geqslant 0.53$ mm 时,正确率为 100%。

表 6-3 实验被试辨识度正确率统计表

d 的取值	目标色(120° 33% 33%) 背景色(N 0% 99%) 辨识正确率	目标色(120° 33% 99%) 背景色(180° 33% 99%) 辨识正确率
$d<0.20$ mm	0	0
$d=0.20$ mm	27.78%	0
$d=0.23$ mm	38.89%	0
$d=0.26$ mm	55.56%	0
$d=0.30$ mm	77.78%	16.67%
$d=0.33$ mm	83.33%	27.78%
$d=0.36$ mm	94.44%	38.89%
$d=0.40$ mm	94.44%	55.56%
$d=0.43$ mm	100%	72.22%
$d=0.46$ mm	100%	88.89%
$d=0.50$ mm	100%	94.44%
$d\geqslant 0.53$ mm	100%	100%

从表 6-3 可以看出,强对比色彩组合,被试可以分辨的最小不重合度 d 的取值为 0.20 mm;弱对比色彩组合,被试可以分辨的最小不重合度 d 的取值为 0.30 mm。强对比色彩组合,不重合度 d 取值 0.43 mm 之后被试辨识正确率为 100%,而弱对比色彩组合,不重合度 d 取值 0.53 mm 之后被试辨识正确率才为 100%,所以 d 的取值范围在 0.20～0.53 mm 之间,实验中 d 取 5 个量级,间隔 0.1 mm,所以不重合度 d 取 0 mm、0.20 mm、0.30 mm、0.40 mm、0.50 mm,d 的取值为本章后面 HMDs 界面字符色彩在不同背景下辨识度研究提供了实验基础。

6.4 HMDs界面色彩编码和显示元素辨识度实验研究

6.4.1 实验目的

通过测试被试对不同色彩组合的辨识度，提取天空背景色，寻求在不同背景下，被试辨识率比较高的前景色（绿色），确定最优绿色的明度和纯度，为 HMDs 系统界面的界面色彩编码以及未来使用情境提供实验依据。

6.4.2 实验方法

（1）实验被试

被试为 20 名在校研究生或本科生，10 男、10 女，年龄在 22～28 岁，视力或矫正视力正常，无色盲或色弱，矫正视力均在 1.0 以上。实验之前，要求被试在登记表上填写相关信息，包括姓名、性别、年龄、专业、视力等，并使其熟悉实验规则。

（2）实验材料

根据本章 6.3.2 的分析，实验选择目标字符的颜色采用 HSB 颜色系统表示值为（120° 33% 33%）、（120° 33% 66%）、（120° 33% 99%）、（120° 66% 33%）、（120° 66% 66%）、（120° 66% 99%）、（120° 99% 33%）、（120 °99% 66%）、（120° 99% 99%）共 9 种颜色，对应编号为 A 型、B 型、C 型、D 型、E 型、F 型、G 型、H 型、I 型等，编号示意如图 6-12 所示。

背景色彩采用 HSB 颜色系统表示值为（0° 33% 99%）、（0° 66% 99%）、（30° 33% 99%）、（30° 66% 99%）、（180° 33% 99%）、（180° 66% 99%）、（210° 33% 99%）、（210° 66% 99%）、（240° 33% 99%）、（240° 66% 99%）、（270° 33% 99%）、（270° 66% 99%）、（N 0% 0%）、（N 0% 99%）共 14 种颜色，如本章前面图 6-11 所示。

9 种目标色和 14 种天空背景提取色随机组合共计 126 种，在实验页面中呈现 2 条具有一定重合度的直线，要求被试判断是否重合为 1 条。不重合度用 d（单位：mm）来表示，如图 6-14 所示。根据 6.3 的实验结论，不重合度 d 取 0 mm、0.20 mm、0.30 mm、0.40 mm、0.50 mm。126 种组合的 5 种 d 的取值搭配，共计 630 种实验组合。实验用图如图 6-17 所示。

图 6-17　实验用图

6.4.3　实验程序

与本章 6.3.3 实验程序类似，本实验使用 E-Prime 软件对实验进行编程，实验做完后用 Excel 对实验数据进行整理总结，最后通过 SPSS 软件对整理所得的实验数据进行处理和分析。实验的整个过程都是在东南大学人机工程实验室内完成，亮度为 130 cd/m^2，控制室内的照度为 500 lx。实验图片均采用 1 024×768 像素的分辨率；被试与屏幕中心的距离均为 550～600 mm。实验前先给被试讲解实验规则，使其了解整个实验过程，然后被试根据电脑提示进行实验。实验流程如图 6-18 所示，在正式开始实验前首先有一个练习过程，被试“按任意键开始”先进行练习，练习完之后，按任意键开始实验，当被试分辨出两条直线完全重合就按“1”，不重合就按“2”。计算机程序会记录被试对实验中目标辨识的反应时间和被试的选择结果。为消除练习效应和延续效应，防止实验顺序对实验结果有影响，实验图片随机呈现，为防止视觉疲劳影响实验结果，实验中被试可休息两次(5 min/次)，以减少视觉疲劳，保证结果的准确性。实验共计 630 张图片，每个被试完成实验约 0.6 h。

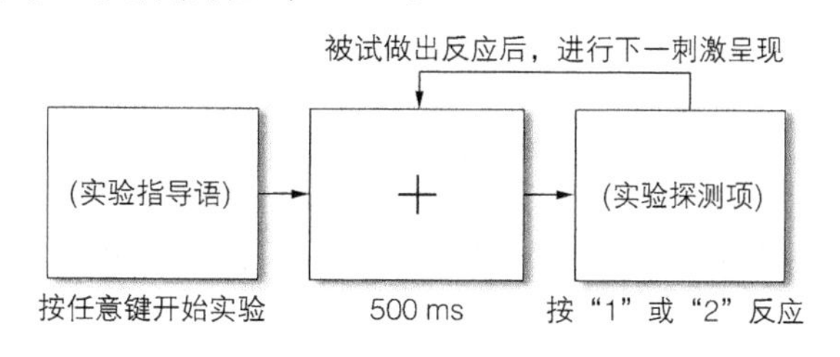

图 6-18　实验流程示意图

6.4.4 实验结论与分析

为了使实验数据结论能够针对全天候 HMDs 系统界面、夜视型 HMDs 系统界面使用,统计时分为全部背景色统计、除去黑色背景色统计、针对黑色背景统计 3 种情况分析。

(1) 全部背景色统计分析

实验被试正确率数据统计分析如图 6-19 所示。

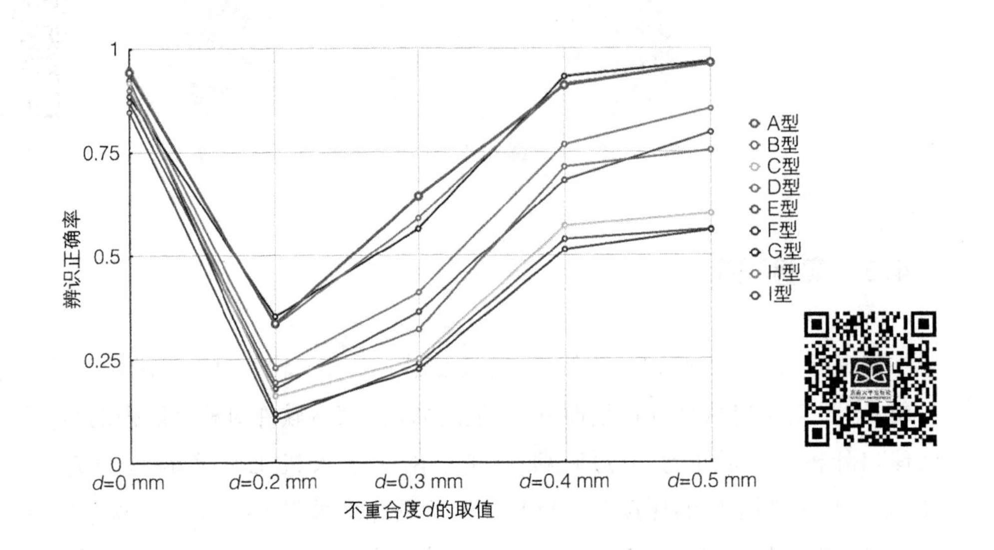

图 6-19 被试正确率分析统计图

被试对 9 种不同目标字符颜色匹配 14 种不同背景时辨识的正确率如图 6-21 所示。在 14 种不同的背景色下,不同目标色的辨识正确率顺序为：A 型>D 型/G 型>H 型>B 型/E 型>C 型>F 型/I 型,如图 6-20 所示。

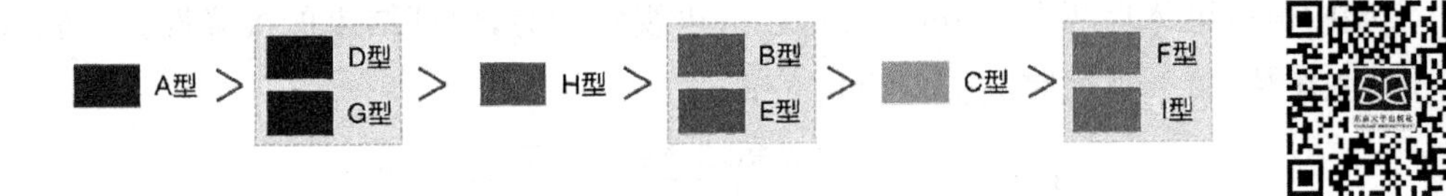

图 6-20 被试正确率排序图

被试对 9 种不同目标字符颜色匹配 14 种不同背景时辨识的反应时如图 6-21 所示。

如图 6-22 所示,为全背景下被试正确率和反应时比值统计图。在 14 种不同的背景色下,不同目标色的辨识正确率和反应时比值顺序为：G 型>A 型>D 型>H 型>B

型/E 型>I 型>C 型>F 型,如图 6-23 所示。

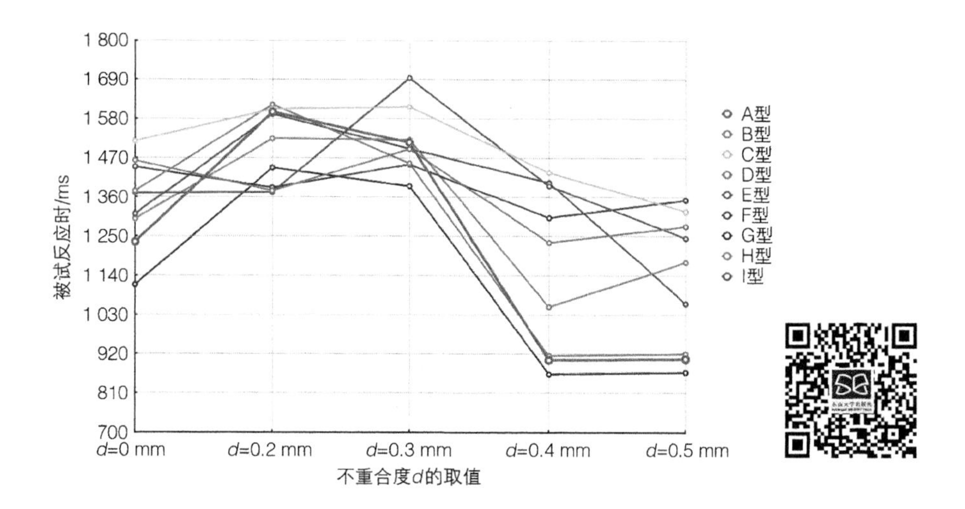

图 6-21　被试反应时统计图

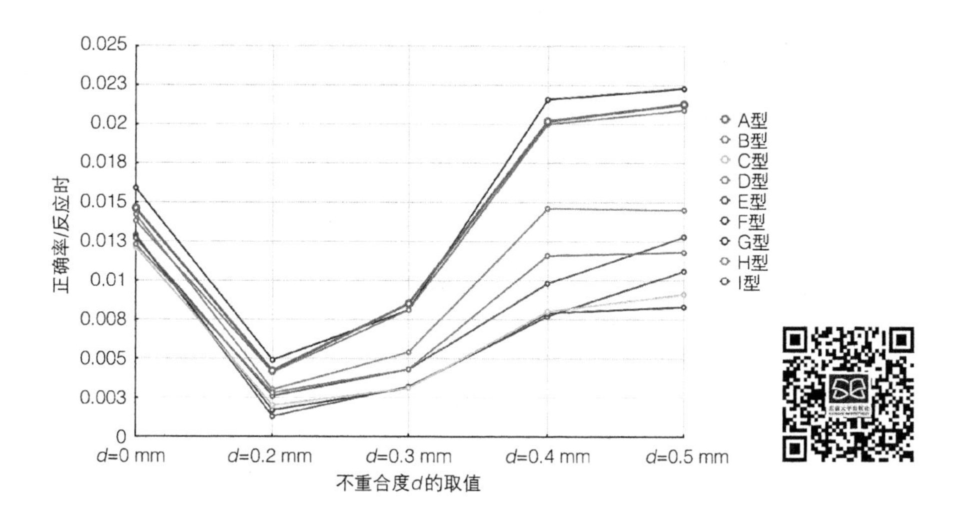

图 6-22　被试正确率和反应时比值图

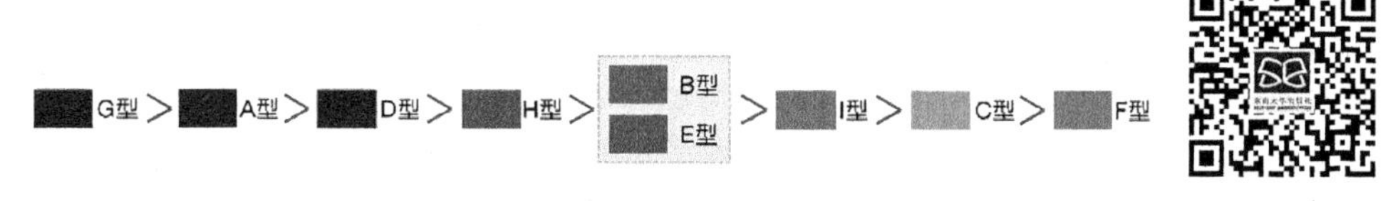

图 6-23　被试正确率和反应时比值排序图

(2) 除去黑色背景色统计分析

实验被试正确率数据统计分析如图 6-24 所示。

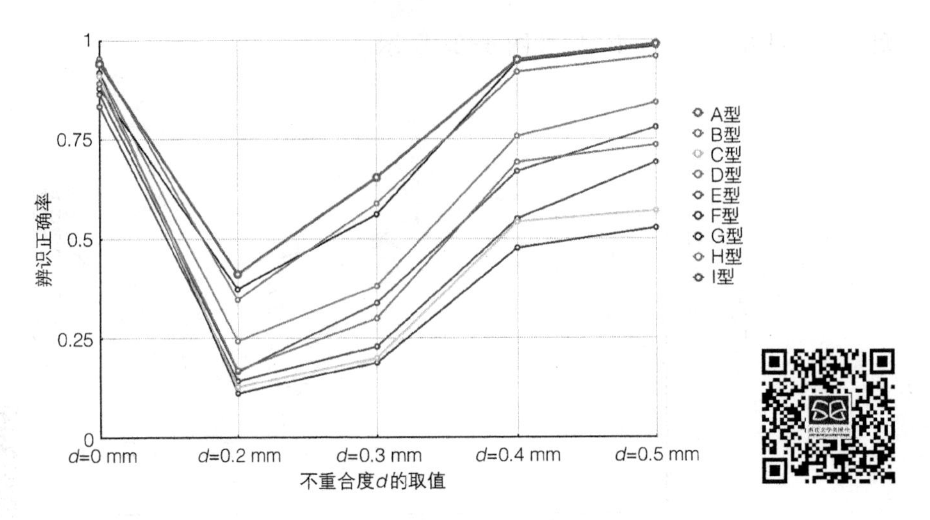

图 6-24　被试正确率分析统计图

被试对 9 种不同目标字符颜色匹配除去黑色外 13 种不同背景时辨识的正确率如图 6-26 所示。在 13 种不同的背景色下，不同目标色的辨识正确率顺序为：A 型>D 型/G 型>H 型>B 型/E 型>I 型>C 型>F 型，如图 6-25 所示。

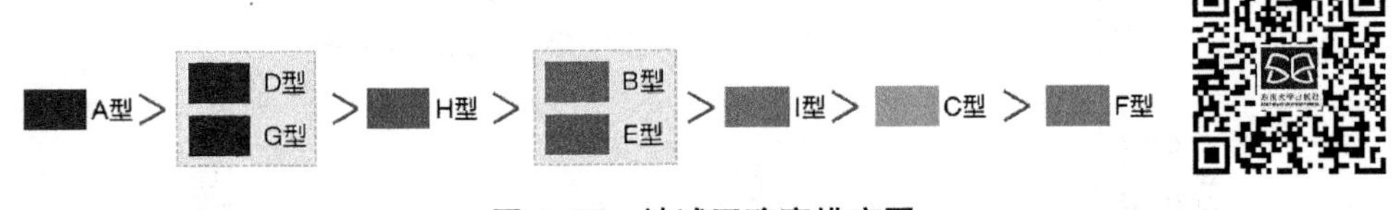

图 6-25　被试正确率排序图

被试对 9 种不同目标字符颜色匹配除去黑色外 13 种不同背景时辨识的反应时如图 6-26 所示。

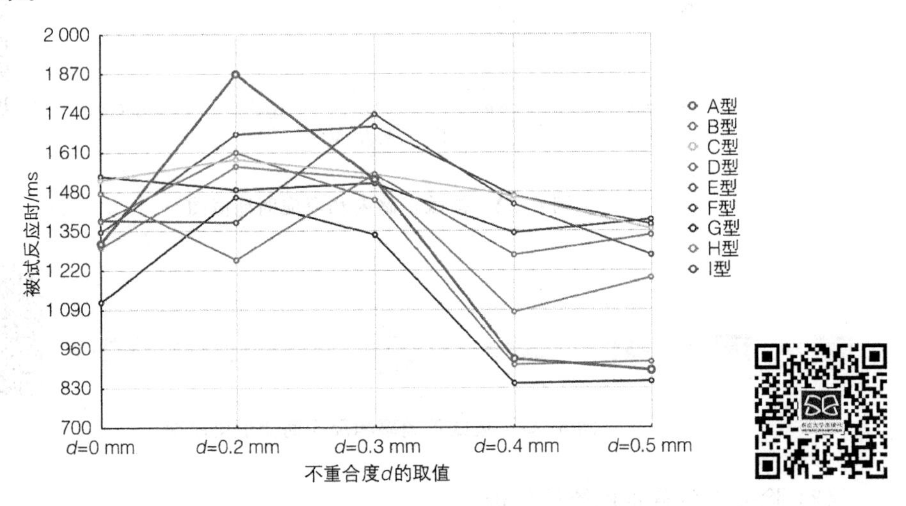

图 6-26　被试反应时分析统计图

如图 6-27 所示，为除去黑色外 13 种不同背景下被试正确率和反应时比值统计图。在除去黑色外 13 种不同的背景色下，不同目标色的辨识正确率和反应时比值顺序为：G 型>A 型>D 型>H 型>B 型/E 型>I 型>C 型>F 型，如图 6-28 所示。

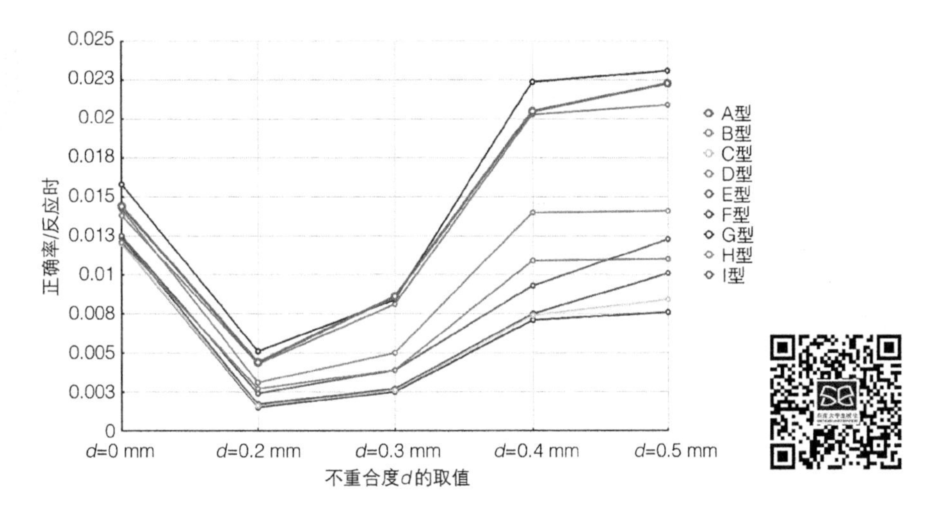

图 6-27　被试正确率和反应时比值图

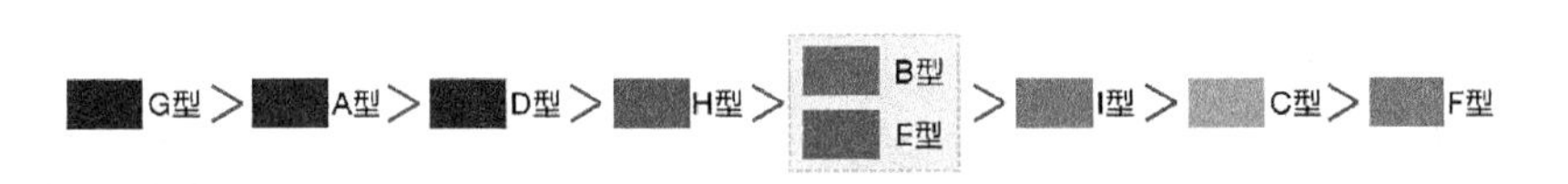

图 6-28　被试正确率和反应时比值排序图

(3) 黑色背景下统计分析

实验被试正确率数据统计分析如图 6-29 所示。

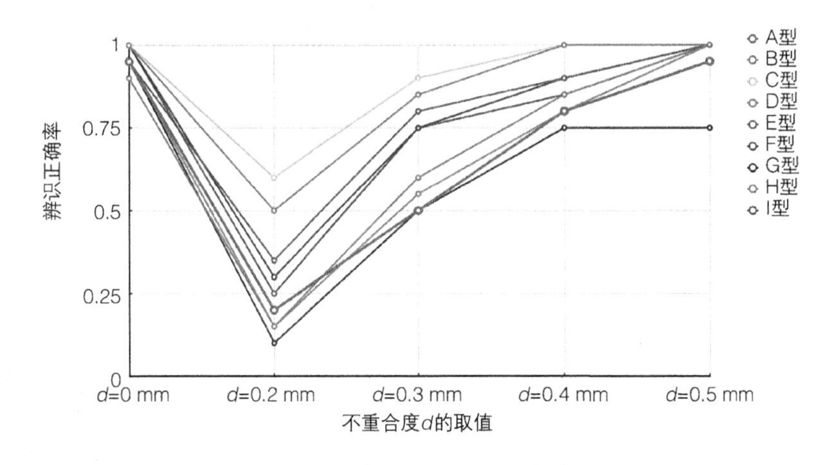

图 6-29　被试正确率分析统计图

被试对 9 种不同目标字符色彩在黑色背景下辨识的正确率如图 6-32 所示。在黑色背景色下,不同目标色的辨识正确率顺序为：C 型>B 型>E 型>F 型>I 型>H 型/D 型/A 型>G 型,如图 6-30 所示。

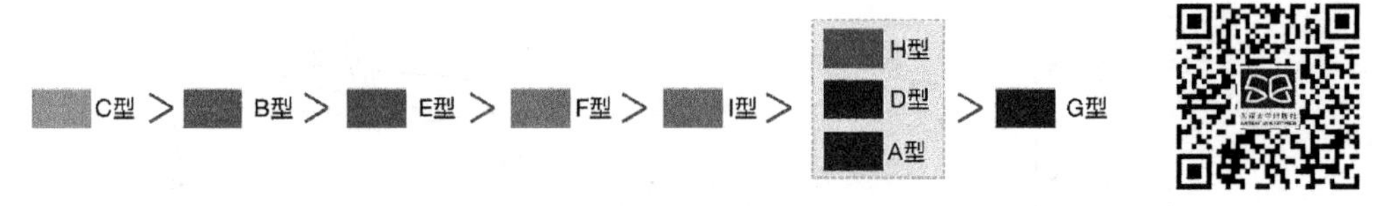

图 6-30　被试正确率排序图

被试对 9 种不同目标字符色彩在黑色背景下辨识的反应时统计分析如图 6-31 所示。

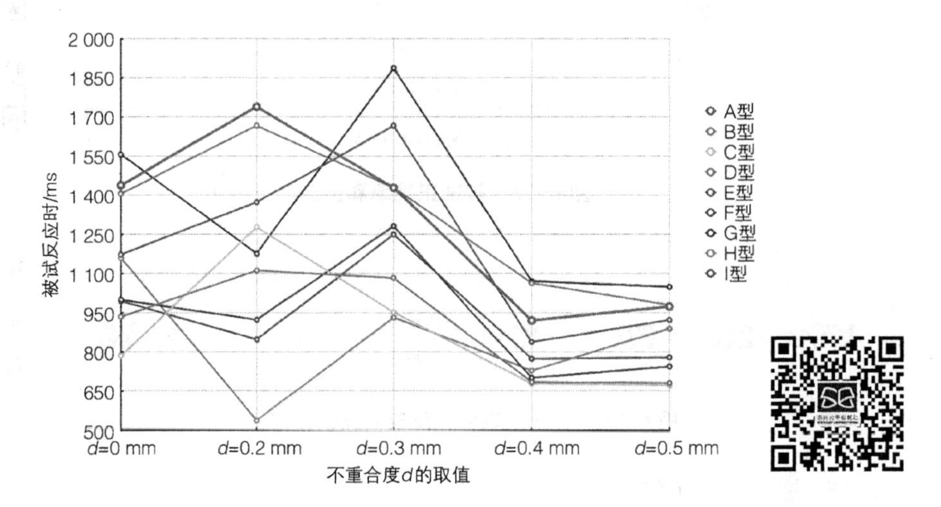

图 6-31　被试反应时分析统计图

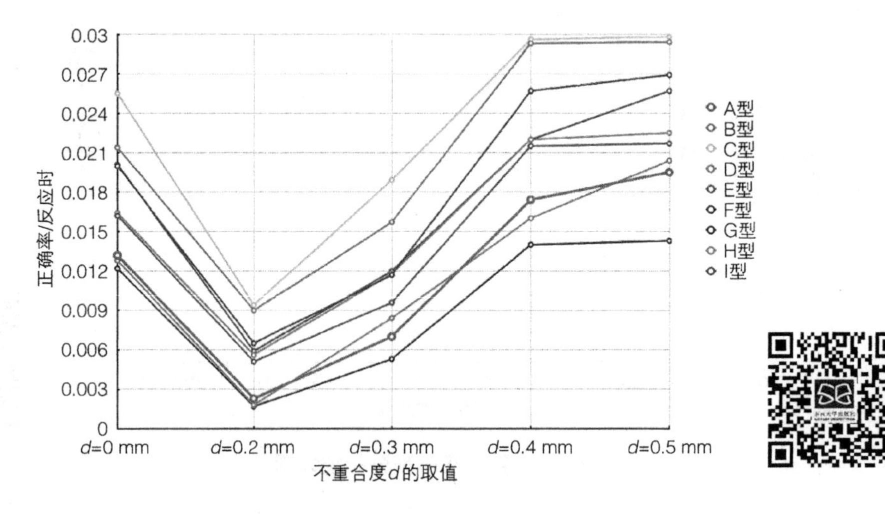

图 6-32　被试正确率和反应时比值图

如图 6-32 为被试在黑色背景下正确率和反应时比值统计图。被试在黑色背景下，不同目标色的辨识正确率和反应时比值顺序为：C 型＞B 型＞F 型＞I 型＞H 型＞E 型＞A 型/D 型＞G 型，如图 6-33 所示。

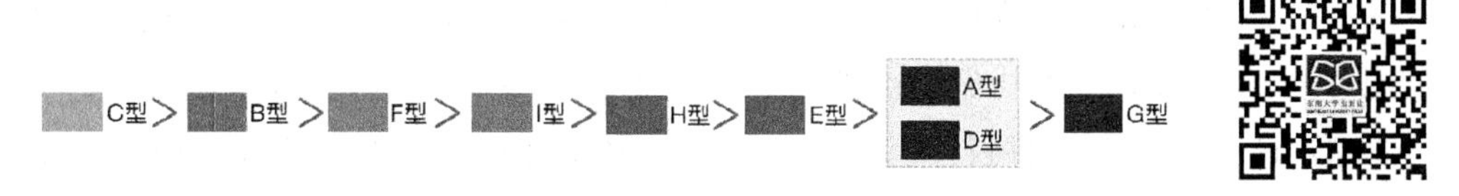

图 6-33 被试正确率和反应时比值排序图

（4）实验讨论

实验数据在统计分析时分了 3 种情况：全部背景色统计、除去黑色背景色统计、针对黑色背景色统计，为的是使结论能够为夜视型 HMDs、全天候型 HMDs 和亮光环境下 HMDs 设计提供依据。正是因为在不同环境下，背景色彩不同，所以目标字符、图标、符号的辨识正确率和反应时也有所不同。

全部背景色统计分析。从图 6-21 可以看出：在不同的背景色下，A 型、D 型和 G 型三种目标色的辨识正确率处于高水平，其中 A 型在全背景色下辨识正确率最高，D 型和 G 型在全背景色下辨识正确率没有显著性差异；在不同的背景色下，B 型、E 型和 H 型三种目标色的辨识正确率处于中等水平；在不同的背景色下，C 型、F 型和 I 型三种目标色的辨识正确率处于低水平，其中 I 型和 F 型在全背景下辨识正确率最低。从图 6-24 可以看出：在不同的背景色下，G 型、A 型和 D 型三种目标色的被试正确率和反应时的比值处于高水平。其中 G 型在全背景色下辨识正确率和反应时的比值最高。在不同的背景色下，B 型、E 型和 H 型三种目标色的被试正确率和反应时的比值处于中等水平；在不同的背景色下，C 型、F 型和 I 型三种目标色的被试辨识正确率和反应时的比值处于低水平，其中 F 型在全背景下被试辨识正确率和反应时的比值最低。

除去黑色背景色统计分析。从图 6-26 可以看出：在除去黑色背景色下，A 型、D 型和 G 型三种目标色的辨识正确率处于高水平，其中 A 型辨识正确率最高，D 型和 G 型辨识正确率没有显著性差异；在除去黑色背景色下，B 型、E 型和 H 型三种目标色的辨识正确率处于中等水平；在除去黑色背景色下，C 型、F 型和 I 型三种目标色的辨识正确率处于低水平，其中 F 型辨识正确率最低。从图 6-29 可以看出：在除去黑色背景色下，G 型、A 型和 D 型三种目标色的被试正确率和反应时的比值处于高水平。其中 G 型被试辨识正确率和反应时的比值最高。在除去黑色背景色下，B 型、E 型和 H 型三种目标色的被试正确率和反应时的比值处于中等水平；在除去黑色的背景色下，C 型、F 型和 I 型三种目标色的被试辨识正确率和反应时的比值处于低水平，其中 F 型被试辨识正确率和反应时的比值最低。

针对黑色背景色统计分析。从图 6-31 可以看出：在黑色背景色下，C 型、B 型和 E

型三种目标色的辨识正确率处于高水平，其中 C 型辨识正确率最高；在黑色背景色下，F 型、I 型、A 型、H 型和 D 型等目标色的辨识正确率处于中等水平，其中 A 型、H 型和 D 型辨识率没有显著性差异；在黑色背景色下，G 型目标色的辨识正确率最低。从图 6-35 可以看出：在黑色背景色下，C 型、B 型和 F 型三种目标色的被试正确率和反应时的比值处于高水平。其中 C 型被试辨识正确率和反应时的比值最高。在黑色背景色下，I 型、H 型和 E 型三种目标色的被试识别正确率和反应时的比值处于中等水平；在黑色背景色下，A 型、D 型和 G 型三种目标色的被试辨识正确率和反应时的比值处于低水平，其中 G 型被试辨识正确率和反应时的比值最低。

综上所述，全天候型 HMDs 和亮光环境下 HMDs 的增强显示层字符、图标等要素色彩编码可以采用 A 型或 G 型，HSB 值为（120° 33% 33%）、（120° 99% 33%）。但是在夜间，这三种色彩辨识率比较低。为了增加辨识度，可以提高色彩的对比度和显示亮度。所以全天候型 HMDs 在夜间使用时，要调节显示亮度，并保持合适的对比率。

夜视型 HMDs 的增强显示层字符、图标等要素色彩编码可以采用 C 型或 B 型，HSB 值为（120° 33% 99%）、（120° 33% 66%），但由于 C 型色彩与黑色背景对比度较高，泛荧光绿，飞行员长时间注视极易造成视觉疲劳，所以夜视型 HMDs 采用 B 型比较合适。

本章小结

（1）本章首先全面分析了通用界面色彩设计理论，对色彩的色相、明度和纯度三要素和视觉认知的关系展开了深入研究。

（2）总结了在航电系统界面设计中，色彩编码的基本应用准则。结合目前的 HMDs 发展现状和国军标相关要求，提出了 HMDs 界面色彩编码的需求、特点、限制和规则。

（3）开展了 HMDs 界面视敏度测量级数实验研究，对战机飞行环境色彩进行了提取总结，通过实验提出了不重合度 d 的 5 个量级设定。

（4）开展了 HMDs 界面色彩编码和显示元素辨识度实验研究，通过对实验数据的统计分析，为全天候型 HMDs 和夜视型 HMDs 界面信息色彩编码提供了实验依据。

第7章

HMDs界面设计与实验分析

7.1 引言

HMDs设备由于其资料的敏感性和特殊性，针对某一款现役军用战机进行界面设计难度较大，所以本章结合前几章所提出的HMDs界面编码原则和方法，重点针对图标符号、界面布局和色彩编码等要素，从概念设计的角度，设计一款面向未来战机的全新的HMDs交互界面，并对其进行信息编码分析和认知负荷实验研究。通过对界面原型和任务类型进行实验，评估所总结的原则和方法可以有效地提高HMDs界面的可用性。HMDs显示界面作为飞行员与战机交互过程中最重要的媒介，是飞行员获取信息、决策判断的重要依据，同时也是航电系统能否实现精确、高效操控的关键环节。HMDs界面设计不合理会造成飞行员认知上产生偏差，甚至导致决策判断的失误，最终引发重大航空事故。本章基于实验数据进行判断，对界面的综合质量进行评价，分析前几章中所提出的设计规则的可靠性和有效性，从而降低由于HMDs界面信息呈现不合理引发的人因失误概率。

7.2 HMDs界面设计

战机航电系统的多个界面主要提供主飞行显示(Primary Flight Display)指引、导航显示(Navigation Display)指引、自动巡航(Automatic Flight)模式、发动机指示及机组警告系统显示(EICAS Display)、电气系统(Electrical System)显示、液压系统(Hydraulics System)显示、发动机(Engines)显示、燃油系统(Fuel System)显示等其他多功能信息显示，如图7-1所示，为第四代战机模拟座舱航电系统界面。

HMDs设备界面在飞行员和外界实景间加了一层透明显示屏，将信息符号呈现其

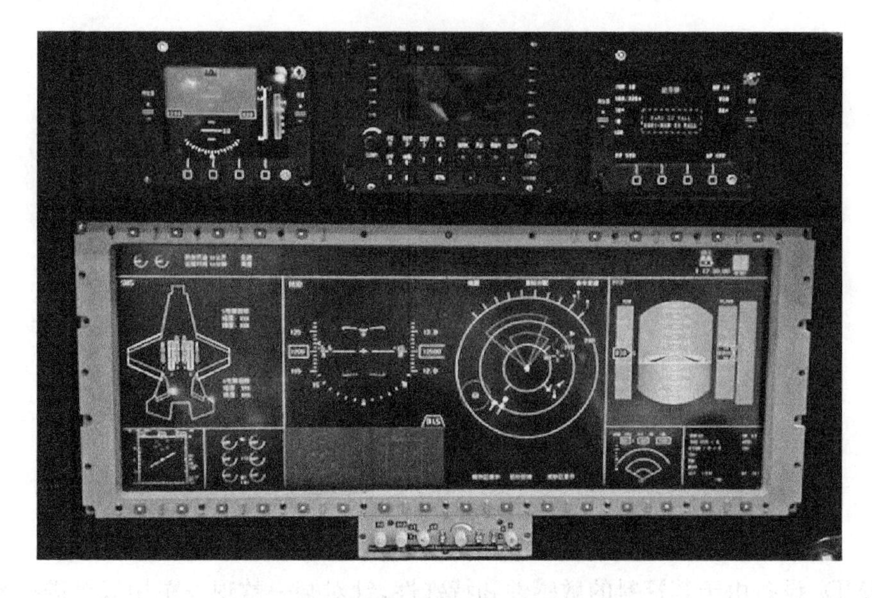

图 7-1　第四代战机模拟座舱航电系统界面

(图片来源 mil. eastday. com)

中，由于视场所限，在现阶段不可能将航电系统所有信息呈现在 HMDs 界面中，如图 7-2所示，为飞行员透过 HMDs 观察外界的视场限制示意图。基于航电系统相关标准和飞行员视觉特性，并结合本书提出的编码方法和设计原则，界面方案将针对空速、高度、姿态、航向、瞄准等关键信息进行编码设计。

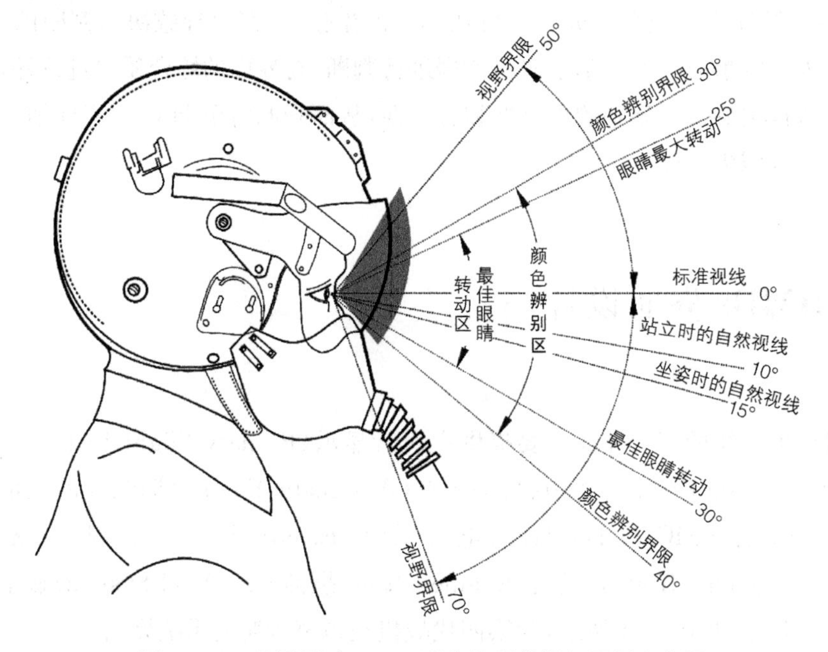

图 7-2　飞行员透过 HMDs 观察外界的视场限制示意图

7.2.1 界面布局编码分析

现阶段战机中的 HMDs 主要用于火控瞄准，其他常规飞行状态信息呈现仍然以借助传统航电系统界面为主。本书第 2 章详细论述总结了航电系统发展趋势，其中美军最新的 F-35 战机航电系统舍弃了 HUD 界面，从中我们可以看出未来 HMDs 界面将是飞行员与战机交互的综合界面甚至是唯一的通道。基于此，本章方案设计除了针对瞄准模式界面，也针对非瞄准状态的常规状态界面。瞄准界面布局形式在国军标 GJB 4052—2000 机载头盔瞄准/显示系统通用规范[273]中已经有所规定，如图 7-3(a)中所示。飞行员长期的培训实战，已经使其对界面布局有了潜在的认知基础，所以本章在界面布局编码方面不会做比较大的调整，遵守相关规范的布局划分。常规状态显示模式下，将呈现完整的空速器信息和完整的高度器信息，界面上方显示航向信息，中部和下部呈现全姿态指示器信息，界面布局如图 7-3(b)所示。在两种飞行状态显示界面布局编码中，所呈现的信息侧重点不同：瞄准战斗状态显示界面主要是敌我目标的识别、目标的锁定、武器的发射以及其他目标的标注，这种状态下空速、高度、姿态可以进行简要呈现；常规状态显示界面主要是飞行状态的信息呈现、预判飞行路线的呈现、各类目标的增强标记和环境信息的提示。

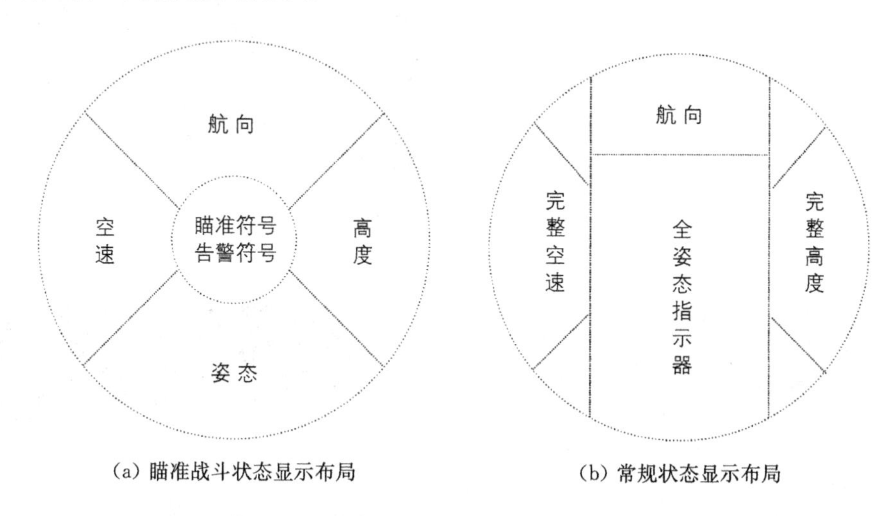

(a) 瞄准战斗状态显示布局　　(b) 常规状态显示布局

图 7-3　两种状态模式下的布局编码示意图

7.2.2 界面背景色彩编码分析

HMDs 作为透视显示系统，影响飞行员界面字符认知准确性的因素不仅包括界面字符色彩，还包括天空的背景色。从本书第 6 章总结的界面色彩编码原则能够看出，不同背景亮度下增强显示层字符、符号色彩需要进行调节以达到比较合适的对比度。现阶段这种自动调节模式的技术要求比较高、实现难度较大,而且经常变化字符亮度和色彩,容易引起飞行员视觉疲劳。针对这种情况,本章在方案设计中采用一种前沿的背景处理方式,将背景亮度和色彩进行过滤处理,降低光强度以更好地进行增强现实标记,使飞行员可以更直观地观察目标信息。如图 7-4(a)所示。这种模式在 F-35 战机 HMDs 系统概念设计中已经有所体现,飞行员通过特殊的滤光镜片进行观察,视觉感受上与透过夜视仪观察比较类似,不仅标记提示清晰准确,而且不易使飞行员产生视觉疲劳,如图 7-4(b)所示。非固定翼战机经常执行低空飞行任务,比如直升机往往需要低空飞行,执行地面搜索、火力掩护等任务。飞行员不仅要操控战机,还需要对地面信息进行观察,认知负荷非常大,这种状态下极易产生操作失误等情况,所以外界实景如果可以有效地被滤化处理并增强现实目标,将极大地提高战机作战效能,这也是 HMDs 最早应用于非固定翼战机的主要原因。

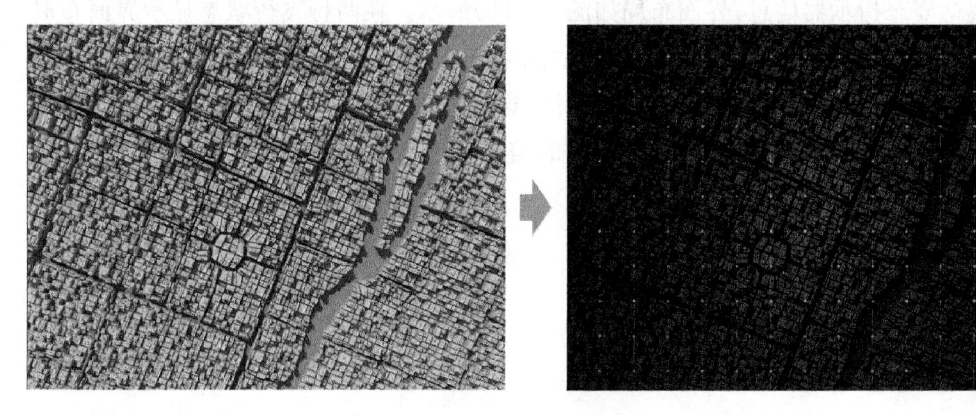

(a) 实景的滤化处理

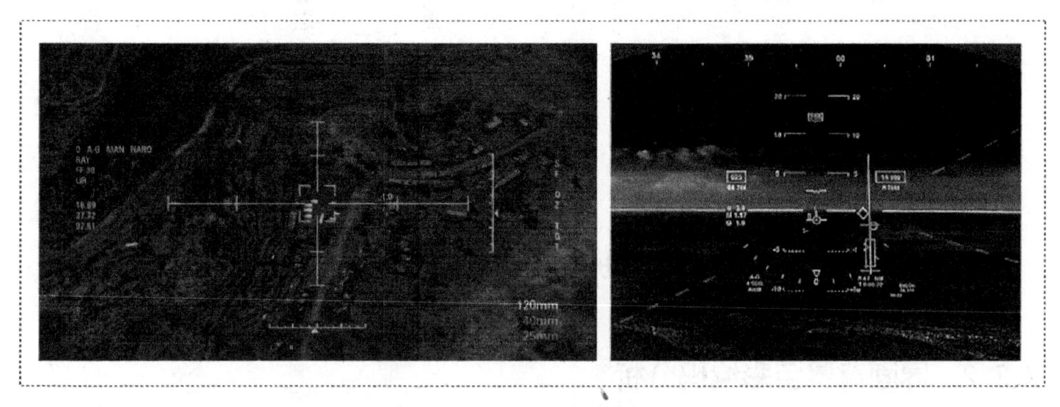

(b) 战机上 HMDs 对于实景的滤化处理

图 7-4　对战机外界实景的滤化处理示意图

7.2.3 高度指示信息编码分析

测量与指示飞行器距某一选定的水平基准面垂直距离的仪表，称为高度表。传统飞行器的驾驶舱仪表板上安装的高度表通常有气压式高度表与无线电高度表。气压式高度表实际上是一种气压计，它通过测量航空器所在高度的大气压力，间接测量出飞行高度。无线电高度表实际上是一种以地面（水面）为探测目标的测距雷达，它所指示的高度即为真实高度。航电系统界面进入数字化显示时代以来有所变化，不同型号的客机和战机的高度表显示形式不同，但所呈现的功能信息基本一致，主要包括决断高度、指令高度、无线电高度、当前飞行高度、最低下降高度等，如图 7-5 所示，为典型高度指示信息分析。

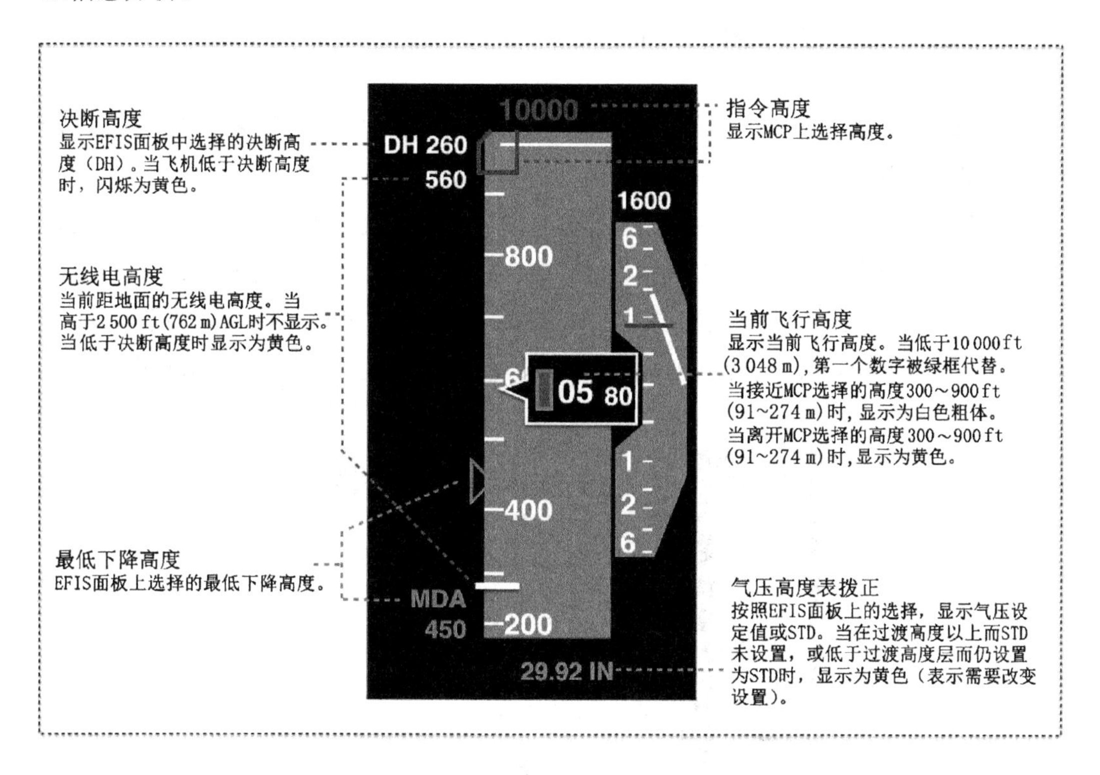

图 7-5　典型高度指示信息分析图

本章设计方案采用弧形造型，并且使用全彩色设计。最低下降高度使用黄色，决断高度使用红色。高度变化趋势采用弧形箭头加以提示。HMDs 界面在进行切换时增加过渡模式，常规显示模式下，呈现完整的高度仪表信息，当切换到瞄准攻击状态时，只显示当前高度并选择性显示其余关键信息。三种模式下高度信息指示编码如图 7-6 所示。

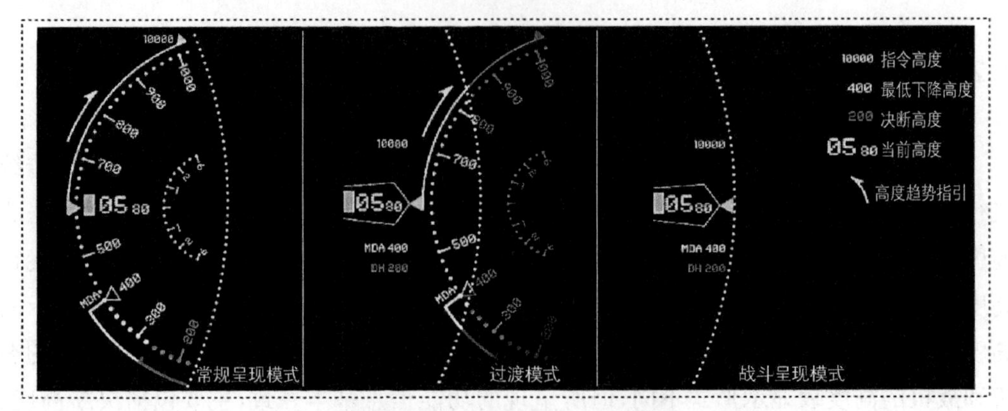

图 7-6　三种模式下的高度信息指示编码示意图

7.2.4　空速指示信息编码分析

空速是飞行器相对周围空气的运动速度。测量和显示空速的仪表称为空速表，是最重要的飞行仪表之一。传统航电系统中空速表安装在驾驶舱仪表板上，为飞行员测量和指示航空飞行器相对周围空气的运动速度。常用的空速表有指示空速(即表速)表、真实空速(即真速)表和马赫数表三种。有的表把几种功能综合在一起构成组合式空速表。数字化显示的空速指示界面主要包括指令速度、收襟翼速度、速度趋势指引、当前空速、最小机动速度、最小速度、马赫数/地速。如图 7-7 所示，为典型速度指示信息分析图。

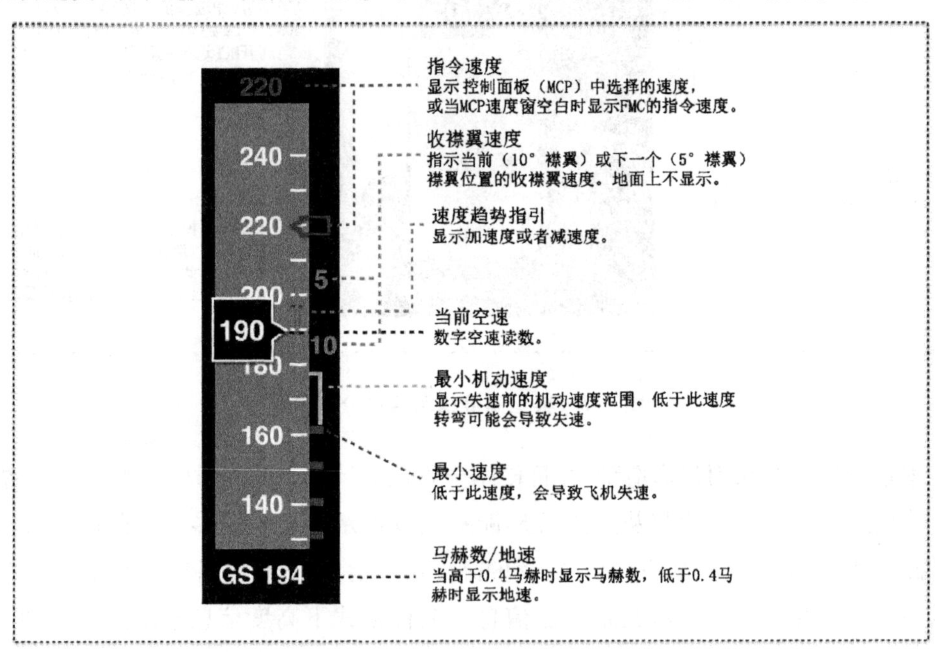

图 7-7　典型速度指示信息分析图

由于HMDs界面有限,速度需要呈现的信息量很大,所以在目前典型HMDs瞄准界面编码方案中有将当前速度状态、速度变化趋势和瞄准具组合呈现的模式,如图7-8所示,编码呈现战机低空速状态下的加速/减速趋势、高空速状态下的加速/减速趋势和空速稳定状态。

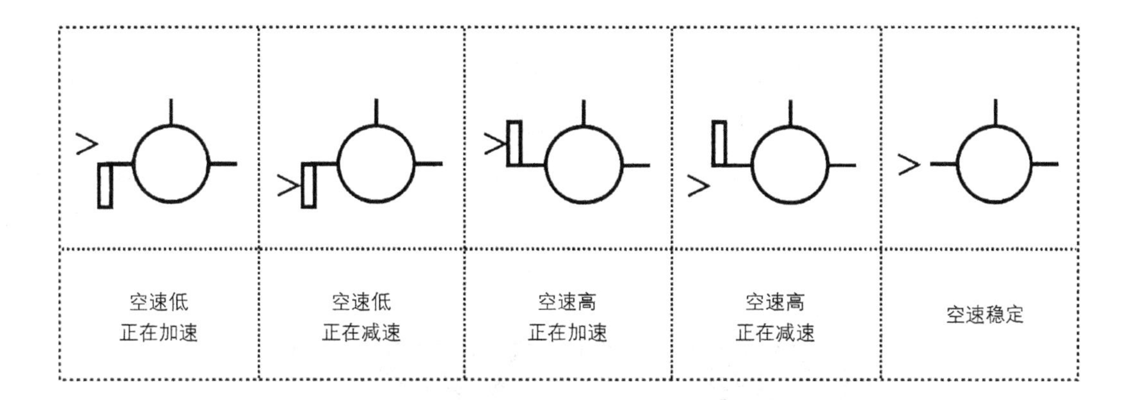

图7-8 速度和瞄准信息符组合示意图

设计方案采用弧形造型,并且使用彩色设计。最小机动速度使用黄色呈现,最小速度使用红色呈现。速度变化趋势采用弧形箭头加以提示。HMDs界面在进行切换时增加过渡模式,常规显示模式下,呈现完整的速度仪表信息,当切换到瞄准攻击状态时,只显示当前速度并选择性显示其余关键信息。三种模式下速度信息指示编码如图7-9所示。

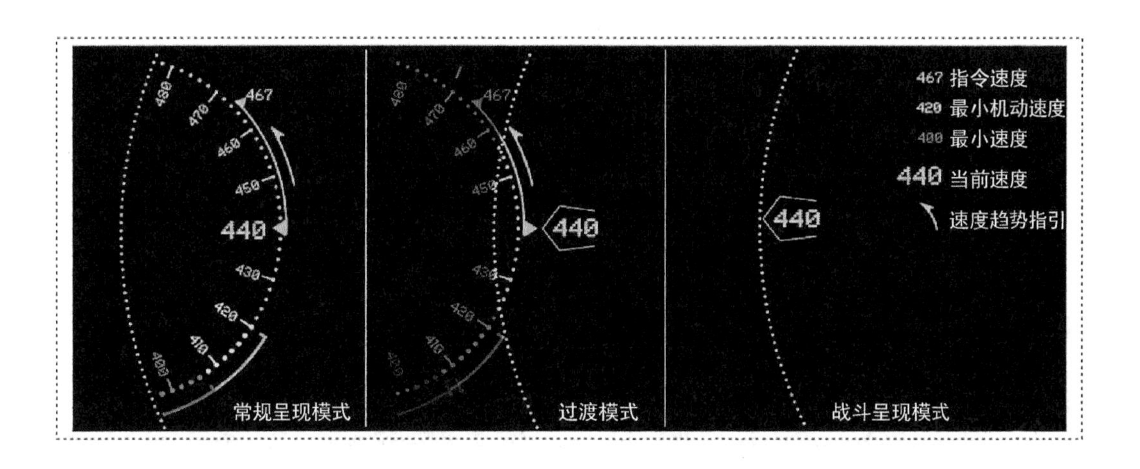

图7-9 三种模式下的速度信息指示编码示意图

7.2.5 航向指示信息编码分析

航向是指从所取基准线北端沿顺时针方向至飞机纵轴在水平面上的投影间的夹角。传统仪表采用的是航向陀螺仪，进入数字化显示时代后，变化形式比较多，有的航电系统将航向指示和战机姿态指示相结合，称为全姿态指示器。在部分 HUD 显示界面中，航向指示采用横线刻度线排布的形式，这种编码形式的好处是比较直观，缺点是如果飞行员不配合主显示器观察，不易发现航线是否偏离。一般航向指示界面主要包括当前航向信息、选择航向信息和当前轨迹等，如图 7-10 所示，为典型航向指示信息分析图。

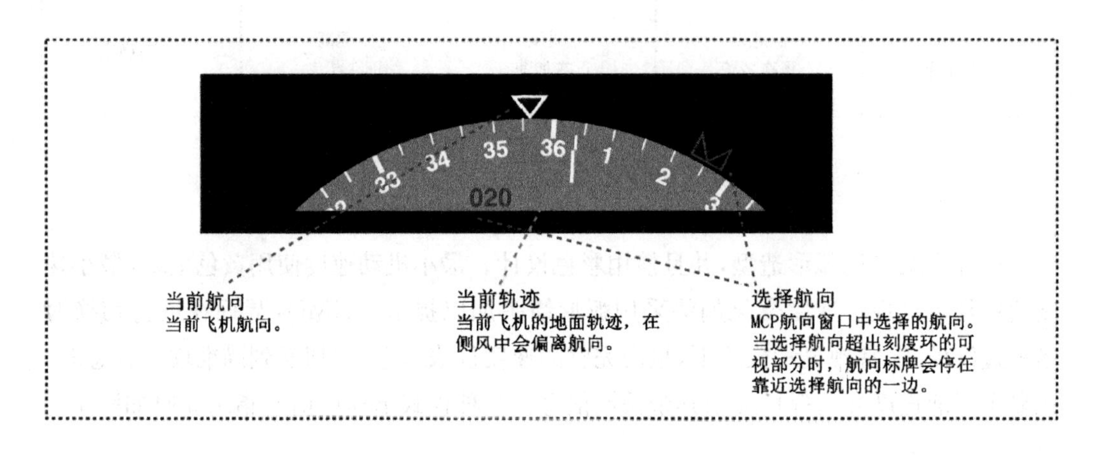

图 7-10　典型航向指示信息分析图

HMDs 界面空间有限，考虑到这个因素将航向指示符号设计为水平开窗式，每一个短刻度代表 10°，每 30°显示一个字符。如图 7-11 所示，为方案的航向指示设计，其中粗亮边实线为当前航线指示，空心三角针指示目的航向，实心三角针指示当前飞行状态任务的设定飞行航向。

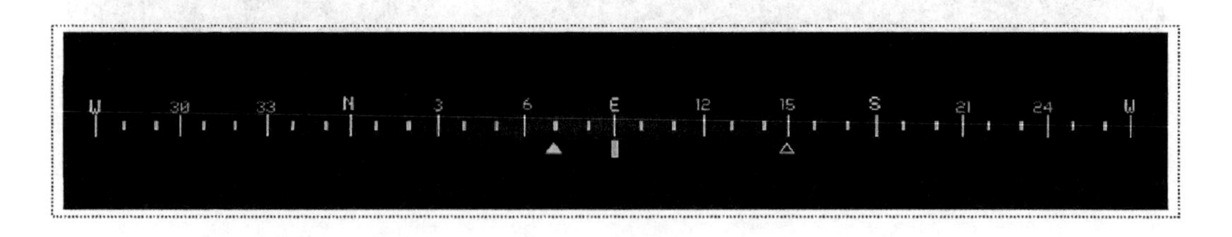

图 7-11　航向指示信息编码示意图

7.2.6　姿态指示信息编码分析

飞行姿态是指飞行器机体轴相对于地面的角位置。通常用三个角度表示：俯仰角，即机体纵轴与水平面的夹角；偏航角，机体纵轴在水平面上的投影与该面上参数线之间的夹角；滚转角，飞机对称平面与通过机体纵轴的铅垂平面间的夹角。如图 7-12 所示，纬线上有飞行器俯仰刻度。地平线上部分以示天空，下部分以示地面。飞机符号固定，根据侧滑指针相对于面板上侧滑刻度的位置读取滚转角。

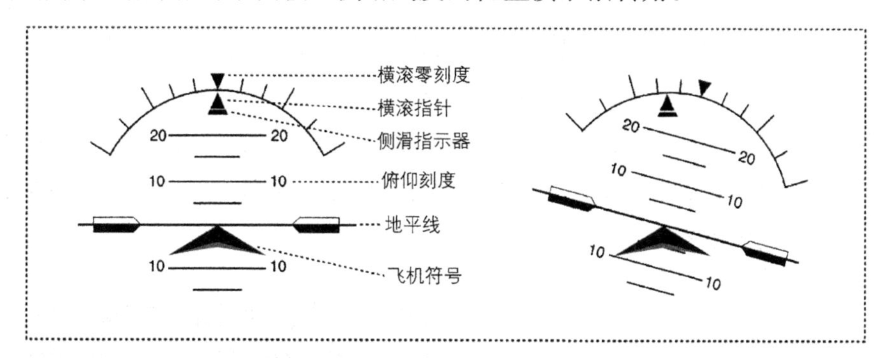

图 7-12　典型姿态指示信息分析图

由于 HMDs 界面需要透视观察，并且界面布局上部分已经呈现航向信息，所以姿态信息编码位置在界面下部，设计方案基本与传统类似，中间长细线表征地平线，短细线表征飞行器俯仰刻度。当战机进入瞄准战斗状态时，飞行员要进行瞄准和火力打击，姿态信息在这个状态下是次要信息，并且会干扰瞄准，所以进行简要呈现，其中俯仰信息不予呈现，仅呈现战机姿态参考符。如图 7-13 所示，为姿态指示信息编码示意图，其

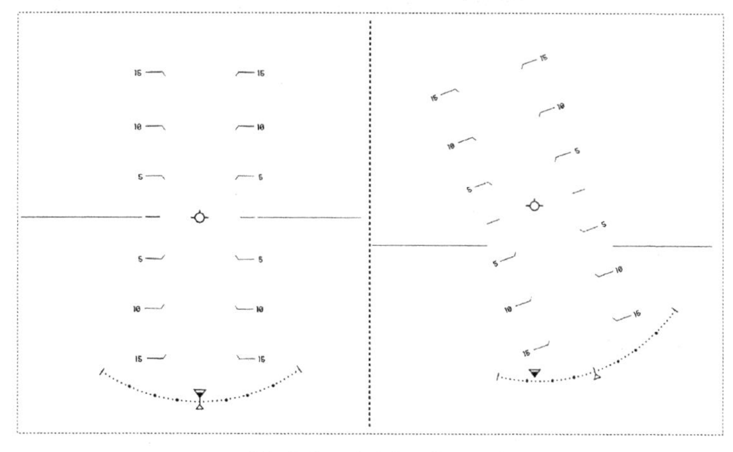

(a) 常规状态下姿态指示信息示意图

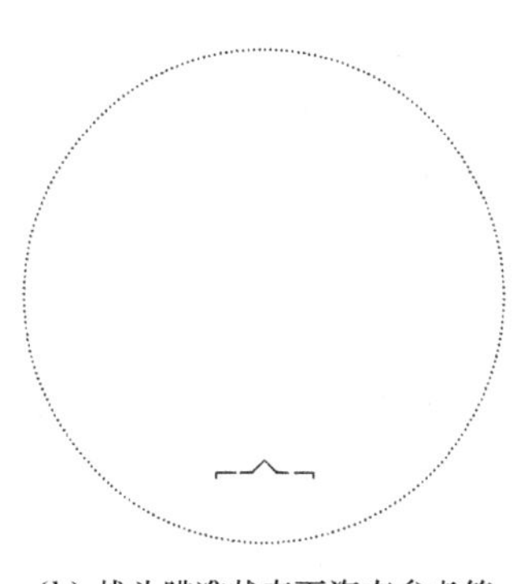

(b) 战斗瞄准状态下姿态参考符

图 7-13　姿态指示信息编码示意图

中当战机处于常规非战斗模式时，呈现如图 7-13(a)界面；当战机处于战斗瞄准模式时，呈现如图 7-13(b)界面。

7.2.7 瞄准指示信息编码分析

航空瞄准具是指使战机上投射的弹药命中目标的瞄准装置。传统航电系统中采用的是机械装置，HUD 中采用了光学、机电系统。离轴空-空导弹研发成功后，应用于离轴发射的 HMDs 发展迅速，目前的 HMDs 的瞄准界面信息主要是 HUD 的映射式呈现，信息来自参数测量装置、计算装置和显示装置等。参数测量装置测量出瞄准计算所需要的参数，如目标运动参数、本机姿态和运动参数以及大气参数等。计算装置根据所测得的数据和飞行员预先设定的数据(如弹道参数、目标翼展等)进行瞄准计算，确定出弹药命中目标所需要的初始发射状态以及投射时机等。如图 7-14 所示，为典型非固定翼战机 HMDs 的瞄准界面。

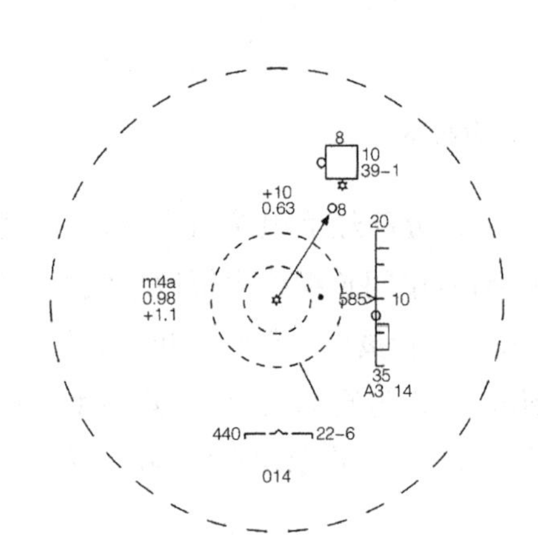

图 7-14 典型非固定翼战机 HMDs 的瞄准界面

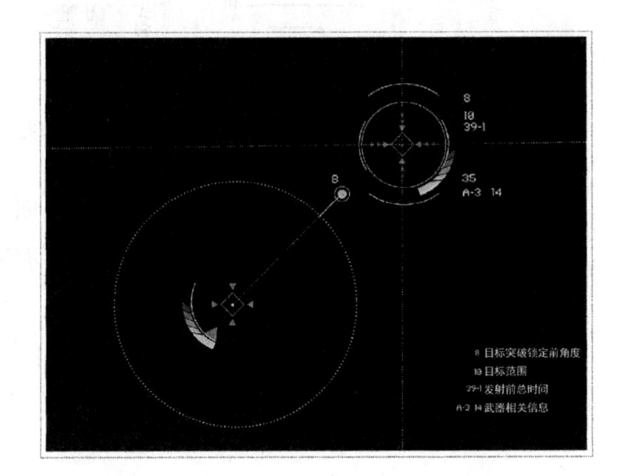

图 7-15 瞄准指示信息编码示意图

瞄准指示信息方案设计主要参照目前 HMDs 界面形式，采用全彩色方案，指示信息主要有目标识别锁定、指引线、目标突破锁定前角度、目标范围、火控发射前总时间和武器相关信息等。如图 7-15 所示。

7.2.8 目标标记提示信息编码分析

美国国防部高级计划研究署(Defense Advanced Research Projects Agency, DARPA)最先开展了针对美国陆军的单兵作战装备计划，从解密的材料中看到基于增强现实技术开发的单兵辅助头盔系统，其界面设计核心问题就是怎样标记战场环境中的重要目标。目标的标记需要建立在强大的通信系统、雷达系统、红外识别系统之上，才能准确区分友军目标、敌军目标和不明目标。目前 HMDs 界面设计中目标标记主要采用的是简单的线框标记，所起到的增强显示作用很小。本章的设计方案针对空中单位标记、地面单位标记、地面武器装备标记、关键道路信息标记等多个方面进行编码分析研究。

（1）空中单位标记

根据国军标 GJB 301—87 飞机下视显示器字符标准[175]中显示器符号规范所列举的战机类型符号，进行重新设计，主要分为轰炸机、战斗机、运输机、侦察机和直升机，如图7-16 所示，为空中单位标记符号编码示意图。

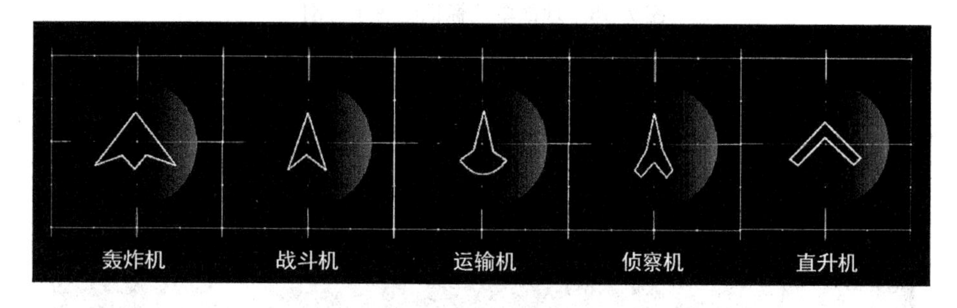

图 7-16　空中单位标记符号编码示意图

在 HMDs 界面中友机目标标记为蓝色，敌机目标标记为红色，不明战机标记为黄色，如图 7-17 所示。根据本书第 4 章中对基于图标特征的 HMDs 符号编码研究中总结的原则，当目标进入瞄准界面中心区域，为防止混淆和遮盖瞄准信息，采用线框式。当目标距离比较远，在界面中采用半透明式或亮框加半透明式，某些状态下采用环形线框提示飞行员目标状态。

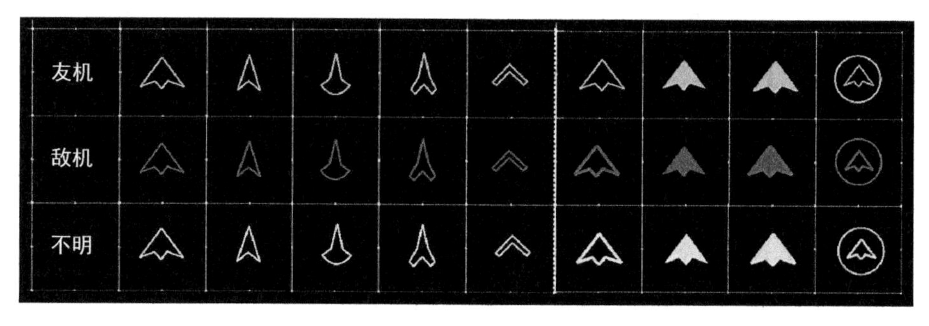

图 7-17　空中单位敌我识别区分编码示意图

（2）地面单位标记

地面单位标记形式设计如图 7-18 所示，不明单位采用黄色标记，友方单位采用蓝色标记，敌方单位采用红色标记。标记伴有文字信息提示，为避免遮挡 HMDs 界面中的透视信息，文字提示和标记形式采用动态渐隐式，并且可以根据飞行员阅读情况进行选择性消失或循环显示的方式。

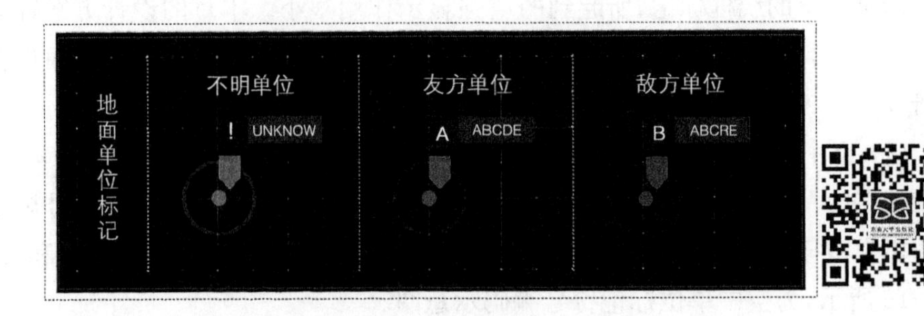

图 7-18　地面单位标记编码示意图

地面单位中如果是武装单位或防空设施，采用等边五角形进行标记提示，如图7-19所示。并且地面单位的标记是具有透视性的，跟随环境转换呈现透视变换，如图7-20所示。

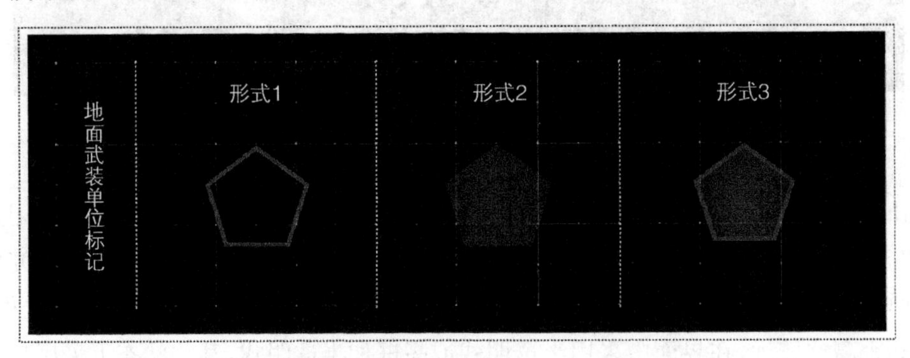

图 7-19　地面武装单位标记编码示意图

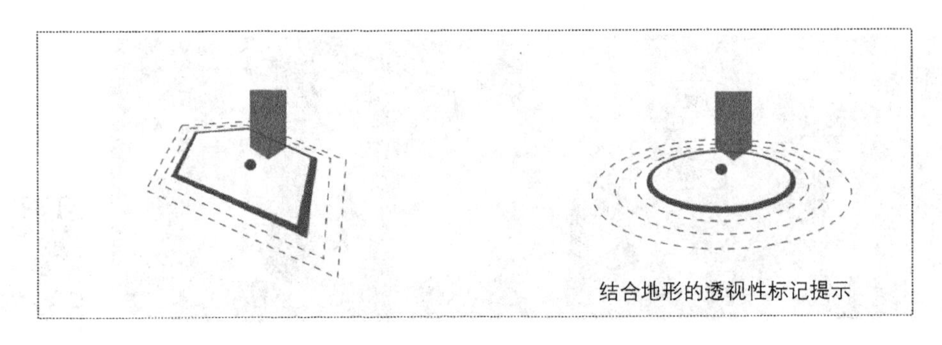

图 7-20　地面单位标记跟随地形透视变化示意图

(3) 地面主要道路标记

非固定翼战机的飞行员需要经常透过 HMDs 对低空进行观察，比如地面搜索、火力掩护、火力打击等任务，所以地面主要通路或关键性交通要道需要进行标记提示，方案设计中重要道路采用黄色直线标记，次重要道路采用细白色直线标记，如图 7-21 所示，为地面重要道路标记编码示意图。

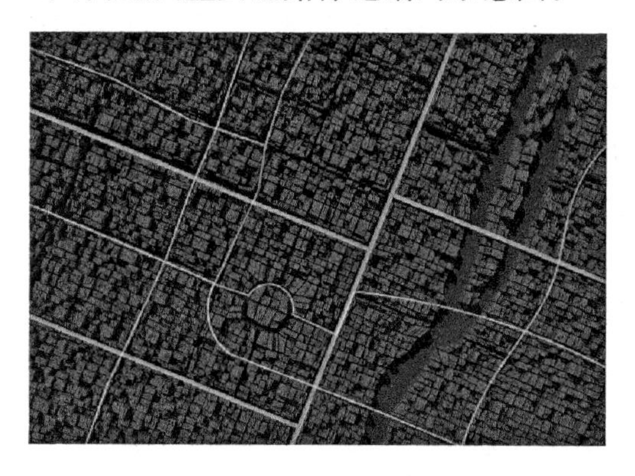

图 7-21　地面重要道路标记编码示意图

7.3　界面设计呈现

7.3.1　自动巡航状态界面信息编码设计

自动巡航状态下，除了显示空速、高度、航向和姿态等基本信息外，本章提出增强现实预判巡航轨迹，色彩采用黄色，如图 7-22 所示。这种增强显示编码的好处是飞行员可以对未来轨迹有更直观的观察，更好地预判未来的飞行状态。

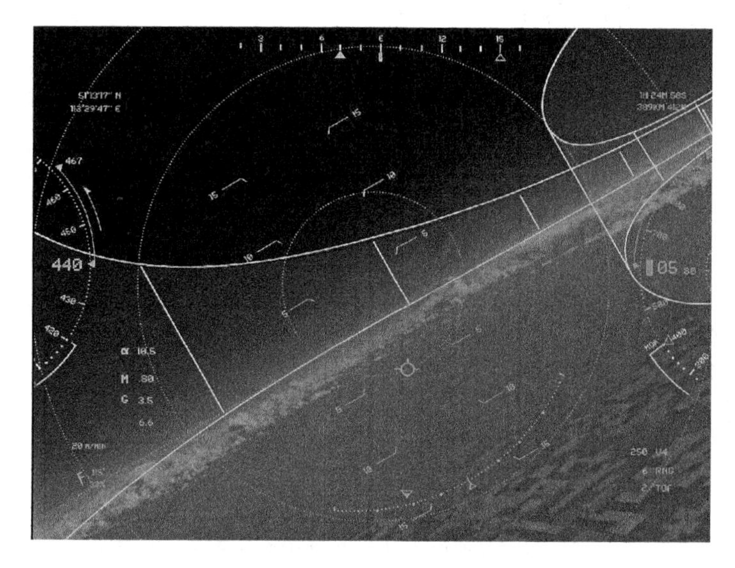

图 7-22　自动巡航状态界面呈现方案

7.3.2 常规状态 HMDs 界面信息编码设计

常规状态是指起飞、着陆、巡航等非瞄准战斗状态。这类状态下，空速、高度、航向和姿态等信息是主要呈现信息，飞行员会根据飞行任务时刻重点关注。此外外界环境信息、战机位置坐标等信息也会呈现。如图 7-23 所示，为常规状态 HMDs 界面编码呈现示意图。

(a) 巡航状态下界面信息编码呈现示意图

(b) 起飞状态下界面信息编码呈现示意图

图 7-23 常规状态 HMDs 界面编码呈现示意图

7.3.3 瞄准战斗状态 HMDs 界面信息编码设计

(1) 对空瞄准攻击状态界面

(a) 低空中对空瞄准攻击状态界面

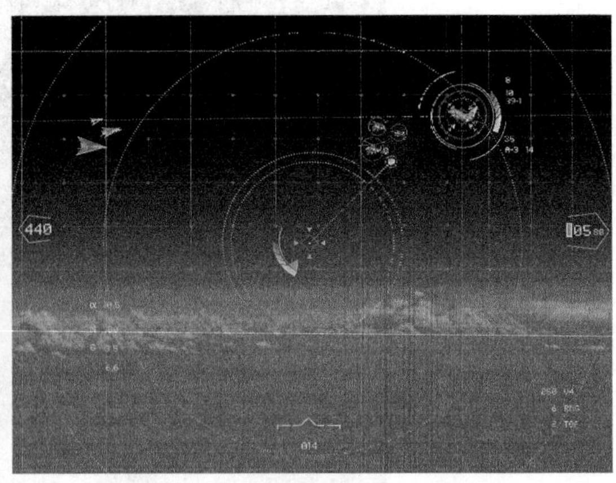

(b) 高空中对空瞄准攻击状态界面

图 7-24 对空瞄准攻击状态下 HMDs 界面编码示意图

瞄准战斗状态下，瞄准锁定符号会占据界面中心大部分区域，飞行员也会重点观察目标信息和武器状态信息，这时战机高度、空速、航向和姿态等信息作为次要信息，采取简要呈现方式。如图 7-24 所示，为对空瞄准攻击状态下 HMDs 界面编码示意图。

(2) 对地瞄准攻击状态界面

对于非固定翼战机，会经常对地面进行火力掩护等任务，这种状态下，飞行员需要观察、搜索和锁定地面攻击目标。如图 7-25 所示，为对地瞄准攻击状态下 HMDs 界面编码示意图。

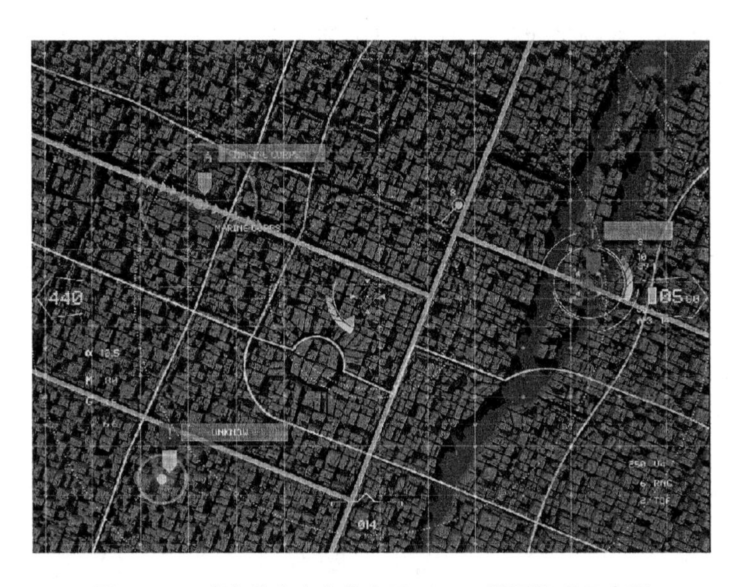

图 7-25　对地瞄准攻击状态下 HMDs 界面编码示意图

7.3.4　HMDs 界面告警信息编码设计

本书第 5 章针对 HMDs 界面告警信息布局编码方式进行了全面系统的分析，提出了不同飞行状态下告警信息的呈现区域，本节将对告警信息形式进行编码设计，如图 7-26 所示。在战机座舱环境中，突发状态会通过多通道对飞行员进行告警提示，比如视觉通道、听觉通道等。根据故障或告警等级不同，显示内容也有所不同。航电系统一般分为“注意”(CAUTION)、“警惕”(ALERT)、“警告”(WARNING)、“危险”(DANGER)等。

CAUTION　ALERT　WARNING　DANGER

图 7-26　故障和告警等级划分

其中“注意”指故障不影响飞行，但需及时调整避免进入“警惕”状态，不需要报警音及闪烁辅助提醒；“警惕”指故障需立刻处理防止出现危险情况，需要配合闪烁效果，提高认读速率；“警告”指对正常飞行有直接影响的状况，威胁战机及飞行员安全，需适当提高闪烁频率并配合报警音提示，使飞行员及时做出相应措施；“危险”指严重影响飞行安全或被敌方锁定的情况，此时显示信息需配合闪烁和危险报警音，要求飞行员立刻做出自救措施或逃离危险区。设计时依据前文中提出的界面信息编码原则。

设计方案对背景进行了滤化处理，所以告警文字色彩采用白色，并且使用红色色彩进行闪烁渐隐提示，如图 7-27 所示。

图 7-27　告警文字闪烁渐隐示意图

发生故障或告警提示的呈现区域采用本书第 5 章通过实验分析提出的编码原则，如图 7-28 所示，为起飞状态下告警信息呈现示意图。

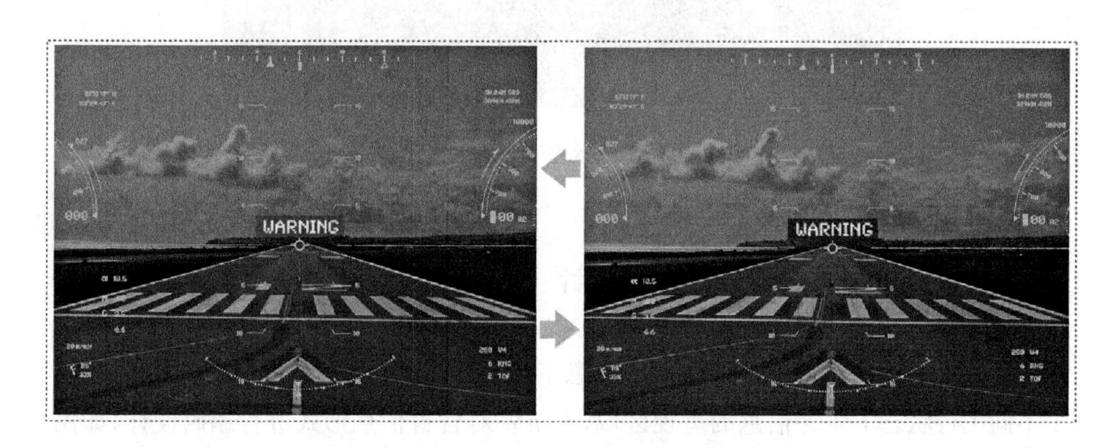

图 7-28　起飞状态下告警信息呈现示意图

7.4　界面眼动评估实验

本节将对眼动跟踪设备记录的眼动指标（包括扫描路径、平均注视时间、总注视时间等）进行统计分析，进而分析被试与设计方案界面交互过程中的认知负荷和视觉规律。

7.4.1 实验设备与环境

实验设备采用东南大学人因工程实验室的瑞士 Tobii X120 眼动跟踪设备和计算机设备。眼动跟踪设备采样频率为 120 Hz,凝视定位精度为 0.5°。实验界面图片为 1 280×1 080 像素,颜色质量为 32 位,头部运动范围为 30 cm×16 cm×12 cm。

7.4.2 实验材料与被试

如图 7-29 所示,为本实验采用的设计方案界面原型。根据不同的熟悉程度与任务特征设计实验界面,界面细节如本章 7.3 节中介绍的。本次实验共选取东南大学在校学生 10 名,其中男生 7 名,女生 3 名。被试矫正视力均在正常范围,无色盲、色弱,年龄在 20 到 29 岁之间。实验之前均已向被试明确说明实验要求及相关注意事项,并告知实验预计时间。

图 7-29 实验采用的界面设计原型示意图

7.4.3 实验任务

实验任务要求被试对 HMDs 界面设计方案进行浏览，主要分为起飞界面(编号 1)、自动巡航界面(编号 2)、常规巡航界面(编号 3)、对空瞄准攻击界面(编号 4)、对地瞄准攻击界面(编号 5)和着陆界面(编号 6)，主要考察不同界面中被试的认知负荷状态，以及被试的目标觉察和分辨能力。

如图 7-30 所示，要求被试观察 6 幅 HMDs 典型任务界面，每熟悉一个界面并完成相关指示任务，被试进行界面切换。被试进行任务的同时，眼动跟踪设备开始记录被试数据。

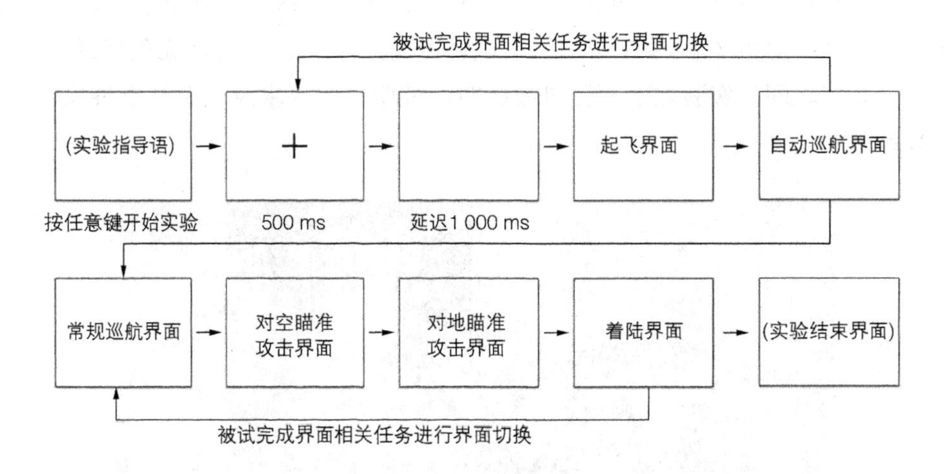

图 7-30 实验任务流程示意图

7.4.4 实验数据处理和分析

(1) 扫描路径分析

扫描路径是将眼球运动信息叠加在视景图像上形成注视点移动的路线图，它能够比较具体、直观和全面地反映眼动的时间和空间特征，由此可以判定不同个体之间、各种不同刺激情况下、不同任务条件下的眼动情况及其差异性。实验根据扫描路径对不同界面的注视点集合进行分析，从图 7-31 中可以看出，在 6 个典型界面中，被试注视点均集中在 HMDs 信息呈现区域，只有极少数的被试会留意空白区域，可见界面设计方案有利于被试注意力的集中。

(2) 平均注视时间(Mean Fixation Duration, MFD)分析

Buettner 提出认知负荷与平均注视时间成正相关[288]。如表 7-1 所示，为 6 个界面

被试的 MFD 值。对 6 个界面的 MFD 值进行单因素方差分析,可得到不同界面之间的 MFD 没有显著性差异($F=0.421$, $P=0.897>0.05$)。可见 6 个界面中信息的认知容易程度之间并没有特别大的差异。

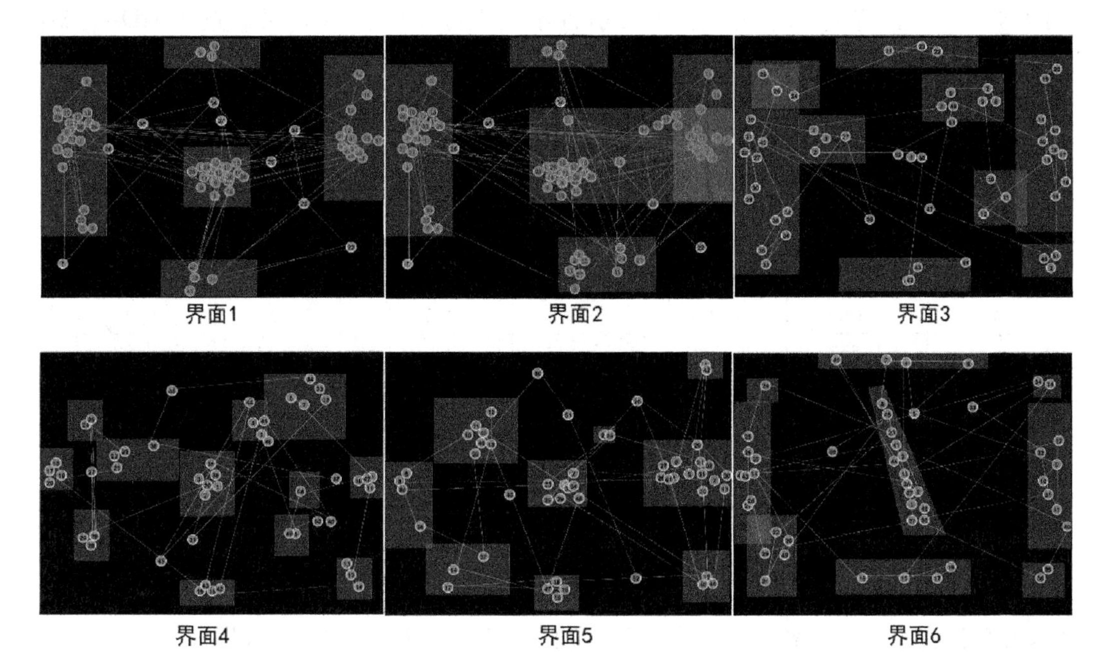

图 7-31　实验中 6 个界面的扫描路径示意图

(白色矩形区域为界面中信息呈现区域)

表 7-1　界面被试 MFD 值统计表　　单位:s

被试编号	界面 1	界面 2	界面 3	界面 4	界面 5	界面 6
1	0.115	0.136	0.144	0.106	0.146	0.125
2	0.114	0.111	0.118	0.117	0.110	0.151
3	0.119	0.103	0.094	0.106	0.103	0.126
4	0.101	0.100	0.106	0.085	0.067	0.084
5	0.089	0.106	0.081	0.081	0.114	0.101
6	0.127	0.146	0.145	0.128	0.174	0.151
7	0.102	0.099	0.081	0.081	0.101	0.114
8	0.089	0.114	0.099	0.097	0.094	0.114
9	0.114	0.101	0.089	0.122	0.114	0.112
10	0.092	0.097	0.094	0.092	0.021	0.108

(3) 总注视时间(Total Fixation Duration，TFD)分析

如表 7-2 所示，为 6 个界面被试的 TFD 值。对 6 个界面的 TFD 值进行单因素方差分析，可以看出 6 个界面之间的 TFD 有显著性差异($F=3.135$，$P=0.025<0.05$)。可见被试在不同界面中的停留时间不同，即不同飞行任务下，飞行员透过 HMDs 观察所需的信息容量不等。

表 7-2　界面被试 TFD 值统计表　　单位：s

被试编号	界面 1	界面 2	界面 3	界面 4	界面 5	界面 6
1	2.038	2.351	1.828	3.045	3.174	2.051
2	1.612	3.125	1.162	3.405	5.196	1.624
3	1.062	2.545	1.413	3.549	4.008	1.075
4	1.062	1.212	0.380	4.636	0.948	1.075
5	1.613	0.380	1.080	3.201	0.600	1.625
6	2.163	2.198	1.331	3.747	3.852	2.175
7	0.805	0.779	0.147	2.201	2.244	0.819
8	1.463	0.616	2.216	1.249	2.152	1.476
9	1.745	2.110	1.163	1.299	1.800	1.757
10	0.247	0.464	0.414	0.933	2.242	0.261

如表 7-3 所示，为实验中各界面的总注视时间 LSD 多重比较分析。如图 7-32 所示，为实验中各设计方案界面被试 TFD 均值趋势图。从中可以看出，界面 4 和界面 5 的 TFD 值较高，其他界面的 TFD 值较低。结合不同界面的具体飞行任务可知：巡航状态下，飞行员所需获取的信息量较少，认知负荷比较低，其中自动巡航比常规巡航 TFD 值略高，说明在自动巡航状态下，被试没有过度关注仪表信息，对外界信息进行了更多的观察；对空瞄准攻击和对地瞄准攻击状态下，被试耗时比较长，说明在该类任务下，飞行员需要关注的信息量较大，不仅需要观察仪表信息，还要观察目标状态和锁定情况，认知负荷比较大；起飞和降落两种状态没有显著性差异。

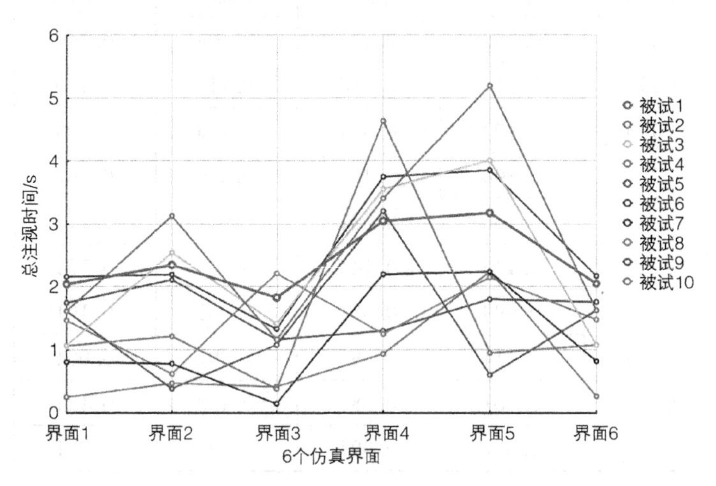

图 7-32　实验中各界面被试 TFD 均值趋势图

表 7-3 实验中各界面的总注视时间 LSD 多重比较分析统计表

变量 1	变量 2				
界面 1	界面 2	界面 3	界面 4	界面 5	界面 6
均值差	−0.197	0.268	−1.346*	−1.241*	−0.013
显著性	0.115	0.386	0.003	0.007	0.986
变量 1	变量 2				
界面 2	界面 1	界面 3	界面 4	界面 5	界面 6
均值差	0.197	0.465	−1.149*	−1.044*	0.184
显著性	0.115	0.205	0.007	0.011	0.216
变量 1	变量 2				
界面 3	界面 2	界面 1	界面 4	界面 5	界面 6
均值差	−0.465	−0.268	−1.614*	−1.509*	−0.281
显著性	0.405	0.386	0.001	0.002	0.096
变量 1	变量 2				
界面 4	界面 2	界面 3	界面 1	界面 5	界面 6
均值差	1.149*	1.614*	1.346*	0.105	1.333*
显著性	0.007	0.001	0.003	0.202	0.003
变量 1	变量 2				
界面 5	界面 2	界面 3	界面 4	界面 1	界面 6
均值差	1.044*	1.509*	−0.105	1.241*	1.228*
显著性	0.011	0.002	0.202	0.007	0.004
变量 1	变量 2				
界面 6	界面 2	界面 3	界面 4	界面 5	界面 1
均值差	−0.184	−0.281	−1.333*	−1.228*	0.013
显著性	0.184	0.096	0.003	0.004	0.986

“*”表示均值差的显著性水平为 0.05

7.4.5 实验结论

(1) 实验中的界面设计清晰并且内容丰富。首先根据平均注视时间统计分析发现,实验中各个不同界面的易理解程度之间没有显著性差异,被试可以根据内隐使用习惯和飞行任务要求快速熟悉界面信息;可见设计方案界面基于本书前面章节中提出总结的编码方法使得 HMDs 界面视觉层次分明、干净,整个界面感知质量较高,具有非常好的清晰性。

(2) 根据扫描路径图的分析可以看出界面设计方案有助于被试在模拟飞行中进行起飞、巡航、瞄准战斗和着陆等任务中集中注意力,并有效地从复杂背景中发现目标信息;因此通过 HMDs 空间布局、图标符号、目标色彩和大小、可视化结构等视觉次序化组织方式,可以有效地提高 HMDs 界面系统使用效率。

(3) 从实验数据分析可以看出,巡航状态下,飞行员所需获取的信息量较少,认知负荷比较低,其中自动巡航比常规巡航 TFD 值略高,说明在自动巡航状态下,被试没有过度关注仪表信息,对外界信息进行了更多的观察;对空瞄准攻击和对地瞄准攻击状态下,被试耗时比较长,说明在该类任务下,飞行员需要关注的信息量较大,不仅需要观察仪表信息,还要观察目标状态和锁定情况,认知负荷比较大;起飞和降落两种状态没有显著性差异。

本章小结

(1) 首先结合本书前几章节所提出的 HMDs 界面编码方法和原则,从概念设计的角度,设计一款面向未来战机的全新的 HMDs 界面。

(2) 对 HMDs 界面布局、背景色彩处理、高度指示信息、速度指示信息、航向指示信息、飞行姿态指示信息、目标增强标记等多方面详细编码设计了界面要素。

(3) 完成了战机起飞、常规巡航、自动巡航、空中目标瞄准攻击、地面目标瞄准攻击和着陆等多个飞行任务阶段的界面编码设计。

(4) 基于眼动跟踪设备,开展了针对设计方案界面的实验研究,通过实验数据对界面的综合质量进行评价,分析前几章中所提出的编码原则的可靠性和有效性,从而降低由于 HMDs 界面信息呈现不合理引发的人因失误概率。

第 8 章

总结与展望

8.1 总结

科学技术的发展和现代空战技战术水平的提升，对飞行员的战场态势感知(Situational Awareness，SA)能力提出了极高的要求。头盔显示系统(HMDs)的发展给空战带来了新的技术革命，由于各项性能指标和瞄准系统信息都集中在 HMDs 界面当中，飞行员可以快速地对离轴的目标进行捕获、追踪和发射武器，进而占据空战的主动权。精准无误的显示界面才能给飞行员提供可靠的作战信息，然而不合理的界面设计会误导飞行员，做出错误决策。所以如何呈现信息，才能使飞行员在感知周围态势的同时，更加有效实现信息的识别、判断并做出正确决策成了 HMDs 界面信息编码的焦点问题。

本书以头盔显示系统(HMDs)界面为研究对象，基于视知觉认知理论，研究了其界面信息编码方法，目的在于从界面信息编码元素和编码方法出发，分析信息元素与视觉认知之间的内在机理。本书全面分析了 HMDs 界面编码的光学限制条件和飞行任务信息需求，建立了符合飞行员认知加工机制的界面信息编码方法，使 HMDs 界面信息呈现遵循具体飞行任务信息获取要求，控制多源信息显示与保证重要信息呈现，避免由于飞行员认知负荷过重或态势感知获取能力不当而造成界面使用效率低下，提高战机航电系统作战效率。

本书完成的主要工作有：

(1) 提出了 HMDs 界面可视性的基本原则。总结 HMDs 界面信息编码的显示系统设计参数，重点包括显示方式、出射光瞳、眼距、视场等。并从飞行员视知觉认知的角度，提出图标、亮度/对比度、分辨率、字符符号、色彩等方面的 HMDs 界面信息可视性的基本原则。

(2) 建立了从飞行员视觉认知到 HMDs 界面要素的映射关联方法。根据 Shannon 信息通信系统模型、Wickens 视觉搜索模型、Endsley 的 SA 理论模型等视知觉分析方法，从界面信息编码和大脑信息解码的角度，重点分析信息传递过程中所涉及的态势感知、选择性注意、认知负荷等认知问题，总结了 HMDs 界面设计元素信息编码与认知机理之间的层次关系。

(3) 提出了针对 HMDs 界面图标特征、信息布局、界面色彩应用的信息编码方法和设计原则。全面系统地对不同飞行任务阶段飞行员信息需求进行层次划分。根据本书提出的视觉认知到设计元素的映射关联理论，采用单探测变化检测、析因检测等实验范式开展了界面图标特征、告警信息布局、色彩应用等实验研究。根据实验结果获取、总结、提出了关于 HMDs 界面图标特征、信息布局、色彩应用的编码方法和设计原则。

(4) 基于本书所提出的由视觉认知到界面信息特征映射的 HMDs 界面编码方法，对界面中的高度指示、速度指示、航向指示和姿态指示等信息要素进行了全新编码设计，重点优化了 HMDs 界面图标标注、信息结构布局、背景色彩处理和告警提示方式等。开展了针对设计方案的认知负荷评估实验，通过眼动跟踪实验结果，验证了本书提出的编码方法和设计原则的有效性和可行性。

本书取得的创新性成果可以总结为：

(1) 建立了从飞行员视觉认知到 HMDs 界面要素的映射关联方法。根据视知觉认知相关理论模型和分析方法，从界面信息编码和大脑信息解码的角度，重点分析了信息传递过程中所涉及的态势感知、选择性注意、认知负荷等认知问题，总结了 HMDs 界面设计元素信息编码与认知机理之间的层次关系，为 HMDs 的信息编码方法研究提供了重要的理论基石。在研究中切实搭建了心理学理论和设计学应用上的桥梁。

(2) 提出了针对 HMDs 界面图标特征、信息布局、界面色彩应用的信息编码方法和设计原则。全面系统地对不同飞行任务阶段飞行员信息需求进行层次划分。根据本书提出的视觉认知到设计元素的映射关联理论，采用心理学相关实验范式开展了界面图标特征、告警信息布局、色彩应用等实验研究，为 HMDs 界面信息编码提供了研究思路和方法指导，创新性地解决了 HMDs 界面信息设计仅局限于图形研究层面的问题，充分体现了信息学、心理学和设计学的融合。

(3) 基于本书所提出的由视觉认知到界面信息特征映射的 HMDs 界面编码方法，对界面中的高度指示、速度指示、航向指示和姿态指示等信息要素进行了全新编码设计，重点优化了 HMDs 界面图标标注、信息结构布局、背景色彩处理和告警提示方式等。开展针对设计方案的认知负荷评估实验，通过眼动跟踪实验结果，验证了本书提出的编码方法和设计原则的有效性和可行性，实现了 HMDs 界面信息设计在主观和客观、定性和定量上的互补结合。

8.2 后续研究展望

由于作者本身的能力和知识背景所限，书中不免对一些问题的研究仍不够透彻清晰。回顾本书的论述，仍有诸多不尽如人意之处，今后的研究将进一步深化拓展。

(1) 对未来HMDs系统的发展趋势继续跟踪研究，进一步预判未来战机的技战术水平，并重点关注无人机界面的发展趋势，更好地为HMDs界面研究指明方向。

(2) 设计学作为一门交叉学科，近年来融入了全新的研究思路和设计方法，其中就包含认知科学，东南大学甚至创造性地提出了神经设计学。其中基于事件相关电位研究的脑科学已经成为比较热门的设计学研究方法，脑功能成像技术能够精确地模拟或预测在特定的信息加工过程中人脑内各个功能区域的信号变化。这相比本书只根据行为层面的反应时和正确率等简单指标来评价界面信息设计的可用性，会产生质的提升。所以未来在HMDs界面设计要素实验研究方法上，作者将更加拓宽思路，引入事件相关电位和功能性核磁共振等实验方法开展研究。

(3) 由于作者知识背景原因，并没有对本书最后完成的界面设计方案制作相关程序软件，在后续的研究工作中，作者将认真学习计算机编程和动画设计等技术，更好地将理论研究落实到最终的设计方案当中，力争能够拿出可供飞行员使用的HMDs界面培训软件。

参考文献

[1] VELGER M. Helmet-mounted displays and sights[M]. Norwood, MA: Artech House Publishers, 1998.

[2] SMITH S, FYDENKEVEZ M, CHUAH C K, et al. Weapon control system having weapon stabilization: US5949015[P]. 1999-09-07.

[3] MARSHALL G F. Back from the past: The helmet integrated system of Albert Bacon Pratt (1916)[J]. Optical Engineering,1989,28(11):247-281.

[4] 王永年,等. 头盔显示/瞄准系统[M]. 北京:国防工业出版社,1994:1-6.

[5] 陈保全. 头盔瞄准具用于武装直升飞机方案设想[J]. 火控技术,1984, 9(01): 14-22.

[6] KLASS P J. Navy pilots to use helmet sight[J]. Aviation Week Space Technology, 1972: 37-40.

[7] SUTHERLAND I E. A head-mounted three dimensional display [C]// Proceedings of the December 9-11, 1968, Fall Joint Computer Conference, Part I on- AFIPS '68 (Fall, Part I), December 9 - 11, 1968. San Francisco, California. New York, USA: ACM Press, 1968: 757-764.

[8] 王永年. 头盔显示器的任务、现状和研究方向[C]//航空 613 所建所 30 周年论文集,2000:289-297.

[9] CAMERON A. The application of holographic optical waveguide technology to the Q-Sight family of helmet-mounted displays[C]//SPIE Defense, Security, and Sensing. International Society for Optics and Photonics, 2009: 73260H-73260H-11.

[10] RASH C E, RUSSO M B, LETOWSKI T R, et al. Helmet-mounted displays: Sensation, perception and cognition issues[R]. Army aeromedical research unit fort rucker al, 2009.

[11] HYA H,GAO C Y. A polarized head-mounted projective display[C]//IEEE

proceedings of the international symposium on mixed and augmented reality. Vienna:IEEE,2005:32-35.

[12] YAMAZOE T,KISHI S,SHIBATA T,et al. Reducing binocular rivalry in the use of monocular head-mounted display [J]. Journal of Display Technology, 2007,3(1):83-88.

[13] 诸葛卉. 驻阿法军装备“顶点猫头鹰”头盔显示器[EB/OL][2010-07-21]. https://news. qq. com/a/20100721/001261. htm.

[14] CAMERON A. The application of holographic optical waveguide technology to the Q-Sight family of helmet-mounted displays[C]//SPIE Defense, Security, and Sensing. International Society for Optics and Photonics, 2009: 73260H-73260H-11.

[15] ROYAL N. Q-Sight Helmet-Mounted Display for Lynx Helicopters[EB/OL][2010-11-17]. https://www. militaryaerospace. com/power/article/16723542/qsight-helmetmounted-display-for-lynx-helicopters-delivered-to-royal-navy-by-bae-systems.

[16] 李雅琼. 美国陆军考虑研制新高分辨率数字头盔显示器[EB/OL][2011-09-06]. http://news. 163. com/api/11/0906/15/7D9DRDTC00014JB5. html.

[17] LOCKHEED M. Selects BAE Systems to Supply F-35 Joint Strike Fighter (JSF) Helmet Display Solution [EB/OL][2011-10-10] . https://www. baesystems. com/en/article/lockheed-martin-selects-bae-systems-to-supply-f-35-joint-strike-fighter-jsf-helmet-display-solution.

[18] CLARK J H. Designing surfaces in 3-D[J]. Communications of the ACM, 1976,19(8):454-460.

[19] RASH C E, MCLEAN W E, Mora J C, et al. Design issues for helmet-mounted display systems for rotary-wing aviation[R]. Defense Technical Information Center, 1998.

[20] LEWANDOWSKI R J, STEPHENS W, HAWORTH L A. Helmet-and Head-Mounted Displays and Symbology Design Requirements II[C]//Helmet-and Head-Mounted Displays and Symbology Design Requirements II,1995:2465.

[21] ALAM M S, ZHENG S H, IFTEKHARUDDIN K M, et al. Study of field-of-view overlap for night vision applications [C]//Aerospace and Electronics Conference, 1992. NAECON 1992. Proceedings of the IEEE 1992 National. IEEE, 1992: 1249-1255.

[22] ALLEN J H, HEBB R C. Helmet mounted display feasibility model[R]. Naval

training equipment center orlandofl, 1983.

[23] ARBAK C J. Utility evaluation of a helmet-mounted display and sight[C]//1989 Orlando Symposium. International Society for Optics and Photonics, 1989: 138-141.

[24] WORBOYS M R, DAY S C, FOSTER S J, et al. Miniature display technologies for helmet-and head-mounted displays[C]//SPIE's International Symposium on Optical Engineering and Photonics in Aerospace Sensing. International Society for Optics and Photonics, 1994: 17-24.

[25] VYRNWY-JONES P, LANOUE B, PRITTS D. SPH-4 U.S. Army flight helmet performance 1983—1987[R]. Army aeromedical research unit fort rucker al, 1988.

[26] VERONA R W, RASH C E, HOLT W R, et al. Head movements during contour flight[R]. Army aeromedical research unit fort rucker al, 1986.

[27] VENTURINO M, WELLS M J. Head movements as a function of field-of-view size on a helmet-mounted display[C]//Proceedings of the Human Factors and Ergonomics Society Annual Meeting. SAGE Publications, 1990, 34 (19): 1572-1576.

[28] TASK H L, KOCIAN D F. Design and integration issues of visually-coupled systems (VCS). Wright-Patterson AFB, OH: Armstrong Laboratory[R]. AL/CF-SR-1995-0004, 1995.

[29] Snyder H L. Human visual performance and flat panel display image quality [R]. Defense Technical Information Center, 1980.

[30] SILVERSTEIN M F. How to select a flat-panel display[J]. IEEE Spectrum, 1989,26(9):41-45.

[31] RASH C E, MOZO B T, MCLEAN W E, et al. Assessment Methodology for Integrated Helmet and Display Systems in Rotary-Wing Aircraft[R]. Army aeromedical research lab fort rucker al, 1996.

[32] RASH C E, MOZO B T, MCENTIRE B J, et al. RAH-66 Comanche Health Hazard and Performance Issues for the Helmet Integrated Display and Sighting System[R]. Army aeromedical research lab fort rucker al, 1996.

[33] RASH C, MONROE D, VERONA R. Computer model for the evaluation of symbology contrast in the Integrated Helmet and Display Sighting System. Fort Rucker, AL: US Army Aeromedical Research Laboratory[R]. USAARL Report, 1981.

[34] RASH C E, MCLEAN W E, MONROE D R. Effects of reduced combiner transmittance in the Integrated Helmet and Display Sighting System[J]. 1981.
[35] RABIN J. Comparison between green and orange visual displays[J]. Journal of The Society for Information Display,1996,4(2):107-110.
[36] NEWMAN R L. Head-up displays: Designing the way ahead[M]. London: Routledge, 2017.
[37] OSGOOD R K, WELLS M J. The effect of field-of-view size on performance of a simulated air-to-ground night attack[C]. Armstrong lab wright-patterson afb oh, 1991.
[38] MCLEAN W E, RASH C E. The effect of modified spectacles on the field of view of the helmet display unit of the integrated helmet and display sighting system[R]. Army aeromedical research unit fort rucker al, 1984.
[39] ZHOU H. Synthesized night vision goggle[C]//Helmet and Head-Mounted Displays V. International Society for Optics and Photonics, 2000, 4021: 171-178.
[40] 刘华. 综合机载微光夜视镜光学系统研究[J]. 电光与控制,2001, 8(4): 26-29.
[41] 何定,王涌天,袁旭沧,等. 用于灵境系统的观察目镜[J]. 光电工程,1997, 24(5): 41-45.
[42] 哈涌刚,周雅,王涌天,等. 用于增强现实的头盔显示器的设计[J]. 光学技术, 2000, 26(4):350-353.
[43] 刘玉,刘旭,孙隆和. 透视型液晶头盔显示器时序双原色显示[J]. 光电工程,2000, 27(2):5-8.
[44] 张晓兵,安新伟,刘璐,等. 头盔显示器的发展与应用[J]. 电子器件,2000, 23(1): 51-59.
[45] 赵秋玲,王肇圻,母国光,等. 用于 LCOS 微显示的折射-衍射目视系统设计[J]. 科学通报,2002, 47(10): 744-748.
[46] WANG Z Q, YU F, CARTWRIGHT C M, et al. Hybrid diffractive-refractive 40° head-mounted display[J]. Optik-International Journal for Light and Electron Optics, 2003, 113(12): 527-530.
[47] ZHAO Q L, WANG Z Q, SUN Q, et al. Simple 40 head-mounted display[J]. Optik-International Journal for Light and Electron Optics, 2003, 114 (4): 181-183.
[48] 张慧娟,王肇圻,赵秋玲,等. 折/衍混合增强现实头盔显示器光学系统设计[J]. 光学学报,2004, 24(1):121-124.

[49] US Department of Defense. Department of Defense interface standard, aircraft display symbology (MIL-STD-1787B)[J]. 1996.

[50] COLLINSON R P G. Displays and man-machine interaction[M]//Introduction to Avionics Systems. Springer US, 2003: 17-96.

[51] ROLLAND J P, HUA H. Head-mounted display systems[J]. Encyclopedia of optical engineering, 2005: 1-13.

[52] ZHANG R, HUA H. Effects of a retroreflective screen on depth perception in a head-mounted projection display[C]//Mixed and Augmented Reality (ISMAR), 2010 9th IEEE International Symposium on. IEEE, 2010: 137-145.

[53] DOEHLER H U, SCHMERWITZ S, LUEKEN T. Visual-conformal display format for helicopter guidance[C]//SPIE Defense + Security. International Society for Optics and Photonics, 2014: 90870J-90870J-12.

[54] VAN ORDEN K F, DIVITA J, SHIM M J. Redundant use of luminance and flashing with shape and color as highlighting codes in symbolic displays[J]. Human Factors, 1993, 35(2): 195-204.

[55] WICKENS C D, ANDRE A D. Proximity compatibility and information display: Effects of color, space, and object display on information integration[J]. Human Factors, 1990, 32(1): 61-77.

[56] DEATON M. User and task analysis for interface design[J]. Technical Communication, 1998, 45(3): 385-388.

[57] FLEETWOOD M D, BYRNE M D. Modeling icon search in ACT-R/PM[J]. Cognitive Systems Research, 2002, 3(1): 25-33.

[58] WU W, SUN J. Research on the orientation method of HMD based on image processing[C]//Intelligent Control and Automation (WCICA), 2012 10th World Congress on. IEEE, 2012: 4160-4162.

[59] PEINECKE N, KNABL P M, SCHMERWITZ S, et al. An evaluation environment for a helmet-mounted synthetic degraded visual environment display [C]//Digital Avionics Systems Conference (DASC), 2014 IEEE/AIAA 33rd. IEEE, 2014: 2C2-1-2C2-7.

[60] KNABL P, TÖBBEN H. Symbology development for a 3D conformal synthetic vision helmet-mounted display for helicopter operations in degraded visual environment [M]//Engineering Psychology and Cognitive Ergonomics. Understanding Human Cognition. Springer Berlin Heidelberg, 2013: 232-241.

[61] YEH M, WICKENS C D. Attentional Filtering in the Design of Electronic Map

Displays: A Comparison of Color Coding, Intensity Coding, and Decluttering Techniques[J]. Human Factors,2001,43(4):543-562.

[62] MONTGOMERY D A, SORKIN K D. Observer sensitivity to element reliability in a multielement visual display[J]. Human Factors,1996,38(3): 484-494.

[63] TULLIS T S. An evaluation of alphanumeric, graphic, and color information displays[J]. Human Factors,1981,23(5):541-550.

[64] SCHUM D A. The weighting of testimony in judicial proceeding from sources having reduced credibility [J]. Human Factors,1991,33(2):172-182.

[65] MONNIER P. Redundant coding assessed in a visual search task [J]. Displays, 2003,24(1):49-55.

[66] KUBOTA S. Effects of ambient lighting conditions on luminance contrast and color gamut of displays with different technologies[J]. Advances in Human Factors/Ergonomics,1995,20(1):643-648.

[67] 刘辉. 基于平板波导的头盔显示技术研究[D]. 杭州:浙江大学,2012.

[68] 包秋亚. 全息头盔显示光学系统设计研究[D]. 长春:长春理工大学,2008.

[69] 张书强. 头盔瞄准显示系统眼球定位算法研究[D]. 西安:西安工业大学,2009.

[70] 段庸. 头盔显示器光学系统小型化设计[D]. 长春:长春理工大学,2012.

[71] 范海英. 投影式头盔光学系统设计及视空间评价的研究[D]. 天津:南开大学,2007.

[72] 杨新军. 折/衍混合头盔显示光学系统设计研究[D]. 天津:南开大学,2005.

[73] 赵秋玲. 折/衍混合头盔显示光学系统研究[D]. 天津:南开大学,2004.

[74] 周仕娥. 用于增强现实的头盔显示器的关键问题研究[D]. 合肥:合肥工业大学,2011.

[75] 任超宏. 面向增强现实头盔显示器开发与立体显示技术研究[D]. 广州:广东工业大学,2011.

[76] 马超民. 产品设计评价方法研究[D]. 长沙:湖南大学,2007.

[77] 马智. 飞机驾驶舱人机一体化设计方法研究[D]. 西安:西北工业大学,2014.

[78] 张磊,庄达民. 人机显示界面中的文字和位置编码[J]. 北京航空航天大学学报,2011,37(2):185-188.

[79] ZHANG L, ZHUANG D, WANYAN X. Information coding for cockpit human-machine interface[J]. 中国机械工程学报,2011,24(4): 707-712.

[80] 吴文灿,姜国华. 驾驶舱显示与照明系统人机工效的可靠性设计与分析[J]. 航天医学与医学工程,1998,11(1):60-62.

[81] 吴晓莉,薛澄岐,汤文成,等. 雷达态势界面中目标搜索的视觉局限实验研究[J].

东南大学学报(自然科学版),2014, 44(6):1166-1170.
[82] 李晶,薛澄岐,王海燕,等. 均衡时间压力的人机界面信息编码[J]. 计算机辅助设计与图形学学报,2013, 25(7):1022-1028.
[83] 邵将,薛澄岐,王海燕,等. 基于图标特征的头盔显示界面布局实验研究[J]. 东南大学学报(自然科学版),2015, 45(5):865-870.
[84] SHAO J, XUE C Q, WANG H Y, et al. Study on event-related potential of information alarm in monitoring interface [J]//Engineering Psychology and Cognitive Ergonomics. Springer International Publishing,2015:54-65.
[85] SHAO J, XUE C, TANG W, et al. Research of Digital Interface Layout Design based on Eye-tracking[J]//MATEC Web of Conferences. EDP Sciences,2015, 22:10-18.
[86] 周颖伟,庄达民,吴旭,等. 显示界面字符编码工效设计与分析[J]. 北京航空航天大学学报,2013,39(6):761-765.
[87] 王海燕,卞婷,薛澄岐. 新一代战斗机显控界面布局设计研究[J]. 电子机械工程,2011,27(4):57-61.
[88] 崔代革. 国军标中平视显示器字符的工效学问题[C]//中国航空学会人机工效专业委员会第二届学术交流会论文集,苏州,1997:23.
[89] 李良明,武国城,朱召烈. 不同飞行状态飞行员所要求的仪表信息[J]. 航空军医,1985(2):22-24.
[90] 李良明,朱召烈,王秀增. 电/光显示汉字的瞬时视觉量与排列格式[J]. 航空军医,1987(5):13-15.
[91] 许百华. 在模拟飞机座舱红光照明条件下下视显示颜色编码的研究[C]//中国航空学会人机工效专业委员会第二届学术交流会论文集,苏州,1997:26.
[92] 郭小朝,刘宝善,马雪松,等. 战术导航过程中新歼飞行员的信息显示需求[J]. 人类工效学,2003,9(1): 5-10.
[93] 傅亚强,许百华. 机载头盔显示器符号系统评价的原则与方法综述[J]. 航天医学与医学工程,2013,26(5):415-419.
[94] LIU X, WANG L, LI X, et al. Comparative study on flight reference symbology for helmet-mounted display based on eye tracking technology[C]//Industrial Informatics (INDIN), 2012 10th IEEE International Conference on. IEEE,2012:459-463.
[95] LIU X, WANG L, LI X, et al. Research on climb-dive angle and roll symbology of non-distributed flight reference for helmet-mounted display[C]//Industrial Informatics (INDIN), 2012 10th IEEE International Conference on. IEEE,

2012:490-494.

[96] ALFREDSON J, HOLMBERG J, ANDERSSON R, et al. Applied cognitive ergonomics design principles for fighter aircraft[J]. Engineering Psychology and Cognitive Ergonomics, 2011: 437-483.

[97] MAYBURY M T. Usable advanced visual interfaces in aviation [C]// Proceedings of the International Working Conference on Advanced Visual Interfaces-AVI '12, May 21-25, 2012. Capri Island, Italy. New York, USA: ACM Press, 2012: 23.

[98] LIN C J, LIN P H, CHEN H J, et al. Effects of controller-pilot communication medium, flight phase and the role in the cockpit on pilots' workload and situation awareness[J]. Safety Science, 2012, 50(9): 1722-1731.

[99] RYAN C P. Implications of violating human factors design principles in aviation displays: an analysis of four major deficiencies identified during the test and evaluation of a cockpit modernization program on the CP140 aurora aircraft[M]. Tullahoma: the University of Tennessee Space Institute, 2007.

[100] MOSS J D, MUTH E R, TYRRELL R A, et al. Perceptual thresholds for display lag in a real visual environment are not affected by field of view or psychophysical technique[J]. Displays, 2010, 31(3): 143-149.

[101] BALAKRISHNAN J, CHENG C H, WONG K F. FACOPT: a user friendly FACility layout OPTimization system[J]. Computers & Operations Research, 2003, 30(11): 1625-1641.

[102] NACHREINER F, NICKEL P, MEYER I. Human factors in process control systems: The design of human-machine interfaces[J]. Safety Science, 2006, 44 (1): 5-26.

[103] ANOKHIN A N, MARSHALL E C. The practice of main control room ergonomics assessment and validation using simulation tools[C]//Proceeding of 6th American Nuclear Society International Topical Meeting on Nuclear Plant Instrumentation, Control, and Human-Machine Interface Technologies. Knoxville: American Nuclear Society, 2009: 2472-2483.

[104] 王海燕,卞婷,薛澄岐. 基于眼动跟踪的战斗机显示界面布局的实验评估[J]. 电子机械工程,2011,27(6):50-53.

[105] 张德斌,郭定,马利东,等. 战斗机座舱显示的发展需求[J]. 电光与控制,2004,11 (1):53-55.

[106] 周颖伟,庄达民,吴旭,等. 显示界面字符编码工效设计与分析[J]. 北京航空航天

大学学报,2012(6):1-5.
[107] 郭伏,屈庆星,张夏英,等.用户眼动行为与网站设计要素关系研究[J].工业工程与管理,2014,19(5):129-133,139.
[108] 卫宗敏,完颜笑如,庄达民.飞机座舱显示界面脑力负荷测量与评价[J].北京航空航天大学学报,2014,40(1):86-91.
[109] 刘双,完颜笑如,庄达民,等.基于注意资源分配的情境意识模型[J].北京航空航天大学学报,2014,40(8):1066-1072.
[110] 完颜笑如,庄达民,刘伟.脑力负荷对前注意加工的影响与分析[J].北京航空航天大学学报,2012,38(4):497-501.
[111] 葛列众,孙梦丹,王琦君.视觉显示技术的新视角:交互显示[J].心理科学进展,2015,23(4):539-546.
[112] 陈登凯,张全,许占民,等.基于 BP 网络的 CAD 色彩管理方法研究[C]//宁波市科学技术协会,宁波市银州区人民政府,宁波工业设计研究所.2004 年工业设计国际会议论文集,2004:5.
[113] 钱晓帆,杨颖,孙守迁.图标形象度影响早期识别进程:来自 ERP 的证据[J].心理科学,2014,37(1):27-33.
[114] 杨家忠,曾艳,张侃,等.基于事件的空中交通管制员情境意识的测量[J].航天医学与医学工程,2008,21(4):321-327.
[115] 柳忠起,袁修干,刘伟,等.飞行员注意力分配的定量测量方法的研究[J].北京航空航天大学学报,2006,32(5):518-520.
[116] 刘伟,袁修干,柳忠起,等.飞行员情境认知的模糊综合评判[J].心理学报,2004,36(2):168-173.
[117] 杨家忠,张侃.情境意识的理论模型、测量及其应用[J].心理科学进展,2004,12(6):842-850.
[118] 李银霞,杨锋,王黎静,等.飞机座舱工效学综合评价研究及其应用[J].北京航空航天大学学报,2005,31(6):1001-1005.
[119] WILSON J R, HOOEY B L, FOYLE D C. Head-Up Display Symbology for Surface Operations: Eye Tracking Analysis of Command-guidance vs. Situation-guidance Formats[C]//Proceedings of the 13th International Symposium on Aviation Psychology. Oklahoma City, 2005:13-18.
[120] GIRELLI M, LUCK S J. Are the same attentional mechanisms used to detect visual search targets defined by color, orientation, and motion? [J]. Journal of Cognitive Neuroscience,1997, 9(2):238-253.
[121] POSNER M I. Orienting of attention[J]. Quarterly journal of experimental

psychology,1980,32(1):3-25.

[122] HA J S, SEONG P H. Inferring operator's thought with eye movement data [C]// Proceedings of 7th International Topical Meeting on Nuclear Piant Instrumentation, Control, and Human-Machine Interface Technologies, 2010: 1396-1405.

[123] KUSAK G, GRUNE K, HAGENDORF H, et al. Updating of working memory in a running memory task: An event-related potential study[J]. International Journal of Psychophysiology,2000,39(1):51-65.

[124] YI Y, FRIEDMAN D. Event-related potential (ERP) measures reveal the timing of memory selection processes and proactive interference resolution in working memory[J]. Brain research,2011,1411:41-56.

[125] COWAN N, SAULTS J S, Morey C C. Development of working memory for verbal-spatial associations[J]. Journal of Memory and Language,2006,55(2): 274-289.

[126] UNSWORTH N, SPILLERS G J. Working memory capacity: Attention control, secondary memory, or both? A direct test of the dual-component model[J]. Journal of Memory and Language,2010,62(4):392-406.

[127] PIMPERTON H, NATION K. Suppressing irrelevant information from working memory: Evidence for domain-specific deficits in poor comprehenders [J]. Journal of Memory and Language,2010,62(4):380-391.

[128] HAM I J M, VAN STRIEN J W, Oleksiak A, et al. Temporal characteristics of working memory for spatial relations: An ERP study[J]. International Journal of Psychophysiology,2010,77(2):83-94.

[129] Gomarus H K, Althaus M, Wijers A A, et al. The effects of memory load and stimulus relevance on the EEG during a visual selective memory search task: An ERP and ERD/ERS study[J]. Clinical Neurophysiology: Official Journal of the International Federation of Clinical Neurophysiology, 2006, 117(4): 871-884.

[130] MNATSAKANIAN E V, TARKKA I M. Familiar and nonfamiliar face-specific ERP components[C]//International Congress Series. Elsevier, 2005, 1278:135-138.

[131] SHUCARD J L, TEKOK-KILIC A, SHIELS K, et al. Stage and load effects on ERP topography during verbal and spatial working memory[J]. Brain research,2009,1254:49-62.

[132] AGAM Y, SEKULER R. Interactions between working memory and visual perception:An ERP/EEG study[J]. Neurolmage,2007,36(3):933-942.
[133] KEMP A H, SILBERSTEIN R B, ARMSTRONG S M, et al. Gender differences in the cortical electrophysiological processing of visual emotional stimuli[J]. NeuroImage,2004,21(2):632-646.
[134] KEIL A, BRADLEY M M, HAUK O, et al. Large-scale neural correlates of affective picture processing[J]. Psychophysiology,2002,39(5):641-649.
[135] SCHUPP H T, MARKUS J, WEIKE A I, et al. Emotional facilitation of sensory processing in the visual cortex[J]. Psychological science,2003,14(1):7-13.
[136] SMITH N K, CACIOPPO J T, LARSEN J T, et al. May I have your attention, please:Electrocortical responses to positive and negative stimuli[J]. Neuropsychologia,2003,41(2):171-183.
[137] HAJCAK G, MOSER J S, SIMONS R F. Attending to affect: Appraisal strategies modulate the electrocortical response to arousing pictures [J]. Emotion (Washington, D.C.), 2006, 6(3):517-522.
[138] 鞠峰. 飞机驾驶舱人机工程设计研究[D]. 西安:西北工业大学,2007.
[139] 苏建民. 飞机座舱设计人机交互技术研究[D]. 西安:西北工业大学,2002.
[140] 涂泽中,雷迅,胡蓉. 对新一代综合航电系统发展的探讨[J]. 航空电子技术,2001,32(4):42-48.
[141] 张德斌,郭定,马利东,等. 战斗机座舱显示的发展需求[J]. 电光与控制,2004,11(1):53-55.
[142] 国际航空. 详解 F-35A 战机先进驾驶舱:一切为人着想[EB/OL][2009-5-4]. https://mil. sohu. com/20070212/n248187363_2. shtml.
[143] 刘捷. 机载信息系统人机界面设计原则[J]. 国防技术基础,2007(10):44-47.
[144] 魏楞杰. 说说那些革命性的战斗机座舱航电[EB/OL][2015-4-12]. http://www. xcar. com. cn/bbs/viewthread. php? tid=27083032.
[145] 谢建英,王晓龙,吕骏,等. 平视显示器字符亮度与线宽研究[J]. 电光与控制,2014,21(8):68-72.
[146] 傅亚强,许百华. 机载头盔显示器符号系统评价的原则与方法综述[J]. 航天医学与医学工程,2013,26(5):415-419.
[147] 高升. 使用 HUD 实施特殊Ⅱ类运行的研究[D]. 广汉:中国民用航空飞行学院,2015.
[148] 王永生,刘红漫. 机载头盔瞄准显示系统的人机工效综述[J]. 电光与控制,2014,

21(7):1-5.
[149] FERRIN F J. Update on optical systems for military head-mounted displays [C]//AeroSense'99. International Society for Optics and Photonics, 1999: 178-185.
[150] 赵顺龙,王肇圻. 投影式头盔物镜设计在视空间的性能评价[J]. 光学学报, 2006,26(5):730-735.
[151] FERGASON J. Optical System for Head Mounted Display Using Retroreflector and Method of Displaying an Image:USA. 5, 621,572[P]. 1997.
[152] HUA H, GAO C, BROWN L D, et al. Using a head-mounted projective display in interactive augmented environments[C]//Augmented Reality, 2001. Proceedings. IEEE and ACM International Symposium on. IEEE, 2001: 217-223.
[153] HUA H, HA Y, ROLLAND J P. Design of an ultralight and compact projection lens[J]. Applied Optics,2003,42(1):97-107.
[154] 陈炎明,何玉明. 影响玻璃微珠回向反射性能的主要因素分析[J]. 光子学报, 2004,33(5):629-633.
[155] 金国藩,严瑛白,邬敏贤. 二元光学[M]. 北京:国防工业出版社,1998.
[156] 周海宪,程云芳. 全息光学:设计、制造和应用[M]. 北京:化学工业出版社,2006.
[157] CLOSE D H. Holographic optical elements[J]. Optical Engineering, 1975, 14 (5):145-408.
[158] 周海宪. 头盔显示技术的发展[J]. 红外技术,2002,24(6):1-7.
[159] ZHAO Q, WANG Z, MU G, et al. Hybrid refractive/diffractive eyepiece design for head-mounted display[J]. 光子学报,2003,32(12):111-116.
[160] JUKES M. Aircraft display systems[M]. Washington, DC: AIAA, Inc. , 2004.
[161] Adrian Robert Leigh Travis (Wrangaton, GB), Far-field Display [P]. US20040130797A1, July 8, 2004.
[162] BUSTIN N K, BIGWOOD C R, ROGERS P J. Graphical representation of the visual aberrations of biocular magnifiers [C]//Optical Systems Design. International Society for Optics and Photonics, 2004:371-380.
[163] 刘玉. 透视型液晶头盔显示器应用研究[D]. 杭州:浙江大学,2001.
[164] 人民日报微博, Troxler 效应[EB/OL][2011-3-2]. http://weibo. com/rmrb.
[165] 戴特力,季小玲. 新光学教程[M]. 重庆:重庆大学出版社,1996:54-56.
[166] 夏峰. 头盔瞄准系统的人机交互研究及设计[D]. 哈尔滨:哈尔滨工业大学,2013.
[167] 林琳. 折/衍混合投影式头盔显示光学系统设计研究[D]. 天津:天津大学,2007.

[168] 徐勇凌. 安全、高效、舒适:浅谈驾驶舱人机界面设计的基本原则[J]. 国际航空，2002(1):34-36.

[169] HARMS-RINGDAHL K, LINDER J, SPÅNGBERG C, et al. Biomechanical considerations in the development of cervical spine pathologies[J]. Cervical spinal injury from repeated exposures to sustained acceleration. Neuilly-sur-Seine, France:Canada communication Group Inc,1999:49-66.

[170] CAMERON A A. The 24-hour helmet-mounted display[J]. Displays,1994,15(2):83-90.

[171] 汪海波. 以用户为中心的软件界面的设计分析、建模与设计研究[D]. 济南:山东大学,2008.

[172] THOMAS L C, WICKENS C D. Effects of battlefield display frames of reference on navigation tasks, spatial judgements, and change detection[J]. Ergonomics,2006,49(12/13):1154-1173.

[173] 汪海波. 基于认知机理的数字界面信息设计及其评价方法研究[D]. 南京:东南大学,2015.

[174] 丁玉兰. 人机工程学[M]. 3 版. 北京:北京理工大学出版社,2000.

[175] 秦焕宇,陆修杰. GJB 301—87. 飞机下视显示器字符[S]. 北京:国防科工委军标出版发行部,1987.

[176] 刘立生. 光子计数激光外差探测及拍频信号频谱识别[D]. 长春:中国科学院研究生院(长春光学精密机械与物理研究所),2014.

[177] 庄达民,王睿. 基于认知特性的目标辨认研究[J]. 北京航空航天大学学报,2003,29(11):1051-1054.

[178] 姚其. 民机驾驶舱 LED 照明工效研究[D]. 上海:复旦大学,2012.

[179] 李东平,郝群,黄惠明. 基于普尔钦斑点的人眼视线方向检测[J]. 光学技术,2007,33(4):498-500,504.

[180] 王保云. 图像质量客观评价技术研究[D]. 合肥:中国科学技术大学,2010.

[181] 洪昆辉. 论心理活动的信息编码原理[C]//中国思维科学研究论文选 2011 年专辑,2012:615-625.

[182] 戴晓莉. 产品的信息交流[D]. 长沙:湖南大学,2002.

[183] KASPER H, MORTEN H. The notion of overview in information visualization[J]. International Journal of Human-Computer Studies, 2011, 69(7/8): 509-525.

[184] CHEN C. Information visualization: Beyond the horizon[M]. New York: Springer Science & Business Media, 2006.

[185] KEIM D A, MANSMANN F, Thomas J. Visual analytics: How much visualization and how much analytics? [J]. Sigkdd Explorations, 2010, 11(2): 5-8.

[186] 杨峰,李蔚.层次结构的信息可视化技术研究综述[J].情报杂志,2010,29(12):152-155.

[187] 许世虎,宋方.基于视觉思维的信息可视化设计[J].包装工程,2011,32(16):11-14.

[188] 石慧,刘晓平.协同设计中约束信息的可视化映射研究[J].合肥工业大学学报(自然科学版),2009,32(3):314-319.

[189] 邵志芳.认知心理学:理论,实践和应用[M].2版.上海:上海教育出版社,2013.

[190] 梁宁建.当代认知心理学[M].上海:上海教育出版社,2003:5.

[191] BEST J B.认知心理学[M].黄希庭,等译.北京:中国轻工业出版社,2000.

[192] 傅亚强.基于多维显示的监控作业中工作记忆与情境意识的关系研究[D].杭州:浙江大学,2010.

[193] 赵宗贵,李君灵,王珂.战场态势估计概念、结构与效能[J].中国电子科学研究院学报,2010,5(3):226-230.

[194] 胡洪波,郭徽东.通用作战态势图的构成与实现方法[J].指挥控制与仿真,2006,28(5):28-32.

[195] ENDSLEY M R. Errors in situation assessment: Implications for system design [J]//Human Error and System Design and Management, 2000:15-26.

[196] ENDSLEY M R. Toward a theory of situation awareness in dynamic systems [J]. Human Factors,1995,37 (1):32-64.

[197] ENDSLEY M R. Measurement of situation awareness in dynamic systems[J]. Human Factors: The Journal of the Human Factors and Ergonomics Society, 1995,37(1):65-84.

[198] ENDSLEY M R. Design and evaluation for situation awareness enhancement [J]. Proceedings of the Human Factors Society Annual Meeting, 1988, 32(2): 97-101.

[199] SMITH K, HANCOCK P A. Situation awareness is adaptive, externally directed consciousness[J]. Human Factors,1995,37(1):137-148.

[200] BEDNY G, MEISTER D. Theory of activity and situation awareness[J]. International Journal of Cognitive Ergonomics,1999,3(1):63-72.

[201] ENDSLEY M R. Situation awareness global assessment technique (SAGAT) [C]//Aerospace and Electronics Conference, 1988. NAECON 1988. Proceedings of

the IEEE 1988 National. IEEE,1988:789-795.

[202] MARKMAN A B, BRENDL C M. Constraining theories of embodied cognition [J]. Psychological Science,2005,16(1):6-10.

[203] NIEDENTHAL P M. Embodying emotion[J]. Science,2007,316(5827):1002-1005.

[204] ORMROD J E. Human learning[M]. 4th ed. Upper Saddle River, NJ: Pearson, 2004.

[205] 易华辉,宋笔锋,王远达. 无人机操作员态势感知的实验研究[J]. 人类工效学,2007,13(3):10-13.

[206] ENDSLEY M R, ROBERTSON M M. Training for situation awareness in individuals and teams[J]. Situation awareness analysis and measurement,2000:349-366.

[207] PARASURAMAN R, RILEY V. Humans and automation: Use, misuse, disuse, abuse[J]. Human Factors: the Journal of the Human Factors and Ergonomics Society,1997,39(2):230-253.

[208] KABER D B, ENDSLEY M R. The effects of level of automation and adaptive automation on human performance, situation awareness and workload in a dynamic control task[J]. Theoretical Issues in Ergonomics Science,2004,5(2):113-153.

[209] 许为. 工效学在大型民机驾驶舱研发中应用的现状和挑战[J]. 人类工效学,2004,10(4):53-56.

[210] BILLINGS C E. Aviation automation: The search for a human-centered approach[M]. Mahwah, NJ:Lawrence Erlbaum Publishers,1997.

[211] KABER D B, PERRY C M, SEGALL N, et al. Situation awareness implications of adaptive automation for information processing in an air traffic control-related task[J]. International Journal of Industrial Ergonomics,2006,36(5):447-462.

[212] 陈俊,李倩. 驾驶舱自动化与人的因素[J]. 中国民航飞行学院学报,2011,22(2):36-39.

[213] 许为. 自动化飞机驾驶舱中人-自动化系统交互作用的心理学研究[J]. 心理科学,2003,26(3):523-524.

[214] 郭孜政,陈崇双,陈亚青,等. 基于马尔可夫过程的驾驶员视觉注意力转移模型研究[J]. 公路交通科技,2009,26(12):116-119.

[215] SUN R. The Cambridge handbook of computational psychology [M].

Cambridge University Press，2001.
[216] Human Factors and Ergonomics Society[EB/OL]. http://www.hfes.org.
[217] HUTTO D D. Folk psychological narratives: The Sociocultural Basis of Understanding Reasons[M]. Cambridge:The MIT Press，2007.
[218] 龚德英. 多媒体学习中认知负荷的优化控制[D]. 重庆:西南大学,2009.
[219] 孙崇勇. 认知负荷的测量及其在多媒体学习中的应用[D]. 苏州:苏州大学,2012.
[220] 李晶. 均衡认知负荷的人机界面信息编码方法[D]. 南京:东南大学,2015.
[221] PAAS F，RENKL A，SWELLER J. Cognitive load theory and instructional design:Recent developments[J]. Educational Psychologist,2003,38(1):1-4.
[222] ANDERSON C M B，CRAIK F I M. The effect of a concurrent task on recall from primary memory [J]. Journal of Verbal Learning and Verbal Behavior，1974,13(1):107-113.
[223] JOHNSTON W A，GRIFFITH D，WAGSTAFF R R. Speed，accuracy，and ease of recall[J]. Journal of Verbal Learning and Verbal Behavior,1972,11(4):512-520.
[224] 张明,沈毅. 工作记忆与理解关系的研究与展望[J]. 东北师大学报,2002(2):121-127.
[225] 汪夏,陈向阳. 大学生工作记忆容量对图形推理影响的眼动研究[J]. 心理与行为研究,2012,10(1):18-24.
[226] OBERAUER K，SCHULZE R，WILHELM O，et al. Working memory and intelligence: Their correlation and their relation: Comment on Ackerman，Beier，and Boyle (2005)[J]. Psychological Bulletin,2005,131(1):61-65.
[227] Buehner M，Krumm S，Pick M. Reasoning= working memory≠attention[J]. Intelligence,2005,33(3):251-272.
[228] 张义泉,许远理. 认知负荷测量模型简介[J]. 信阳师范学院学报(哲学社会科学版),1997,17(4):62-65.
[229] 陈真真. 网页浏览中的前注意与注意行为及其眼动研究[D]. 杭州:浙江大学,2012.
[230] 朱婕. 网络环境下个体信息获取行为研究[D]. 长春:吉林大学,2007.
[231] 杨国庆. 飞行员特殊视觉功能检查仪在航空航天医学中的应用研究[D]. 西安:第四军医大学,2011.
[232] 贾司光. 航空航天缺氧与供氧: 生理学与防护装备[M]. 北京:人民军医出版社，1989:129.

[233] CONNOLLY D M, HOSKING S L. Aviation-related respiratory gas disturbances affect dark adaptation: A reappraisal[J]. Vision Research, 2006, 46(11): 1784-1793.

[234] CONNOLLY D M, HOSKING S L. Oxygenation and gender effects on photopic frequency-doubled contrast sensitivity[J]. Vision Research, 2008, 48(2): 281-288.

[235] 时粉周,王珏,包德海,等. 急性轻度缺氧对飞行员视觉跟踪辨认能力的影响[J]. 海军医学杂志,2008,29(1):7-9.

[236] 王珏,时粉周,张慧,等. 急性轻度缺氧对视形觉功能的影响[J]. 人类工效学,2003,9(3):1-4.

[237] KARAKUCUK S, ONER A O, GOKTAS S, et al. Color vision changes in young subjects acutely exposed to 3,000 m altitude[J]. Aviation, Space, and Environmental Medicine, 2004, 75(4): 364-366.

[238] 张慧,王珏,潘明达,等. 模拟直升机飞行轻度缺氧对视形觉功能的影响[J]. 中华航空航天医学杂志,2001,12(3):162-164.

[239] 赵蓉, 肖华军. 直升机飞行员急性高空缺氧耐力低下致视觉异常一例[J]. 中华航空航天医学杂志,2006,17(4):317.

[240] 张作明. 航空航天临床医学[M]. 西安:第四军医大学出版社,2005:89.

[241] WIRJOSEMITO S A, TOUHEY J E, WORKMAN W T. Type II altitude decompression sickness (DCS): US Air Force experience with 133 cases[J]. Aviation, Space, and Environmental Medicine, 1989, 60(3): 256-262.

[242] FITZPATRICK D T. Visual manifestations of neurologic decompression sickness[J]. Aviation, Space, and Environmental Medicine, 1994, 65(8): 736-738.

[243] MOON R, CAMPORESI E, KISSLO J. Patent foramen ovale and decompression sickness in divers[J]. The Lancet, 1989, 333(8637): 513-514.

[244] TIAN J R, SHUBAYEV I, DEMER J L. Dynamic visual acuity during passive and self-generated transient head rotation in normal and unilaterally vestibulopathic humans [J]. Experimental Brain Research, 2002, 142 (4): 486-495.

[245] YILMAZ U, CETINGUC M, AKIN A. Visual symptoms and G-LOC in the operational environment and during centrifuge training of Turkish jet pilots[J]. Aviation, Space, and Environmental Medicine, 1999, 70(7): 709-712.

[246] RICKARDS C A, NEWMAN D G. G-induced visual and cognitive disturbances in a survey of 65 operational fighter pilots[J]. Aviation, Space, and Environmental

Medicine,2005,76(5):496-500.

[247] TSAI M L, LIU C C, WU Y C, et al. Ocular responses and visual performance after high-acceleration force exposure [J]. Investigative Ophthalmology & Visual Science,2009,50(10):4836-4839.

[248] CHOU P I, WEN T S, WU Y C, et al. Contrast sensitivity after +Gz acceleration[J]. Aviation, Space, and Environmental Medicine, 2003,74(10): 1048-1051.

[249] BALLDIN U I, DEREFELDT G, ERIKSSON L, et al. Color vision with rapid-onset acceleration[J]. Aviation, Space, and Environmental Medicine, 2003,74(1): 29-36.

[250] JIA H B, CUI G B, XIE S J, et al. Vestibular function in military pilots before and after 10 s at +9 Gz on a centrifuge[J]. Aviation, Space, and Environmental Medicine,2009,80(1):20-23.

[251] 孙喜庆. 航空航天生物动力学[M]. 西安:第四军医大学出版社,2005:81.

[252] 谢宝生,薛月英,由广兴,等. +Gx 作用对视觉—运动反应的影响[J]. 航天医学与医学工程,1994,7(2):90-94.

[253] 钟方虎. 美国航空军医规范[M]. 北京:解放军出版社,2004:85.

[254] HORNG C T, LIU C C, KUO D I, et al. Changes in visual function during the Coriolis illusion[J]. Aviation, Space, and Environmental Medicine,2009,80(4):360-363.

[255] 谢溯江,于立身,贾宏博,等. 不同强度的科里奥利加速度刺激对人体主观感觉及眼震的影响[J]. 中华航空航天医学杂志,2001,12(2):14-17.

[256] 贾宏博,王善祥. 现代座舱信息显示方式对飞行人员空间定向的影响[J]. 中华航空航天医学杂志,2006,17(1):70-73.

[257] 林海燕,袁修干. 军用飞机驾驶员视觉信息流工效研究[J]. 中华航空航天医学杂志,1999,10(2):108.

[258] 刘伟,袁修干,林海燕. 飞机驾驶员视觉信息流系统工效综合评定研究[J]. 北京航空航天大学学报,2001,27(2):175-177.

[259] 王林,郭世俊,林年香,等. 飞行员高振幅下不同振动频率的动态视力研究[J]. 人民军医,2009,52(5):311-312.

[260] 吴国梁. 振动对人眼视觉功能的影响[J]. 东南大学学报,1997,27(1):92-95.

[261] LIN Y H, CHEN C Y, LU S Y, et al. Visual fatigue during VDT work: Effects of time-based and environment-based conditions[J]. Displays,2008,29(5):487-492.

[262] 张艳龙,李丽华,高祥璐. 对比敏感度的影响因素分析[J]. 眼视光学杂志, 2009, 11(3):221-226.

[263] 陈国辉,齐利伟. 浅谈空中能见度对飞行训练保障的影响[J]. 气象水文装备, 2008,19(2):35-36.

[264] 邹鲁. 航空夜视镜对视觉生理学的影响[J]. 中华航空航天医学杂志,1992(2): 117-120.

[265] 张杏. 基于飞行任务的 HMDs 界面信息显示布局与呈现方式研究[D]. 南京:东南大学,2015.

[266] 郭小朝,刘宝善,马雪松,等. 新型歼击机滑出/起飞阶段飞行员信息使用需求[J]. 人类工效学,2002,8(2):1-7.

[267] 郭小朝,刘宝善,马雪松,等. 高性能战斗机座舱通用显示信息工效学研究[C]//龙升照. 人机环境系统工程研究进展(第七卷). 北京:海洋出版社,2005: 222-226.

[268] 郭小朝,刘宝善,马雪松,等. 编队协同飞行中歼击机飞行员的信息使用需求[C]//龙升照. 人机环境系统工程研究进展(第六卷). 北京:海洋出版社,2003: 115-120.

[269] 郭小朝. 飞机座舱显示-控制工效学研究近况[J]. 人类工效学,2001,7(4): 34-37.

[270] HUDSON C, LONGMAN P J, MAKEPEACE N R. Flight test of monocular day/night HMD systems [C]//AeroSense 2002. International Society for Optics and Photonics,2002:93-104.

[271] 周雅,马晋涛,刘宪鹏,等. 可寻址光线屏蔽机制光学透视式增强现实显示系统研究[J]. 仪器仪表学报,2007,28(6):1134-1138.

[272] 高伟清,周仕娥,吕国强. 双目光学透视式头盔显示器的实验研究[J]. 光电工程, 2010,37(5):139-143.

[273] 机载头盔瞄准/显示系统通用规范: HB 7393—1996 起草单位: 中国航空工业总公司六一三所→中国航空工业总公司六一三所三〇一所→三〇一所[S].

[274] JAMIESON G A, MILLER C A, HO W H, et al. Integrating task-and work domain-based work analyses in ecological interface design: A process control case study[J]. IEEE Transactions on Systems, Man, and Cybernetics-Part A: Systems and Humans, 2007,37(6):887-905.

[275] PAZUL K. Controller area network (can) basics[J]. Microchip Technology Inc,1999:1.

[276] 卞婷. 新一代战斗机显控界面布局显示方式研究[D]. 南京:东南大学,2010.

[277] 郭小朝,刘宝善,马雪松,等. 歼击机座舱通用显示信息及其优先级的确定[J]. 中华航空航天医学杂志,2006,17(4):260-263.

[278] 庄达民. 界面设计与人的认知特性[J]. 家电科技,2004(8):85-87.

[279] 军用视觉显示器人机工程设计通用要求: GJB 1062A—2008[S].

[280] 李秀娥,王永年. GJB 300—87. 飞机平视显示器字符[S]. 北京:国防科工委军标出版发行部出版,1987.

[281] 毕国植,孙隆和,李秀娥,等. GJB 1016—90. 机载电光显示系统通用规范[S]. 北京:国防科学技术工业委员会,1991.

[282] 李良明,刘宝善,金文雄,等. GJB 302—87. 飞机电/光显示器汉字和用语[S]. 北京:国防科工委军标出版发行部出版,1987.

[283] 李春亮,宋玉方,简中伏,等. GJB 2025—94. 飞行员夜视成像系统通用规范[S]. 北京:国防科工委军标出版发行部出版,1994.

[284] 机载头盔瞄准/显示系统通用规范: HB 7393—1996 起草单位: 中国航空工业总公司六一三所→中国航空工业总公司六一三所三〇一所→三〇一所[S].

[285] 李卫民. 基于情景意识的主飞行显示颜色设计适航性研究[J]. 航空维修与工程,2010(2):61-63.

[286] 薛澄岐. 产品色彩设计[M]. 南京:东南大学出版社,2007:21-34.

[287] 薛澄岐,斐文开,钱志峰. 工业设计基础[M]. 南京:东南大学出版社,2012:106-254.

[288] BUETTNER R. Cognitive workload of humans using artificial intelligence systems: Towards objective measurement applying eye-tracking technology[J]. KI 2013: Advances in Artificial Intelligence. Springer Berlin Heidelberg, 2013: 37-48.